深度学习与图像分析
——基础与应用

李松斌　刘　鹏　著

科学出版社
北　京

内 容 简 介

本书分基础和应用两个部分深入介绍了深度学习应用于图像分析的基本概念、方法和技术。在基础部分，第 1 章介绍了神经网络与深度学习基础知识，在此基础上，第 2、3、4、5 章分别深入讨论了近年来深度学习在图像分类、对象检测、语义分割及图像生成等应用领域的相关技术和方法。在每个应用领域下，对相关技术和方法的核心思想与进化历程及发展脉络进行了详细梳理和分析阐述，并对每个应用主题下的方法的性能进行了深入的比较与评价。在应用部分，第 6、7、8、9、10 章分别介绍了本研究团队应用深度学习技术进行车道线检测、火灾检测、视频隐写分析、病虫害检测以及虚假图像识别的方法和技术，在每个章节中详细阐述了所提出方法的背景及原理、模型设计与实现，并对其性能进行了详细的实验与分析。

本书既是一本专著，又可以作为高等学校计算机、电子信息、自动化及其他相关专业高年级本科生及研究生学习深度学习与图像分析的入门书籍，还可供从事图像分析、深度学习、计算机视觉等相关专业的科技工作者参考。

图书在版编目(CIP)数据

深度学习与图像分析：基础与应用 / 李松斌，刘鹏著. —北京：科学出版社，2020.12

ISBN 978-7-03-067063-2

Ⅰ. ①深… Ⅱ. ①李… ②刘… Ⅲ. ①机器学习 ②图像分析 Ⅳ. ①TP181 ②TN919.8

中国版本图书馆 CIP 数据核字(2020)第 241534 号

责任编辑：闫 悦 / 责任校对：杨 然 胡小杰

责任印制：吴兆东 / 封面设计：迷底书装

科学出版社 出版

北京东黄城根北街 16 号

邮政编码：100717

http://www.sciencep.com

北京中石油彩色印刷有限责任公司 印刷

科学出版社发行 各地新华书店经销

*

2020 年 12 月第 一 版 开本：720×1 000 1/16

2020 年 12 月第一次印刷 印张：18 3/4

字数：363 000

定价：149.00

前　言

能够制造和使用工具是人类有别于其他生物的关键，整个人类的发展史在一定程度上可视为人类发明、制造、改良和使用工具的历史。进入20世纪50年代以来，随着计算机的出现，发明一种与人的智能水平相当的“工具”，让其帮助我们驾驶汽车、飞机，帮助我们扫地、除草及运送物品，一直是我们孜孜以求的工具发展目标。这一愿景催生了“人工智能”这一计算机科学分支的出现和发展。机器学习是实现人工智能的重要方法，它设计算法来解析数据并从中学习，然后对真实世界中的事件做出决策和预测，传统的算法包括决策树、聚类、贝叶斯分类、支持向量机等，这些算法虽然解决了一些智能问题，但是与人相比其精准性能有待提升。这一局面，随着深度学习的出现而被打破。深度学习是利用深度神经网络来完成学习的一种机器学习方法，所谓的深度是指它一般包含多个隐藏层。由于网络更加复杂其学习能力更强，解决问题的能力迅速提升。迄今为止，深度学习摧枯拉朽般地实现了各种智能任务，在某些方面其精准度甚至超越了人类。从这个意义上讲，深度学习是人工智能多年发展的标志性成果，是人类走向智能社会的里程碑事件。深度学习在图像分析领域的应用是当前的研究热点，也是深度学习最重要的应用领域。

本书从基础和应用两部分入手，深入介绍了深度学习应用于图像分析的基本概念、方法和技术。在基础部分，本书首先介绍了神经网络与深度学习的基本概念与基础知识，然后结合四个典型应用领域，对相关技术与方法的核心思想与发展脉络进行详细梳理与分析阐述。在应用部分，本书介绍了本研究团队应用深度学习技术解决车道线检测、火灾检测、视频隐写分析、病虫害检测以及虚假图像识别问题的方法和技术，并对所提出方法的背景及原理、模型设计与实现进行了详细阐述，对方法性能进行了详细的实验与分析。具体而言，本书在第1章对神经网络与深度学习的基础知识进行了阐述；第2章对基于深度学习的图像分类算法核心思想与算法进化历程进行了介绍；第3章则详细阐述了基于深度学习的目标检测算法核心思想及优化过程；第4章对基于深度学习的语义分割算法的本质与革新进行了概述；第5章详细介绍了基于深度学习的图像生成算法原理及发展历程；第6章介绍了本研究团队所提出的基于非对称卷积块架构增强和通道特征选择机制的车道线检测算法；第7章讨论了本研究团队设计的基于多尺度特征提取和重用及特征重标定的高效火灾检测方法；第8章则详细介绍了一种基于噪声残差卷积神经网络的运动矢量和帧内预测模式调制信息隐藏通用检测方法；随后本书在第9章给出了一种基于多尺度特征融合和注意力机制的病虫害检测方法；第10章则对本研究团队提出的基于深度学习的对抗生成网络生成虚假图像检测方法进行了分析与讨论。

感谢晏黔东、唐计刚、张遥、陈旭鹏、姜檀等在资料收集整理过程中所做的工作。本书应用部分研究在海南省重大科技项目（No.ZDKJ201807）和中国科学院声学研究所青年英才计划项目（No.QNYC201829、QNYC201747）的资助下得以开展，在此一并表示感谢。

深度学习是近年刚刚兴起并迅猛发展的学科，正处于蓬勃发展时期，该领域研究的深度和广度作者仅能及其万一，一些重要且有价值的内容尚未收入本书，加上作者知识水平和研究能力所限，书中难免存在各种不足之处，敬请读者批评指正。

作　者

2020 年 9 月

目　录

第二部分 应 用 部 分

第一部分　基 础 部 分

第 1 章　神经网络与深度学习基础知识

1.1　神经元模型与感知机

1943 年，心理学家 McCulloch 和数学家 Pitts 基于生物神经元的结构和工作原理提出了著名的 McCulloch-Pitts 神经元模型，简称 M-P 神经元模型[1]，也可以叫作 MCP 模型。在介绍 M-P 神经元模型的内容之前，本节将先对人脑中的生物神经元结构进行简单介绍。

生物神经元的结构示意图如图 1-1 所示，神经元在结构上主要由细胞体、树突、轴突和突触 4 部分组成。

(1) 细胞体。

细胞体是神经元的主体，外部由细胞膜包裹。细胞膜对于细胞液中不同离子的通透性是不同的，使得细胞膜内外存在着离子浓度差。这种离子浓度差造成细胞体出现内负外正的静息电位，这种电位差称为膜电位。

(2) 树突。

树突是从细胞体向外延伸的神经纤维，主要作用是接收来自其他神经元的输入信号。

(3) 轴突。

轴突是由细胞体向外延伸出的最长的一条神经纤维，主要作用是向其他神经元输出信号。

(4) 突触。

突触用于将神经元轴突的神经末梢与另一个神经元的细胞体或树突相连，形成信号通路。

每个神经元可以与多达成百上千个其他神经元的突触进行连接，接收从各个突触传来的信号输入。不同的突触与神经元的连接位置不尽相同，对神经元产生的影响也具有不同的权重。神经元细胞体的膜电位是它所有突触产生的电位总和，当膜电位超过某一阈值时，神经元会被激活并产生一个脉冲信号。脉冲信号将通过突触传递给下一个神经元。

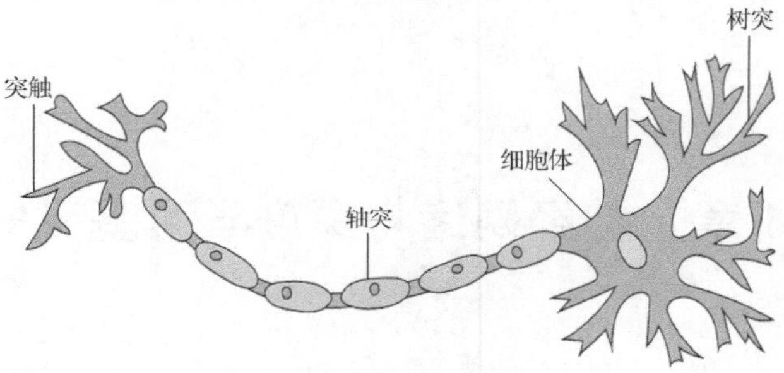

图 1-1 生物神经元结构示意图

M-P 神经元模型正是对生物神经元模型的一个抽象和简化，如图 1-2 所示为 M-P 神经元模型的示意图。其中，$x_1, x_2, \cdots, x_n$ 表示输入信号，$w_1, w_2, \cdots, w_n$ 表示权重，○表示神经元，y 表示输出信号。当输入信号被传送给神经元时，会被分别乘以固定的权重。神经元会计算所有被传送过来的信号总和，当总和超过阈值 b 时，神经元被激活，此时输出 1；否则，输出 0。上述过程可以使用公式表达如下：

$$y=\begin{cases}0, & x_1w_1+x_2w_2+\cdots+x_nw_n\leqslant b\\ 1, & x_1w_1+x_2w_2+\cdots+x_nw_n>b\end{cases} \tag{1-1}$$

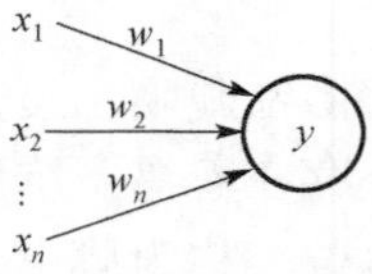

图 1-2 M-P 神经元模型示意图

可以看出，M-P 神经元模型的本质是进行加权求和运算并根据阈值进行激活的过程。

M-P 模型的权重和偏置是固定的，因此不具备学习的可能。这个问题在若干年后的 1958 年由美国心理学家 Rosenblatt 解决。他提出了第一个具有学习能力的单层计算单元的神经网络，称之为感知机(perceptron)[2]，单层感知机的出现成为神经网络发展的基石。感知机其实就是基于 M-P 模型的结构，它的拓扑结构图如图 1-3 所示。

这个结构非常简单，只包含一层处理单元，这个图其实就是输入输出两层神经元之间的简单连接。

图 1-3 中输入 x 的层可以叫作感知层，包含 n 个神经元，每个神经元接收一个输入信号，这 n 个神经元没有处理信息的能力，仅将外部输入信息接收进来。用符号 $\boldsymbol{X}$ 表示这 n 个神经元的输入，则 $\boldsymbol{X}=[x_1, x_2, \cdots, x_n]$。处理层包含 m 个神经元，用符号 $\boldsymbol{W}$ 表示，这 m 个神经元可以处理感知层传输过来的信息，具有信息处理能力，并将处理后的信息进行输出。其中，符号 $\boldsymbol{W}$ 表示进行数据处理时，感知层和处理层

之间的连接权值，则 $\boldsymbol{W}=[w_1,\cdots w_j,\cdots w_m]$，符号 $\boldsymbol{O}$ 表示经处理层处理后输出的信息，则 $\boldsymbol{O}=[o_1,\cdots o_j,\cdots o_m]$。

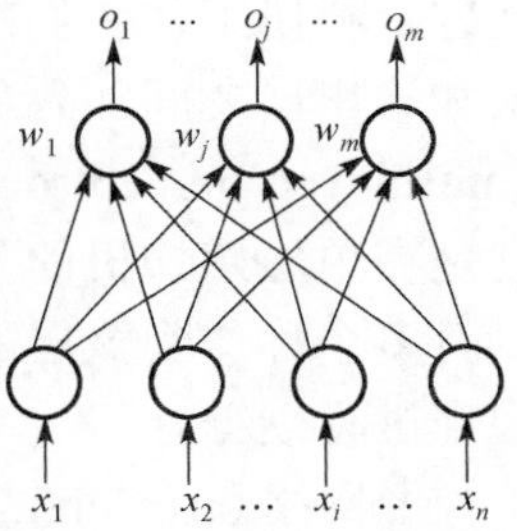

图 1-3　单层感知机拓扑结构示意图

我们根据式(1-1)将感知机的处理过程用 $\boldsymbol{W}$、$\boldsymbol{X}$ 和 $\boldsymbol{O}$ 来进行表示，得到的表达式如下所示：

$$o_i=\begin{cases}1, & b+\boldsymbol{W}^{\mathrm{T}}\boldsymbol{X}\leqslant 0\\ 0, & b+\boldsymbol{W}^{\mathrm{T}}\boldsymbol{X}>0\end{cases}\tag{1-2}$$

式中，$\boldsymbol{W}$ 为权值矩阵，即权重，b 的含义为偏置。权重表示了输入的每个信号的重要程度，而偏置表示了神经元被激活的难易程度。感知机将输入的数据乘以权值之后，加上偏置，若得到的值小于等于 0，则输出 1，神经元被激活，否则输出 0。根据式(1-2)可见，b 的值越大，则得到的输出值 o_i 为 1 的可能性就越小，神经元越难被激活。

单层感知机能够将输入特征与权重和偏置进行线性组合，并利用线性预测函数实现对输入特征的分类，最终得到了 0 或 1 的输出，这在机器学习中属于二分类的学习算法，是一种线性分类器。我们将单层感知机的这种处理方式放在输入空间来理解，则感知机算法相当于找到了一个将实例划分为正样本和负样本的分离超平面，如图 1-4 所示。

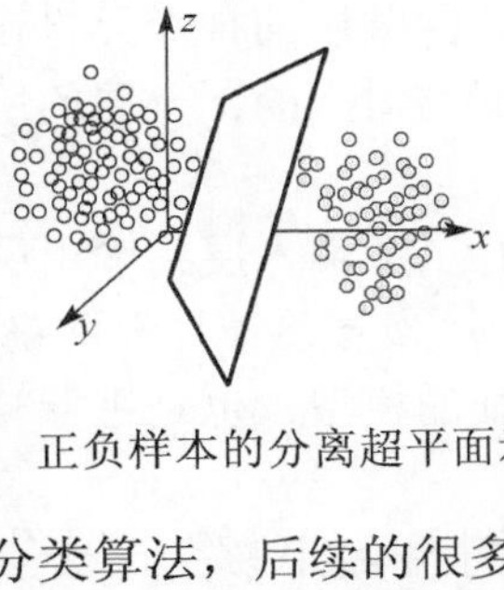

图 1-4　正负样本的分离超平面示意图

单层感知机是一种基础的分类算法，后续的很多算法都是从感知机中衍生出来的，如支持向量机和神经网络等。单层感知机算法简单、易实现，对线性数据集的分类效果也很好，但是，根据图 1-4 可见，单层感知机只能表示一条直线分割的空间，仅支持线性可分的数据集，而对非线性空间，如“异或”这种非线性运算，单层感知机不具备对其进行划分的能力[3]。

为解决非线性空间的划分问题，科研工作者们想到了利用弯曲的折线来对非线性空间进行划分，通过在输入层和输出层之间加入新的层，来实现弯曲折线的划分效果，从而产生了多层感知机(multilayer perceptron，MLP)。多层感知机，顾名思义是指具有多个层的感知机，它是在单层感知机的基础上通过层的叠加来实现的，除了输入层和输出层，中间可以有多个称作隐藏层的层。单层感知机无法表示的非线性空间，可以通过增加隐藏层来进行划分。

多层感知机也可以叫作人工神经网络(artificial neural network，ANN)，它对中间隐藏层的数量并没有限制，对隐藏层中的神经元个数也没有限制，可以根据所构建的网络需求来设置合适的隐藏层及神经元数量，通常隐藏层数量越多网络就越深，能够提取到更多维度的特征信息。多层感知机对输出层神经元的个数也没有限制。最简单的多层感知机包含 3 个层，一个输入层，一个隐藏层和一个输出层，如图 1-5 所示。

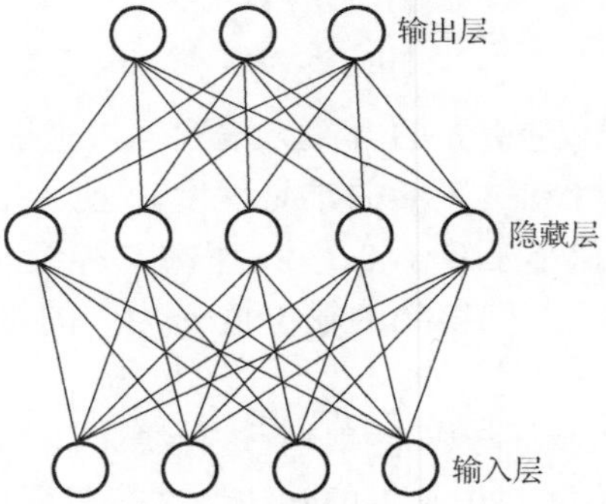

图 1-5　多层感知机的结构示意图

在这个模型中，输入层的神经元个数由输入特征的维数决定，图 1-5 中所示的输入层有 4 个神经元，隐藏层包含 5 个神经元，输出层包含 3 个神经元。输入层的神经元连接到隐藏层的神经元，隐藏层的神经元再连接到输出层的神经元，并且这三层之间上一层的每一个神经元与对应的下一层的所有神经元都进行了连接，这种连接方式称为全连接。

多层感知机将输入数据进行了从输入层到输出层的前向传递，没有从输出层到输入层的反向传递，因此是一种“多层前馈神经网络”，它可以对非线性空间进行划分，是一种能够学习非线性特征的模型，也是进行神经网络学习的基础。

1.2　从感知机到神经网络——激活函数的引入

1.1 节介绍了单层感知机和多层感知机，单层感知机只能对线性空间进行划分，而多层感知机，通过对隐藏层的堆叠可以对非线性空间进行划分，实现更复杂的表示。但是，多层感知机中的权重和偏置参数目前仍然是人为设定的，而为一个多层感知机确定出合适的、能够达到预期效果的权重和偏置参数是很难掌握的，而且也无法通过感知机的学习规则来进行权重训练，多层感知机的发展遇到了瓶颈，人工神经网络的发展也进入了一个低潮期。

尽管人工神经网络的研究陷入了低谷，但仍有少数学者致力于人工神经网络的研究，直至 1986 年 Rumelhart 以及 McClelland 研究小组发表了《并行分布处理》，该文章对非线性连续变换函数的多层感知机的误差反向传播(error back propagation)算法进行了详尽的分析[4]。误差反向传播即反向传播算法(backpropagation algorithm，BP)[5]，该算法为解决如何获取多层感知机的隐藏层权值问题提供了解决思路，重新激起了人们对人工神经网络的研究兴趣。基于反向传播算法，可以实现使网络在数据正向传播和误差反向传播两个过程中进行学习，从而从输入数据中自动地学习到合适的网络参数(权重和偏置)，突破多层感知机的学习瓶颈，得到具备学习能力的神经网络。

神经网络在网络结构上可以看作是将多个感知机进行了组合，采用不同的方式来连接多个感知机，并采用不同的激活函数进行激活。一个简单的神经网络例子如图 1-6 所示。

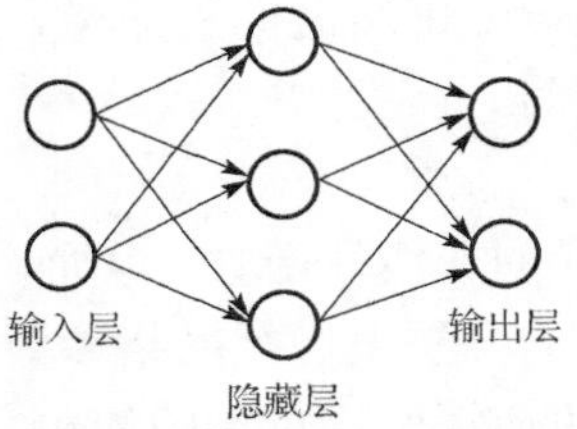

图 1-6　简单神经网络示意图

图 1-6 所示的网络包含 3 层神经元，网络的最左层是输入层，包含 2 个神经元；中间为隐藏层，也叫中间层，包含 3 个神经元；最右边为输出层，包含 2 个神经元。相连两层神经元之间的连接方式为全连接，每条连接都具有相应的权重。从该神经网络的结构来看，与 1.1 节中所给出的多层感知机并没有明显差异，但神经网络具备参数的学习能力。

我们以图 1-6 所示的神经网络结构为例，引入函数 $h(x)$ 对感知机的公式进行改写，如下所示：

$$
\begin{aligned}
o &= h(w_1x_1 + w_2x_2 + b) \\
h(x) &= \begin{cases} 0, & x \leqslant 0 \\ 1, & x > 0 \end{cases}
\end{aligned}
\tag{1-3}
$$

其中，x 为输入特征，w 为权值，b 为偏置，w 和 b 为神经网络的参数。式(1-3)表

示权重 w 和偏置 b 对输入特征进行线性组合得到的输出值，再经 $h(x)$ 转换后得到输出值 o，对上式进一步细化，则为

$$\begin{aligned} o' &= w_1 x_1 + w_2 x_2 + b \\ o &= h(o') \end{aligned} \tag{1-4}$$

式(1-4)利用函数 $h(x)$ 实现了对输入特征线性组合的转换，函数 $h(x)$ 具有将输入信号的总和转换为输出信号的功能，这样的函数称为激活函数。式(1-4)中使用的这种 $h(x)$ 通过设定阈值，判断输入信号的总和是否超过阈值来进行输出转换的激活函数称为“阶跃函数”。感知机中也使用了阶跃函数作为激活函数，得到的输出值只有 0 和 1 两种情况，但激活函数并不限于阶跃函数。

为什么要使用激活函数呢？那是因为在神经网络中不使用激活函数的话，则相当于网络中每一层神经元的输入都是上一层神经元输出的线性组合，那么，很容易验证，无论在神经网络中设置了多少隐藏层，最终得到的输出都将是输入特征的线性组合，这样构建出的神经网络与没有隐藏层的单层感知机效果相当，神经网络的拟合能力也非常有限。而引入非线性函数作为激活函数，就相当于为神经网络中的神经元引入了非线性因素，使得神经网络具备了学习的能力及更强大的拟合能力，能够更好地拟合任何非线性函数的目标函数，从而将神经网络应用到更多的非线性模型中。激活函数是感知机与神经网络之间的纽带，采用不同形式的激活函数，将为我们打开神经网络世界的大门。

激活函数通常需要具备几点性质：

(1)激活函数应是连续可导的非线性函数，但允许在少数点处不可导，因为可导的激活函数可以利用数值优化的方法来进行网络参数的学习；

(2)激活函数及其导函数的计算要尽可能的简单，因为激活函数的导函数在反向传播计算中非常重要，计算过程简单的激活函数和导函数有利于提高神经网络的计算效率；

(3)激活函数的导函数值域要在一个合适的区间内，不能太大也不能太小，否则会影响神经网络训练的效率和稳定性。

下面我们对几种常用的激活函数进行介绍。

1. Sigmoid 函数

Sigmoid 函数是传统神经网络中较为常用的一个激活函数，也叫 Logistic 函数，其值域在 0 到 1 之间，表达式如下所示：

$$h(x) = \frac{1}{1 + e^{-x}} \tag{1-5}$$

该函数的形状如图 1-7 所示。

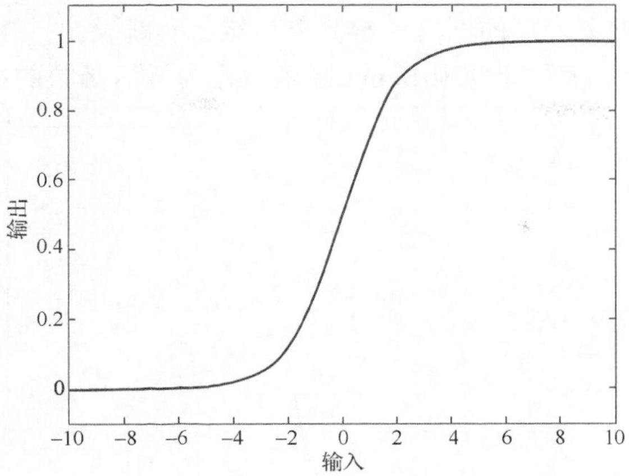

图 1-7　Sigmoid 函数图形

可见，Sigmoid 函数是一条平滑连续的曲线，输出值随着输入值发生连续性的变化，可以返回连续的实数。当输入值趋近负无穷的时候，输出值趋近于 0；输入值趋近于正无穷的时候，输出值趋近于 1；大致在[−3，3]区间内，即使输入值发生微小的变化，输出值也能发生比较明显的变化。而阶跃函数的输出值不是连续变化的，其在以 0 为界处输出值会发生急剧变化，并且只能返回 0 或 1。因而感知机中神经元之间流动的是 0 或 1 的二元信号，而神经网络中流动的是连续的实数值信号。

Sigmoid 函数是便于求导的平滑函数，它的这种平滑性非常适合用于神经网络的学习，它能够将函数的输出映射到(0，1)实数区间上，经 Sigmoid 函数激活得到的输出会在一个有限的范围内，从而使得神经网络的优化稳定性更好。

但是，Sigmoid 中涉及幂运算，计算成本较高，比较耗时。另外，根据 Sigmoid 的图像不难看出，在输入值趋近于正无穷或者负无穷时，Sigmoid 函数的导函数值趋近于 0，在反向传播时，Sigmoid 的这一特点会使得梯度更新十分缓慢，容易出现梯度消失的问题，从而无法完成深层网络的训练。Sigmoid 函数不是以 0 为中心的函数，得到的输出值均为正，这会大大降低神经网络的收敛速度。

2. Tanh 函数

Tanh 函数与 Sigmoid 函数相似，但 Tanh 函数是原点对称的，其值域在−1～1 之间，表达式如下所示：

$$h(x)=\frac{e^{x}-e^{-x}}{e^{x}+e^{-x}}=\frac{2}{1+e^{-2x}}-1 \tag{1-6}$$

该函数的形状如图 1-8 所示。

Tanh 函数图像是关于 0 点对称的，解决了 Sigmoid 函数不是以 0 为中心的问题，也解决了所有输出值符号相同的问题，能够对输入数据进行中心化，使得数据的均值更接近 0，从而使下一层的学习变得简单一点。实践表明，在大多数情况下，使用 Tanh 函数作为激活函数比使用 Sigmoid 函数作为激活函数的神经网络效果要好。

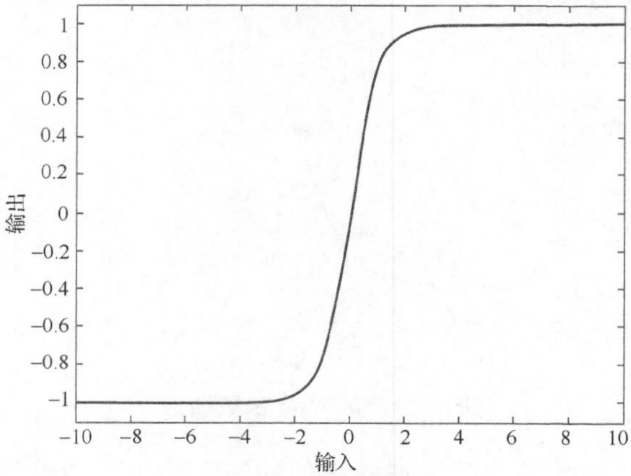

图 1-8　Tanh 函数图形

但 Tanh 函数和 Sigmoid 函数一样，涉及幂运算，计算成本较高，比较耗时。另外，在输入值趋近于正无穷或负无穷时，Tanh 函数的斜率也越来越接近 0，即导函数值趋近于 0，同样存在反向传播时，使得梯度更新十分缓慢，容易出现梯度消失，从而无法完成深层网络的训练的问题。

3. ReLU 函数

ReLU (rectified linear units) 是目前设计神经网络使用非常广泛的激活函数，常用于隐藏层神经元的输出，表达式如下所示：

$$h(x)=\max(x,0) \quad x\in(-\infty,+\infty) \tag{1-7}$$

该函数的形状如图 1-9 所示。

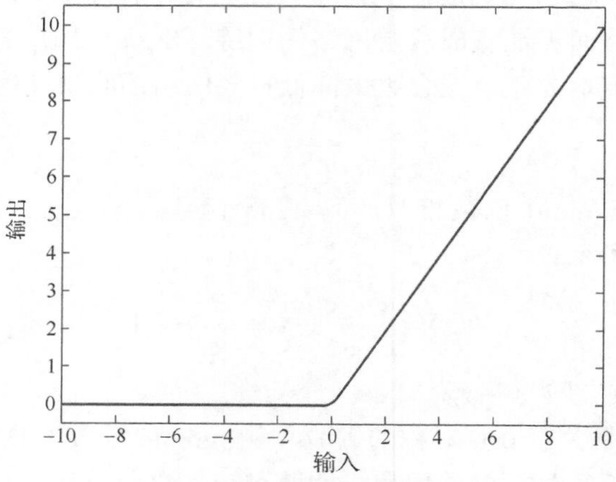

图 1-9　ReLU 函数图形

如图 1-9 所示，当 $x \leqslant 0$ 时，ReLU 函数会将输入转换为 0，而当 $x>0$ 时，ReLU 函数的导数不变。

当使用 ReLU 作为激活函数，输入为负值时，ReLU 函数会将输入转换为 0，因而对应的神经元将不被激活，也就是说 ReLU 作为激活函数进行激活时，在一段时间内，只有一部分神经元被激活，并不会同时激活所有的神经元，这一特性使得神经网络具有稀疏性，更便于计算。当输入为正值时，ReLU 函数能够保持梯度不衰减，不会出现梯度消失问题。另外，ReLU 函数的计算过程非常简单，使用 ReLU 作为激活函数只需要判断输入是否大于 0，运算复杂度低，能够大大提高运算速度，网络的收敛速度也远快于 Sigmoid 和 Tanh。

但是 ReLU 函数的输出不是以 0 为中心的，且输出均值也大于 0，会影响网络的收敛速度。ReLU 函数对神经网络的参数初始化和学习率的设置比较敏感，可能出现因参数初始化或学习率设置太高导致神经元永不会被激活，网络参数进入永不更新的状态。

4. Softmax 函数

Softmax 可以将网络输出层中多个神经元得到的输出映射到 0～1 之间，实现将网络的输出转换为每一类别的归一化概率，因此通常用于多分类神经网络中分类器的输出层，其表达式如下所示：

$$h_i = \frac{\mathrm{e}^{zi}}{\sum_{j=1}^{N} \mathrm{e}^{zi}} \tag{1-8}$$

其中，zi 表示网络的第 i 个输出，e^{zi} 表示第 i 个输出的指数，$\sum_{j=1}^{N} \mathrm{e}^{zi}$ 表示网络所有输出的指数求和，h_i 表示 Softmax 的第 i 个输出。例如，分类器的输出层得到输出 E=[9,6,3,1]，经 Softmax 处理后可以转换为 $E' = [0.95, 0.045, 0.002, 0.003]$，则 E' 可以理解为 4 分类的概率值。

为了更直观地了解激活函数在神经网络中的作用，我们在图 1-10 所示的包含 2 个隐藏层的神经网络中加入了激活函数，并对该网络中信号的传递进行简单的说明。

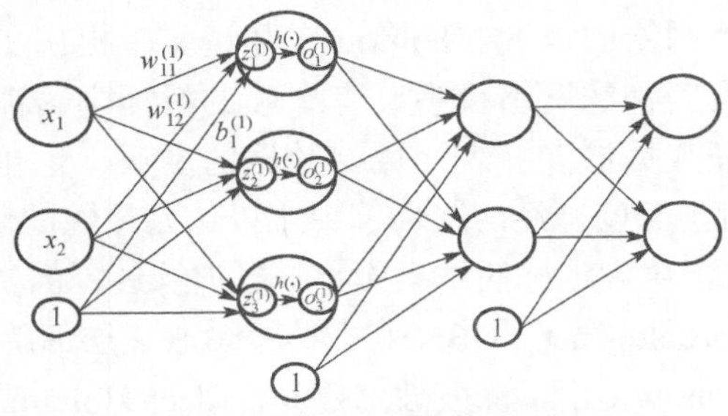

图 1-10　4 层神经网络结构示意图

该网络包含 4 层神经元，最左侧一列为输入层，最右侧一列为输出层，中间两列为隐藏层，每一层中出现的神经元“1”表示偏置。

$w_{11}^{(1)}$表示前一层的第 1 个神经元 x_1 到后一层的第 1 个神经元的权重，同理 $w_{12}^{(1)}$ 表示前一层第 2 个神经元 x_2 连接后一层第 1 个神经元的权重。$z_1^{(1)}$表示隐藏层第一个神经元加权信号和偏置的总和，$h(\cdot)$表示激活函数，$o_1^{(1)}$表示 $z_1^{(1)}$ 被激活函数转换后的信号，则从输入层到第一个隐藏层的第一个神经元之间的信号传递过程如下：

$$
\begin{aligned}
z_1^{(1)} &= b_1^{(1)} + w_{11}^{(1)} x_1 + w_{12}^{(2)} x_2 \\
o_1^{(1)} &= h(z_1^{(1)})
\end{aligned}
\tag{1-9}
$$

第一个隐藏层输出的 o 将作为第二个隐藏层的输入，第二个隐藏层的输出又将作为输出层的输入，均进行如式(1-9)所示的计算过程，得到最终的输出。

上面已经介绍了 Sigmoid、Tanh、ReLU 和 Softmax 这几种常见的激活函数，那么在构建神经网络时，应如何选择激活函数呢？通常 Sigmoid、Tanh 和 ReLU 都可以用在隐藏层中，但由于 Sigmoid 和 Tanh 存在梯度消失问题，会尽量避免使用。若要在隐藏层使用 Sigmoid 或 Tanh，由于 Tanh 是以 0 为中心的，通常性能会比 Sigmoid 函数要好。ReLU 函数是一个比较通用的激活函数，在大多数的网络训练中都可以使用，但要注意 ReLU 只能用于隐藏层中。在分类器中，特别是二分类的情况，可以将 Sigmoid 函数用于网络的输出层。在多分类问题中，可以将 Softmax 函数用于网络的输出层。事实上，采用不同激活函数训练得到的网络性能好坏并没有一个统一的定论，一般来讲我们可以先采用 ReLU 函数，若未能达到好的训练效果，再尝试采用其他激活函数。

1.3　从神经网络到深度学习网络

在人工智能领域，机器学习属于其中的一种方法，神经网络是机器学习中的一种算法，而深度学习网络则属于神经网络的一种网络结构，我们可以将深度学习网络理解为传统神经网络的拓展。

深度学习的概念由 Hinton 等于 2006 年提出，这一概念是相对于简单学习而言的，其源于对传统神经网络的研究。Hinton 在其论文中提出了关于深度学习的两个主要观点：①多层的人工神经网络模型具有更强的特征学习能力，深度学习网络模型经过学习得到的特征数据更能够表达原始数据的本质，也更便于实现对特征数据的可视化和分类；②对于深度神经网络训练中难以达到最优的问题，可以通过逐层训练的方法来解决，即将上层训练好的结果作为下层训练过程的初始化参数[6,7]。他还提出了深度置信网络(deep belief net，DBN)和非监督贪心逐层训练(layerwise pre-training)算法[8,9]，之后 Salakhutdinov 提出了深度玻尔兹曼机(deep Boltzmann machine，DBM)[10]，这些成果重燃了人们对深度学习的热情，并掀起了一股深度学习的热潮。

神经网络一般由 3 种类型的层构成，即输入层、隐藏层和输出层，含多个隐藏层的神经网络就可以作为一种深度学习网络结构，如图 1-11 所示为浅层神经网络和深度学习网络的示意图。

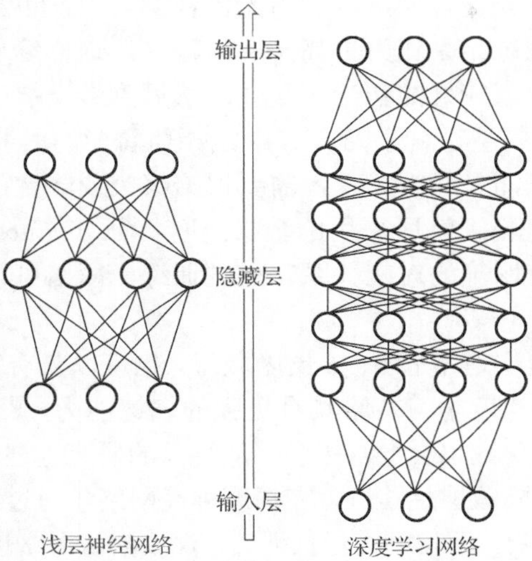

图 1-11　浅层神经网络和深度学习网络示意图

可见，浅层神经网络与深度学习网络都是由输入层、隐藏层和输出层构成的多层网络，相邻两层的节点之间有连接，同一层的节点之间无连接，跨层的节点之间也无连接。

图 1-11 所示左侧的网络只包含 2 层非线性的转换层，这种浅层神经网络结构通常只包含 1 层或 2 层的非线性特征转换层，典型的有高斯混合模型（Gaussian mixture model，GMM）、隐马尔科夫模型（hidden Markov model，HMM）、支持向量机（support vector machine，SVM）和多层感知器（MLP）等。浅层的网络模型通常只适用于处理一些简单函数，对复杂函数的表达能力较差，如浅层的网络模型很难对语音或图像等这些复杂的自然信号进行处理。

然而，人类的大脑可以轻易地对语音或图像等这些自然信号进行处理，研究表明人类的大脑是一个深度架构，认知过程也是深度的，而深度学习的产生就是为了更好地模拟人脑进行分析学习。深度学习采用深度神经网络这种具有更深层次的非线性网络结构，这种网络结构在处理数据时，能够对输入数据的低层特征进行组合，得到更为抽象的高层特征，从而学习到输入数据的分布式特性，并进行复杂函数的拟合。例如，在计算机视觉领域，深度学习算法从原始图像学习得到一些低层次特征，然后对这些低层次特征进行线性或者非线性组合，来获得一个高层次的表达，不仅图像存在这个规律，声音也是类似的。深度学习网络还具有从少数样本中学习数据本质特征的能力。

深度学习也可以叫作无监督特征学习，它将特征提取和特征分类整合到一个框架中，以数据为驱动来进行特征的学习，避免了人为设计特征的大量工作。以数据为驱动的特征学习简单来说首先可以利用无监督学习每次单独训练深度学习网络中的一层，并将该层的训练结果作为更高一层的输入，这样逐层对网络中的每一层都进行预训练，使网络获取较好的初始化参数；然后到最上层改用监督学习从上到下进行微调(fine-tune)使模型进行学习。其中，无监督学习是指不知道训练时所采用数据集的数据和特征之间是什么关系，需要根据聚类或一定的模型得到数据之间的关系；有监督学习则是指训练所采用的数据既有特征(feature)又有标签(label)，输入和输出结果之间具有明确的对应关系，通过训练，网络可以自己找到特征和标签之间的联系。

深度学习的网络模型通常有5～6层隐藏层，也可以具有更多的隐藏层。通过隐藏层的加深，可以使得深度学习网络具有更强的表达能力，表示更大规模的数据集，但同时网络需要学习的参数也会变得更多。从目前的研究进展来看，只要用于训练的数据量足够多，设置的隐藏层足够深，在深度神经网络学习过程中是否进行预训练对训练结果将没有太大影响，即使不进行预训练，深度学习网络也可以取得很好的结果。

随着互联网技术的迅速发展，产生数据的能力空前高涨，我们已进入大数据时代，海量的数据成为深度学习发展的助推剂，深度学习的优势也日益突显。但深度学习也不是万能的，在某些情况下深度学习仍需要结合特定领域的先验知识或者与其他模型结合才能得到最好的结果。此外，深度学习网络的可解释性较弱，其特征提取是通过大量的训练数据自动完成的，对于深度学习网络的使用者而言，整个网络更像是一个“黑盒子”，我们不能清楚确切地知道为什么网络能够取得好的效果，因而比较难于有针对性地对网络进行改进，常常需要进行大量的实验尝试才能得到效果更好的网络，这成为网络优化设计的阻碍。

近年来，深度学习技术的发展日渐成熟，成为人工智能领域研究火热开展的关键技术，也是各界持续关注的研究热点，其在计算机视觉和自然语言处理等方面取得了很多成绩。目前深度学习主要的应用领域包括图像处理、语音处理和自然语言处理三个方面。

在图像识别领域：利用深度学习算法进行图像处理是深度学习最早的应用方向。早在1989年，受到生物学家Hube和Wiesel提出的动物视觉模型启发，多伦多大学Lecun教授和他的同事提出了一种包含卷积层的深度神经网络模型——卷积神经网络(convolutional neural networks，CNN)[11]。早期的CNN在小规模问题上取得了当时的最好成果，但其应用在大尺寸图像上却一直未取得较为理想的效果，因而在很长一段时间里没有突破。直至2012年，Hinton的研究小组采用更深的卷积神经网络，以超出第二名 10%以上的明显优势，赢得了 ImageNet[12]图像分类的比赛[13]，这一结果在当时的计算机视觉领域产生了极大的震动，人们开始重新审视深度学习。在 Hinton 的科研小组赢得 ImageNet 比赛之后 6 个月，谷歌和百度就将 Hinton 在 ImageNet 竞赛中采用的深度学习模型应用到各自的数据上，发布了新的基于图像内容的搜索引擎。百度在 2012 年还成立了深度学习研究院，并于 2014 年在美国硅谷成立了新的深度学习实验室。Facebook 于 2013 年在纽约成立了新的人工智能实验室，谷歌于 2014 年收购了 DeepMind 深度学习创业公司等。现在的深度学习网络模型在理解和识别一般的自然图像方面已非常成熟，不仅深度学习模型的图像识别精度大幅提高，图像处理的实时性也大大提升。

在语音识别领域：早在 20 世纪 50 年代，科研工作者们就开始进行自动语音识别系统方面的研究。直至 2009 年，语音识别技术得到了更加迅猛的发展。微软研究院语音识别方面的专家和机器学习领域的专家 Hinton 于 2009 年进行合作，使得传统的语音识别技术框架随着深度学习的研究不断改进突破，并发布了与深度神经网络相关的一系列产品。谷歌公司于 2012 年建立了基于深度学习的 Google Brain 项目，该项目在语音识别领域取得了突破性进展[14]。微软公司还于 2013 年宣布了一项基于深度学习的，能够实现实时语音转文本的新型语音识别技术[15]。2014 年百度推出了深度学习语音识别系统 Deep Speech。IBM 和科大讯飞等也都致力于深度学习在语音识别领域的研究。随着深度学习在语音识别领域应用的日渐成熟，语音识别技术将进一步融入人们的现实生活中，并在各种复杂的现实生活环境中为人们提供便捷的服务。

在自然语言处理领域：除了语音和图像处理之外，进行自然语言处理是深度学习的另一个重要的应用领域。自然语言处理是指各种使用计算机来处理、理解以及运用人类语言的理论和方法。有长达数十年的时间，自然语言处理都是通过研究源语言与目标语言的规则来进行的，随着统计学的发展，研究者开始在自然语言处理中应用统计模型，而基于神经网络进行自然语言处理一直未被重视。直至蒙特利尔大学 Bengio 领导的一个研究团队于 2003 年提出了一个基于神经网络的语言模型[16]，开辟了将神经网络应用于自然语言处理的新道路。之后，美国 NEC 研究院于 2008 年将深度学习引入到了自然语言处理研究中，并取得了不错的效果。Kalchbrenner 和 Blunsom 于 2013 年提出了一种新型的端到端编码器-解码器深度学习网络结构[17]；Sutskever 等于 2014 年提出了一种序列到序列[18]的深度学习网络结构；Bengio 团队于 2014 年在模型中引入了注意力机制[19]。发展至今，深度学习在自然语言处理领域的应用已不仅仅是机器翻译或者聊天机器人等，其在医疗健康、金融、法律和广告等行业中也有崭新的表现，但相比于在图像和语音识别方面取得的成果，深度学习在自然语言处理上还需要更多更深入的研究。

1.4　深度学习网络示例

卷积神经网络(convolutional neural networks，CNN)是深度学习中最著名的网络，常用于分析视觉图像，它在原来多层神经网络的基础上加入了特征学习部分，来模仿人脑对信号处理过程中的分级机制。一个卷积神经网络通常包括输入输出层和多个隐藏层，它的隐藏层通常又包括卷积层和激活函数、池化层、全连接层和归一化层等。卷积神经网络的输入层一般是二维向量，如图像。卷积层是卷积神经网络的核心，用于对输入特征进行卷积，提取到更高层次的特征。池化层又称为下采样层，可以通过池化层的处理减少网络参数。卷积神经网络还使用了“局部连接”和“权植共享”的概念，它利用卷积来覆盖输入特征图的一小部分进行局部特征的提取，具备局部感知能力；在处理不同的特征图或者同一张特征图时共用一个卷积核。卷积层的局部连接和权植共享使得网络中需要学习的参数大大减小，解决了传统较深的网络参数太多而难以训练的问题，更便于训练较大规模的卷积神经网络。因此，卷积神经网络的这种结构很符合人脑对视觉类任务的信息处理过程。

随着深度学习的不断发展，出现了各种各样的卷积神经网络结构，我们以经典的卷积神经网络 LeNet5 为例，对深度学习网络进行介绍。1998 年，Lecun 等提出了 LeNet5，它是一个用于手写字识别的简单高效的卷积神经网络，通过巧妙的设计，利用卷积、参数共享、池化等操作提取特征，避免了大量的计算成本，最后再使用全连接神经网络进行分类识别[20]，这个网络也是大量神经网络结构的起点。LeNet5 的结构如图 1-12 所示。

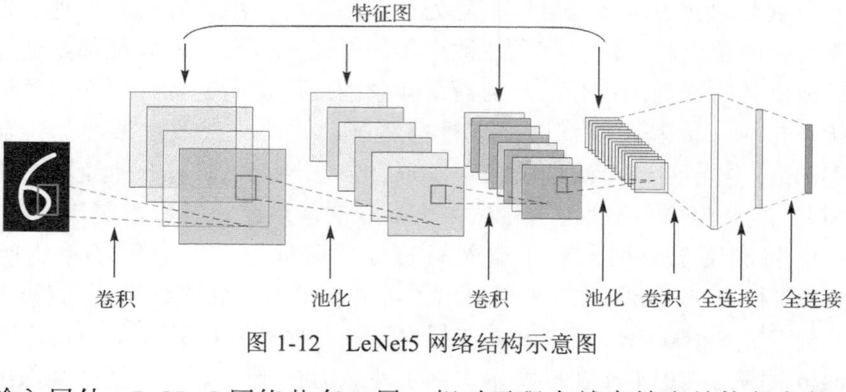

图 1-12　LeNet5 网络结构示意图

除输入层外，LeNet5 网络共有 7 层，相对于现在越来越多结构复杂的 CNN 网络来说，LeNet5 是一个简单的深度学习网络，但它包含了深度学习的基本模块：卷积层、池化层和全连接层。对输入图像先经过两次卷积层到池化层，再经过全连接层，最后使用 Softmax 分类作为输出层。LeNet5 的输入是 32×32 的手写字体图片，包含了数字 0 到 9，相当于共包含 10 个类别的图片，输出是 0～9 中的一个数字，表示分类结果。

LeNet5 的具体层级设置及输入数据的处理过程如下：

①输入层将输入图像的尺寸归一化为 32×32 的大小，并向后传递；

②输入层之后是第一个卷积层 *C*1，*C*1 包含 6 个尺寸大小为 5×5 的卷积核，由这些卷积核对输入图像进行卷积处理，并向后传递；

③*C*1 之后是第一个池化层 *S*2，*S*2 的采样区域为 2×2，对输入特征进行下采样后，向后传递；

④*S*2 之后为第二个卷积层 *C*3，*C*3 包含 16 个尺寸大小为 5×5 的卷积核，对输入特征进行卷积后，向后传递；

⑤*C*3 之后是第二个池化层 *S*4，*S*4 与 *S*2 相同，对输入特征进行池化处理后，向后传递；

⑥*S*4 之后是第三个卷积层 *C*5，*C*5 包含 120 个尺寸大小为 5×5 的卷积核，对输入特征进行卷积后，向后传递；

⑦*C*5 之后是一个全连接层 *F*6，该层通过 Sigmoid 函数将输入的 120 维特征向量映射为 84 维特征向量；

⑧*F*6 之后就是输出层了，输出层也是一个全连接层，将 84 维特征向量映射为 10 分类的结果并输出。

LeNet5 网络结构在对输入图像进行处理时，是由卷积层和池化层来进行最重要的特征提取过程的，那么卷积层和池化层是如何进行特征提取的呢？

1) 卷积处理过程

卷积层是卷积神经网络最核心的组成部分，图像识别中的卷积通常指二维卷积，也叫作卷积核。我们可以将卷积核简单理解为一个矩阵，若卷积核尺寸为 3×3，则可以用一个 3×3 的矩阵来表示卷积核，矩阵中的每一个元素都表示一个权重值。利用卷积核对二维图像进行卷积操作，简单来说就是将卷积核在二维图像上进行滑动，在滑动到的每一个位置上，将图像上像素点的值与卷积核对应位置的权重值进行相乘并对得到的所有乘积求和，也就是卷积核滑动到的二维图像上一个 3×3 的局部区域像素矩阵与卷积核做内积计算，得到的结果则可以作为这一局部区域的一个特征值。图 1-13 所示为卷积核对输入图片进行卷积操作的示意图。

如图所示，我们假设输入图像为 5×5 的 3 通道图像，即图 1-13 中第一行矩阵表示输入图像 $\boldsymbol{X}$，每个矩阵表示一个通道。第二行矩阵为一组卷积核 $\boldsymbol{W}$，卷积核的尺寸大小为 3×3，由于在卷积操作中，通常对不同的输入通道采用不同的卷积核，因此每组卷积核分别用 3 个不同的矩阵来对应 3 个通道，b 表示偏置。第三行矩阵 $\boldsymbol{O}_1$ 表示利用卷积核对输入图像进行处理后得到的各通道输出，最后一行矩阵 $\boldsymbol{O}$ 表示卷积处理结果与偏置求和得到的输出特征矩阵，即输出特征图。输出特征图中的每个像素值，是每组滤波器与输入图像每个特征图的内积再求和，再加上偏置，每个输出特征图的偏置通常是共享的。以图 1-13 中虚线框所示的输出特征图第 2 行第 0 列的结果 $\boldsymbol{O}[2,0]=2$ 为例，其计算公式如下：

$$\boldsymbol{O}[2,0]=\sum \boldsymbol{X}[:,:,0]*\boldsymbol{W}[:,:,0]+\sum \boldsymbol{X}[:,:,1]*\boldsymbol{W}[:,:,1]+\sum \boldsymbol{X}[:,:,2]*\boldsymbol{W}[:,:,2]+b \tag{1-10}$$

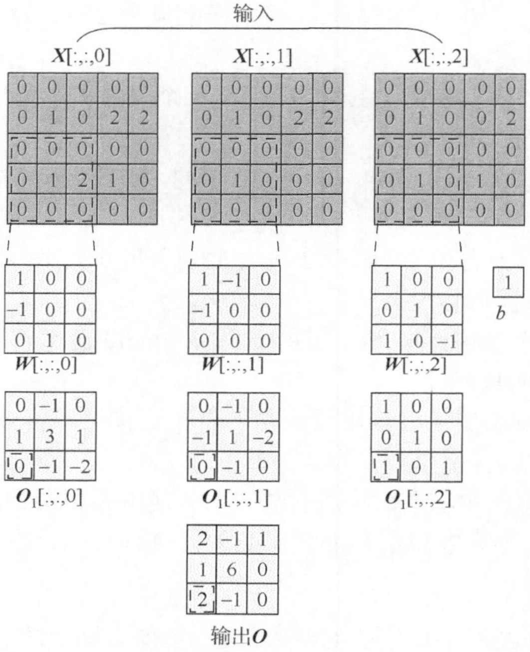

图 1-13　卷积计算过程示意图

输出特征图中每一个像素点的值均按照相同的方式进行计算。另外，之所以输出特征图尺寸为 3×3，是因为我们假设卷积核的滑动步长为 1，步长就是卷积核在原始图像上每一次移动的步数。例如，卷积核从输入特征图的左上角开始进行特征提取，则每次向右滑动 1 个格子进行卷积计算，当滑动至输入特征图右边界时，则仍可以从最左侧开始向下滑动 1 个格子，然后再以每次向右滑动 1 个格子进行卷积计算。在未对原始图像进行填充的情况下，输出特征图的尺寸可以采用如下公式计算：

$$W_{\text{out}}=\frac{W_{\text{in}}-W_{\text{conv}}}{S_H}+1 \tag{1-11}$$

其中，W_{out} 表示输出图像的宽度，W_{in} 表示输入图像的宽度，W_{conv} 表示卷积核的宽度，S_H 表示水平方向的滑动步长。输出图像的高度也采用相同方式进行计算。以图 1-13 为例，$W_{\text{in}}=5, W_{\text{conv}}=3, S_H=1$，计算得 $W_{\text{out}}=3$。

卷积操作被广泛应用于图像处理领域，不同位置的卷积核、不同尺寸的卷积核以及设置在不同层级的卷积核等可以提取不同的特征，如边沿、线性、角等特征。在深层卷积神经网络中，卷积操作可以提取出图像不同复杂度和不同维度的特征，通过对卷积核的灵活应用，基于深度学习的卷积神经网络可以更好地学习到输入图像的本质特征。

2）池化处理过程

通常在卷积层后面会加上一个池化层，原因在于池化处理是一种非线性的下采样形式，通过池化可以减少网络的参数，从而减小计算量，并在一定程度上减少出现过度拟合的情况。图 1-14 为进行最大池化处理的示意图。

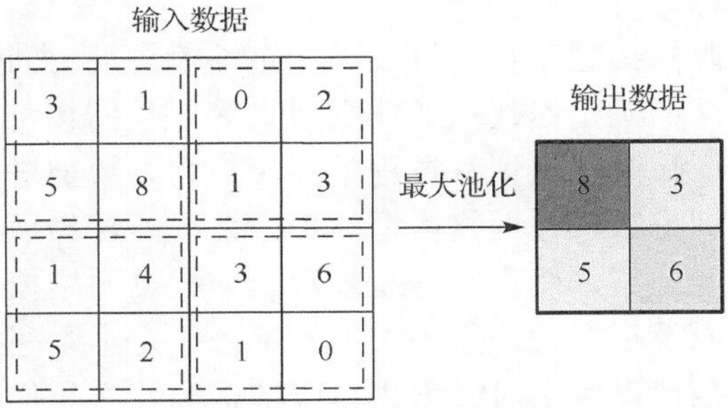

图 1-14　最大池化处理示意图

最大池化即取局部接受域中值最大的点，具体是指用矩形框将输入特征图划分成不同的区域，各矩形框之前不重叠，将每个矩形框中的所有数值中的最大值作为该矩形框的输出。如图 1-14 所示，最大池化的采样区域为 2×2，即采用 2×2 的矩形框对输入数据进行划分，得到虚线所示的 4 个区域，每个区域中取最大值作为输出，从而得到右侧的输出矩阵。常用的池化方式还包括均值池化，即取矩形框中所有值的均值作为该矩形对应区域的输出。

深度学习包括了卷积神经网络、深度置信网络以及自动编码器等，卷积神经网络可以说是目前深度学习在计算机视觉方面中研究最多、应用最成功的一类模型。我们通过对 LeNet5 的结构及数据处理的简单介绍，使大家对于深度学习网络进行特征提取的过程有一个大致了解。深度学习网络通过更深的网络结构设计使其具有强大的特征提取和表征能力，但在不同的应用场景和样本空间下，深度学习网络仍面临着许多挑战，而这需要科研工作长期不懈的努力，来进一步扩展并提升深度神经网络各方面的性能。

1.5　深度学习网络训练过程

1.5.1　数据集的准备

在深度学习网络训练过程中，一般将数据集划分为两部分：训练集和测试集。这两部分的数据之间无交叠。训练集是指用于训练网络模型的数据集合，通过训练集进行训练来确定网络模型的最优参数。测试集是指在完成网络模型训练后用来测试网络模型的数据集合，通过测试集对已完成训练的网络模型进行测试，测试集的测试结果能够评价网络模型的泛化能力以及网络模型是否满足期望。其中，泛化能力是指处理未被观察过的数据(不包含在训练数据中的数据)的能力，获得泛化能力是深度学习的最终目标。

如何确定训练何时停止呢？我们可以以一定训练周期为间隔，利用测试集来测试训练模型的性能，从而确定迭代次数或学习率等。我们也可以将训练集进一步划分出一个验证集，验证集是指在训练过程中用于对网络模型进行验证的数据集合，通过验证集可以观察训练过程中网络模型的拟合情况，若出现过度拟合，则及时停止训练。还可以通过验证集来确定一些超参数，如根据网络模型在验证集上的准确率来确定迭代次数，以及根据验证集的收敛情况来确定学习率等，以辅助模型的优化。测试集和验证集都可以用于对模型进行验证，为什么我们不能在训练集上进行验证？因为随着神经网络的训练，可能造成模型对训练集的过度拟合，检验训练集的准确率将没有参考意义。

在划分数据集中各部分的数据量比例时，通常是训练集>测试集>验证集，但划分比例不宜有太大偏差，如果训练的数据比较少，最后得到的模型估计参数会有较大的偏差，如果测试的数据少，最后统计值会有较大的偏差。我们在对数据集中的数据进行划分时，应使不同数据集之间的方差不会相差太大。可以参考下面比例划分方式对数据集进行划分：①若仅将数据划分为训练集和测试集，比例可为 8∶2；②若将数据划分为训练集、验证集和测试集，比例可以为 7∶1∶2。

一般而言，性能优良的神经网络模型通常具有大量的参数，要使这些参数可以正确工作则需要大量的数据进行训练，而实际情况中数据并没有我们想象中的那么多。我们需要大量已经标注好的样本来训练模型，但收集海量的数据并不是一件容易的事情。如果有可用的大量数据的公开数据集，获取海量数据将轻而易举。但是，当公开数据集不适用于所构建的模型训练需求时，就需要人工搜索数据资源，甚至在搜集到数据资源之后还要进行人工标注，这都将消耗大量的人力资源和时间成本。

在数据量有限的情况下，数据增强凸显了其重要性。以图像数据为例，对数据进行增强的常用方法包括①翻折：进行一种类似于镜面的翻折；②旋转：进行顺时针或者逆时针的旋转，如旋转 90°～180°；③缩放：对图像类数据进行放大或缩小；④裁剪：从图像中选择一个或多个部分裁剪出来；⑤平移：将图像沿着 x 方向、y 方向或者两个方向移动；⑥添加噪声：向数据中随机加入噪声等。还可以将上述方法组合排列起来，如对图片进行放大后再进行旋转。除了简单地对图像进行几何上的形变，还可以对图像的饱和度、亮度、色彩进行小范围的幂次缩放或者乘法缩放等数学操作，或者在不破坏图像质量的前提下，对图像的像素进行加减法等操作，通过数据增强技术来产生更多的数据。

1.5.2　常用损失函数的介绍与比较

神经网络的学习通常是指模型从训练数据中自动获取最优权重参数的过程。这种学习是以数据为驱动实现的。为了使神经网络能够进行学习，提出了损失函数(loss function)这一指标。而神经网络学习的目的就是找出能使损失函数的值达到最小的权重参数。这个损失函数可以使用任意函数，一般用均方误差和交叉熵误差等。通过使用损失函数来表示神经网络性能的优良程度。通常将损失函数定义为在单个样本上的损失，表示一个样本的误差值。将代价函数定义为在整个训练集上的损失，表示所有样本误差的平均值，即所有损失函数值的平均值。可见损失函数与代价函数的区别在于样本量上，此处我们以常用的代价函数为例进行说明。

1. 均方误差/平方损失/L2 损失

均方误差是指参数估计值与参数真值之差的平方的期望值，可以评价数据的变化程度，均方误差越小，说明预测模型描述实验数据具有更好的精确度。均方误差的计算式如下所示：

$$E=\frac{1}{N}\sum_{i=1}^{N}(\overline{y}_i-y_i)^2 \tag{1-12}$$

其中，y_i 表示神经网络的预测输出，$\overline{y}_i$ 表示神经网络输入数据的真实标签，i 表示第 i 个样本，N 表示样本总量，若 N=1，则表示单个样本的误差。

例如 N 为 5，输入数据的标签 $\overline{y}_k$ 为[0,0,1,0,0]，将正确解标签表示为 1，其他均表示为 0，这种方式称为 one_hot 编码，y_k 是 Softmax 函数的输出，为[0.1,0.2,0.3,0.15,0.25]。由于 Softmax 函数的输出可以理解为概率，因此上例表示“0”的概率是 0.1，“1”的概率是 0.2，“2”的概率是 0.3 等。由于 $\overline{y}_k$ 中标签“2”为 1，因此正确解是“2”。均方误差会计算神经网络的输出和标签数据各个元素之差的平方，再求总和。

2. 均方根误差

均方根误差是均方误差的算术平方根，能够表示预测值与实际值的离散程度。均方根误差的计算式如下所示：

$$E=\sqrt{\frac{1}{N}\sum_{i=1}^{N}(\overline{y}_i-y_i)^2} \tag{1-13}$$

其中，y_i 表示神经网络的预测输出，$\overline{y}_i$ 表示神经网络输入数据的真实标签，i 表示第 i 个样本，N 表示样本总量。

3. 平均绝对误差/$L1$ 损失

平均绝对误差是绝对误差的平均值，也是较为常用的损失函数，平均绝对误差能更好地反映预测值误差的实际情况。平均绝对误差的计算式如下所示：

$$E=\frac{1}{N}\sum_{i=1}^{N}(\overline{y}_i-y_i)^2 \tag{1-14}$$

其中，y_i 表示神经网络的预测输出，$\overline{y}_i$ 表示神经网络输入数据的真实标签，i 表示第 i 个样本，N 表示样本总量。

4. 交叉熵误差

除上述的损失函数外，交叉熵误差(cross entropy error)也经常被用作损失函数。交叉熵可以用来评估当前训练得到的概率分布与真实分布的差异情况，减少交叉熵损失则表示模型的预测准确率得到提高。交叉熵误差如下式所示：

$$E=-\sum_{i=1}^{N}\overline{y}_i\ln y_i \tag{1-15}$$

这里，y_i 是神经网络模型的预测输出概率分布，$\overline{y}_i$ 是真实标签的概率分布，用 one-hot 表示。因此，式(1-15)实际上只计算真实解标签对应的网络预测输出的自然对数。

仍以 $\overline{y}_i=[0,0,1,0,0]$，$y_k=[0.1,0.2,0.3,0.15,0.25]$ 为例，真实标签的索引为“2”，对应的神经网络预测输出 y 为 0.3，则交叉熵误差为 $-\log 0.3=1.2$，若标签索引“2”对应的网络预测输出 y 为 0.6，则交叉熵误差为 $-\log 0.6=0.51$。可见，交叉熵误差的值由真实标签所对应的输出结果决定。自然对数的图像如图 1-15 所示。

由于 Softmax 输出值为小于等于 1 的概率值，因此只关注自然对数输入为(0,1)部分的图像。当输入值等于 1 时，输出值为 0，随着输入值逐渐接近 0，输出值逐渐变小。因此，真实标签对应的输出越大，交叉熵误差的值越接近 0；真实标签对应的输出为 1 时，交叉熵误差为 0；如果真实标签对应的输出越小，则自然对数的输出值越小，而对输出值进行取反操作的式(1-15)得到的值就越大。

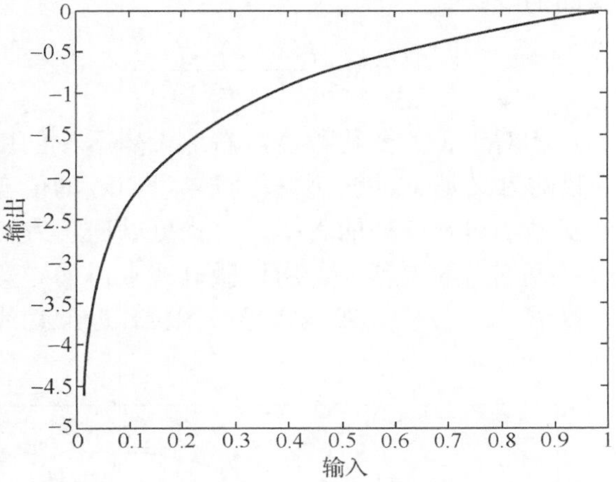

图 1-15　自然对数 $y = \ln x$ 的曲线示意图

上面介绍了几种常见的代价函数，在模型训练时，如何选择代价函数呢？深度学习中常涉及两大类问题：回归和分类。回归问题是指通过已知去预测未知，输出是连续的。以“房价”为例，结合房子“大小”“地理位置”和“价格”等因素，最后拟合出一条曲线，这条曲线是连续的，给出任意一个输入都可以得到一个预测的输出，这类问题属于回归问题。分类问题是指根据已有的信息进行整合，最后输出离散的类别值。例如，通过 CNN 网络来判断图片中是猫还是狗，这属于分类问题。上述的均方误差、均方根误差和平均绝对误差通常用作回归问题的代价函数，而交叉熵损失通常用作分类问题的代价函数。

1.5.3　基于数值微分计算损失函数关于网络参数的梯度

数值微分是指用数值的方法近似求解函数导数的过程。在神经网络的学习中，寻找最优参数是指寻找使损失函数的值尽可能小的参数，其中，神经网络的参数通常包括权重和偏置。为了找到使损失函数的值尽可能小的参数组合，需要计算参数的导数(即梯度)，导数可以表示损失函数和参数间的变化关系，并为参数更新指引方向，逐步更新参数的值。

以神经网络中的某一权重参数为例，对该权重参数的损失函数求导，如果导数的值为负，表示输入和输出之间负相关，通过使该权重参数向正方向改变，可以减小损失函数的值；如果导数的值为正，表示输入和输出之间正相关，则通过使该权重参数向负方向改变，能够减小损失函数的值。但当导数的值为 0 时，无论权重参数向哪个方向变化，损失函数的值都不会改变，此时该权重参数的更新会停在此处。可见，导数为权重参数的更新提供了方向。

导数表示某个瞬间的变化量，可定义为下式：

$$\frac{\mathrm{d}f(x)}{\mathrm{d}x}=\lim_{h\to 0}\frac{f(x+h)-f(x)}{h} \tag{1-16}$$

等式左边表示 $f(x)$ 相对于 x 的变化程度，右边 h 表示 x 的微小变化，该微小变化无限趋近于 0。导数的含义是 x 的微小变化将导致 $f(x)$ 的值在多大程度上发生变化。真正的导数对应函数 $f(x)$ 在 x 处的斜率，上式可以理解为 $f(x)$ 在 $x+h$ 和 x 两点间的斜率，但由于 h 不可能无限接近 0，所以微分式求得的导数和真实导数严格来说并不一致，如图 1-16 所示，真实切线表示导数图像，近似切线表示数值微分求导的图像。

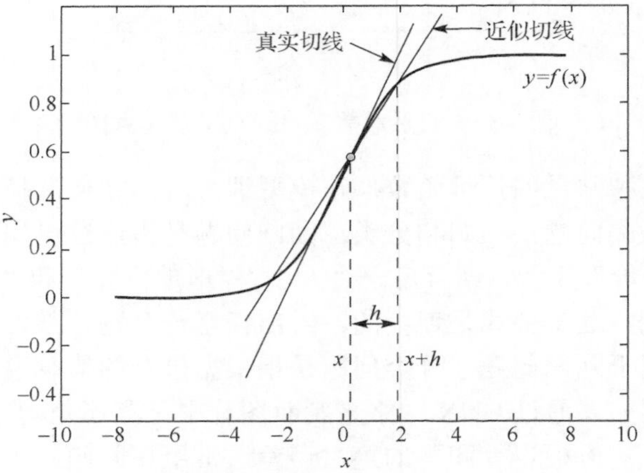

图 1-16　微分求导与真实导数示意图

为了减小微分式的误差，我们可以计算函数 $f(x+h)$ 和 $f(x-h)$ 之间的差分，这种计算方法以 x 为中心，也称为中心差分，而 $f(x+h)$ 和 $f(x)$ 之间的差分称为前向差分。这种利用微小差分求导数的过程称为数值微分。我们曾学习过以解析的方式求导，如 $y=x^2$ 的导数为 $\frac{\mathrm{d}y}{\mathrm{d}x}=2x$，解析性求导是不含误差的真正导数。通过数值微分与解析求导的计算对比，我们发现虽然严格意义上它们并不一致，但误差非常小。实际上，误差小到基本上可以认为它们是相等的。因而可以以数值微分的方式进行导数的求解。

当函数中存在多个变量时，对函数求导变为求函数的偏导数。偏导数和单变量的导数一样，都是求某个地方的斜率，但偏导数需要将多个变量中的某一个变量定为目标变量，并将其他变量固定为某个值。如 $f(x_1,x_2)=x_1{}^2+x_2{}^2$，对 x_1 求导时，则

将 x_2 设为定值，偏导数表示为 $\frac{\partial f}{\partial x_1}$，对 x_2 求偏导时也是如此。我们希望一起计算 x_1 和 x_2 的偏导数 $\left(\frac{\partial f}{\partial x_1}, \frac{\partial f}{\partial x_2}\right)$，像这样的由全部变量的偏导数汇总而成的向量称为梯度(gradient)。在数学上，梯度越大，则函数的变化越大，沿着梯度向量的方向更易于找到函数的最大值，反之，沿着与梯度向量相反的方向，梯度减小最快，易于找到函数的最小值。

机器学习的主要任务是在学习时寻找最优参数。同样地，神经网络也需在学习时找到最优参数。但是，神经网络的参数空间通常很庞大，我们不知道损失函数在何处能取得最小值。梯度法的出现就是利用梯度来寻找损失函数尽可能小的值的方法。用数学式来表示梯度法，如下所示：

$$x_1 = x_1 - \mathrm{lr}\frac{\partial f}{\partial x_1} \tag{1-17}$$

lr 表示更新量，在神经网络中表示学习率，学习率决定了在一次学习中，应该学习多少，以及在多大程度上更新参数。式(1-17)只是表示单个变量更新一次的式子，神经网络中的其他变量，也通过类似的式子进行更新，这个步骤会反复执行，以逐渐减小函数值。

神经网络的梯度是指损失函数关于网络参数的梯度。例如，有一个权重为 $\boldsymbol{W}$，形状为 2×3 的神经网络，损失函数用 L 表示，以数值微分计算损失函数关于权重的梯度用 $\frac{\partial L}{\partial \boldsymbol{W}}$ 表示，则用数学式表示为

$$\boldsymbol{W} = \begin{pmatrix} w_{11} & w_{12} \\ w_{21} & w_{22} \end{pmatrix} \tag{1-18}$$

$$\frac{\partial L}{\partial \boldsymbol{W}} = \begin{pmatrix} \frac{\partial L}{\partial w_{11}} & \frac{\partial L}{\partial w_{12}} \\ \frac{\partial L}{\partial w_{21}} & \frac{\partial L}{\partial w_{22}} \end{pmatrix} \tag{1-19}$$

$\frac{\partial L}{\partial \boldsymbol{W}}$ 的元素由各个元素关于 $\boldsymbol{W}$ 的偏导数构成，将权重参数沿着梯度方向进行更新，可以使得梯度减少最快，直至损失 L 收敛至最小。

1.5.4　基于误差反向传播算法计算损失函数关于网络参数的梯度

1.5.3 节介绍了通过数值微分计算神经网络的权重参数的梯度，虽然数值微分计

算过程简单、易实现，但比较耗费时间。本节学习一个能够高效计算权重参数梯度的方法——误差反向传播法。反向传播是基于链式法则实现的，以复合函数为例，对链式法则的原理进行说明。

复合函数是由多个函数构成的函数，如下所示的复合函数：

$$\begin{aligned} f &= g^2 \\ g &= x + y \end{aligned} \tag{1-20}$$

复合函数 f 的导数可以用构成复合函数的各个函数的导数的乘积表示：

$$\frac{\partial f}{\partial x} = \frac{\partial f}{\partial g}\frac{\partial g}{\partial x} = 2g \cdot 1 = 2\left(x + y\right) \tag{1-21}$$

这就是链式法则的原理。上述复合函数的计算过程用计算图表示如图 1-17 所示。

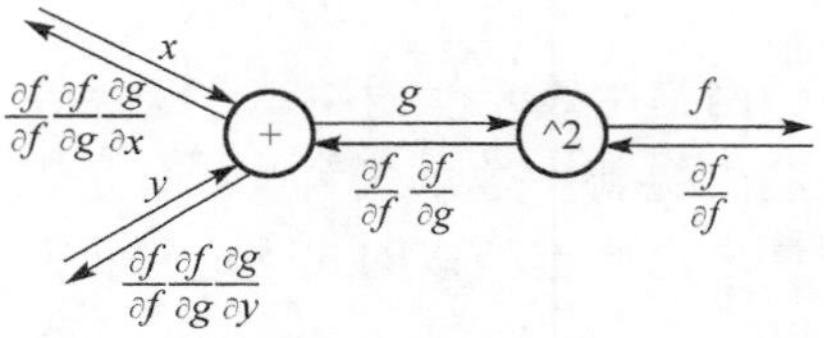

图 1-17　复合函数传播的计算图

图中“^2”节点表示平方运算。向右的箭头表示正向传播信号，向左的箭头表示反向传播信号。反向传播的计算顺序是，先将节点的输入信号乘以节点的局部导数(即偏导数)，然后再传递给下一个节点。例如，“^2”节点的正向传播输入为 g，输出为 f，因此该节点局部导数为 $\frac{\partial f}{\partial g}$，在反向传播时该节点的输入是 $\frac{\partial f}{\partial f}$，将其乘以局部导数后得到 $\frac{\partial f}{\partial f}\frac{\partial f}{\partial g}$，然后再传递给下一个节点。

反向传播中较为简单的节点包括加法节点和乘法节点。以这两种节点为例对反向传播做进一步的直观说明。图 1-18 所示为 f=x+y 的加法节点。

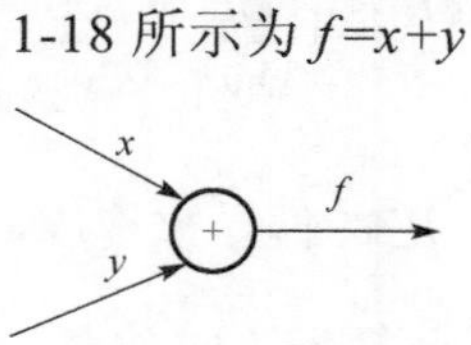

图 1-18　加法节点的正向传播示意图

f=x+y 的偏导数计算如下：

$$\frac{\partial f}{\partial x}=1$$
$$\frac{\partial f}{\partial y}=1 \tag{1-22}$$

假设正向传播时 f 的下游输出为 L，该加法节点对应的反向传播将从上游传过来的导数乘以该节点的局部导数，然后再传向下游。其反向传播如图 1-19 所示。

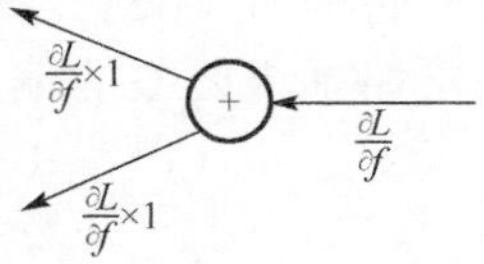

图 1-19　加法节点的反向传播示意图

图中 $\frac{\partial L}{\partial f}$ 表示上游传过来的导数，由于该加法节点关于 x 和 y 的局部导数均为 1，因此，反向传播时，$\frac{\partial L}{\partial f}$ 在两个支路分别乘以 1 之后，传向下游。可见，加法节点的反向传播只乘以 1，所以输入的值会原封不动地流向下一个节点。

图 1-20 所示为 $f=x\times y$ 的乘法节点。

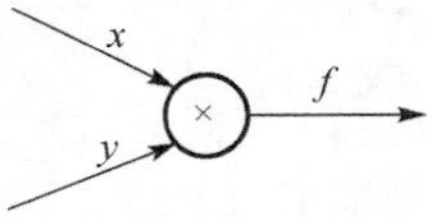

图 1-20　乘法节点的正向传播示意图

$f=x\times y$ 的偏导数计算如下：

$$\frac{\partial f}{\partial x}=y$$
$$\frac{\partial f}{\partial y}=x \tag{1-23}$$

同样假设正向传播时 f 的下游输出为 L，该乘法节点对应的反向传播将从上游传过来的导数乘以该节点的局部导数，然后再传向下游。其反向传播如图 1-21 所示。

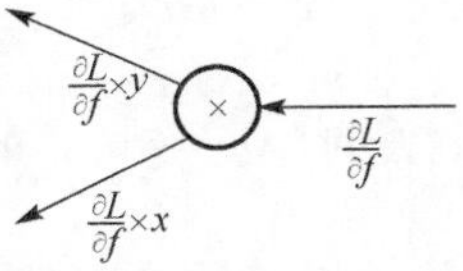

图 1-21　乘法节点的反向传播示意图

图中$\frac{\partial L}{\partial f}$表示上游传过来的导数，该乘法节点关于 x 和 y 的局部导数分别为 y 和 x，因此，反向传播时，$\frac{\partial L}{\partial f}$在 x 和 y 支路分别乘以 y 和 x 之后，传向下游。可见，乘法节点的反向传播将上游传来的值乘以正向传播时的输入信号的“翻转值”后传递给下游。

通过上面的说明，我们对反向传播有了更直观的认识。下面我们来推导反向传播算法的数学公式，也就是神经网络损失函数的偏导数，假设一个简单的神经网络如图 1-22 所示。

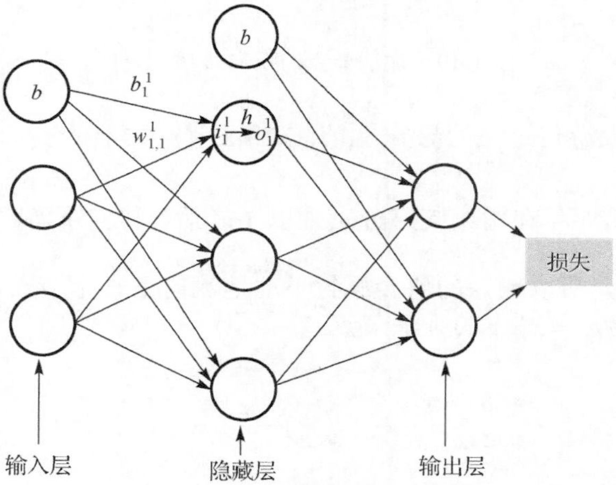

图 1-22　简单的神经网络示意图

神经网络的模型参数通常有两类：权重项和偏置。图中 $w_{1,1}^1$ 表示输入层的第 1 个单元到隐藏层的第 1 个单元的连接权重，b_1^1 表示隐藏层第 1 个单元的偏置，i_1^1 表示隐藏层第 1 个神经元的输入，o_1^1 表示隐藏层第 1 个神经元的输出。我们对参数进行更广泛的定义：$w_{m,n}^l$ 为第 l–1 层的第 m 个单元到第 l 层的第 n 个单元的连接权重，b_n^l 为 l 层第 n 个单元的偏置，i_n^l 为 l 层第 n 个单元的输入，o_n^l 为 l 层第 n 个单元的输出，h 为激活函数，存在如下关系：

$$\begin{aligned} i_n^l &= \sum_m w_{m,n}^l o_m^{l-1} + b_n^l \\ o_n^l &= h(i_n^l) \end{aligned} \tag{1-24}$$

设神经网络的损失函数为 L，L 对中间变量 i_n^l 的偏导数记为 η_n^l，则 $\eta_n^l = \frac{\partial L}{\partial i_n^l}$，根据链式法则及式(1-24)，损失函数关于权重项和偏置的偏导数公式如下：

$$\frac{\partial L}{\partial w_{m,n}^{l}}=\frac{\partial L}{\partial i_{n}^{l}}\frac{\partial i_{n}^{l}}{\partial w_{m,n}^{l}}=\eta_{n}^{l}o_{m}^{l-1}$$
$$\frac{\partial L}{\partial b_{n}^{l}}=\frac{\partial L}{\partial i_{n}^{l}}\frac{\partial i_{n}^{l}}{\partial b_{n}^{l}}=\eta_{n}^{l} \tag{1-25}$$

继续对 η_n^l 进行推导，根据链式法则：

$$\eta_{n}^{l}=\frac{\partial L}{\partial i_{n}^{l}}\sum_{m}\frac{\partial L}{\partial i_{m}^{l+1}}\frac{\partial i_{m}^{l+1}}{\partial i_{n}^{l}}=\sum_{m}\frac{\partial L}{\partial i_{m}^{l+1}}\frac{\partial i_{m}^{l+1}}{\partial o_{n}^{l}}\frac{\partial o_{n}^{l}}{\partial i_{n}^{l}}=\sum_{m}\eta_{m}^{l+1}w_{n,m}^{l+1}h(i_{n}^{l}) \tag{1-26}$$

这是一个迭代公式，其最终的输入是神经网络的输出，设为 η_n^T，且输出层满足 $i_n^T=o_n^T$，需要注意，o_n^T 是损失函数的自变量，因此式(1-26)为

$$\eta_{n}^{T}=\frac{\partial L}{\partial i_{n}^{T}}=\frac{\partial L}{\partial o_{n}^{T}} \tag{1-27}$$

该式实际表示了损失函数梯度的第 n 个元素。

通过以上推导过程，损失函数 L 可以被理解为预测值与真实值之间的距离，距离越大，表示算法的性能越差，反之则越好。那么，η_n^T 可以表示输出层各个神经元与最佳参数组合的差距，是整个反向传播算法的起点。

1.5.5　基于随机梯度下降算法实现网络参数更新

神经网络学习的目的是找到使损失函数的值尽可能小的最优参数的问题，解决这个问题的过程称为最优化(optimization)，但要实现神经网络的最优化是非常困难的。因为神经网络的参数空间非常复杂，无法在这样复杂的参数空间轻易找到最优解，而在深度神经网络中，参数的数量会更加庞大，最优化问题也会更加复杂。

在 1.5.3 节和 1.5.4 节中，为了找到网络的最优参数，我们将参数的梯度作为线索。通过沿着参数梯度的方向来更新参数，并重复执行这个步骤，来逐渐靠近最优参数。根据目的是寻找损失函数的最小值还是最大值，梯度法有不同的名称。例如，将寻找最小值的梯度法称为梯度下降法(gradient descent method)；将寻找最大值的梯度法称为梯度上升法(gradient ascent method)；随机梯度下降法(stochastic gradient descent，SGD)则是指对随机选择的数据进行的梯度下降法，即在利用梯度下降法寻找最小值时的数据是随机选择的。

利用 SGD 进行参数更新的数学表达式如下：

$$\boldsymbol{W}\leftarrow\boldsymbol{W}-\mathrm{lr}\frac{\partial L}{\partial\boldsymbol{W}} \tag{1-28}$$

其中，$\boldsymbol{W}$ 表示需要更新的权重参数，$\frac{\partial L}{\partial\boldsymbol{W}}$ 表示损失函数 L 关于权重参数 $\boldsymbol{W}$ 的梯度，

lr 表示学习率（$0 \leqslant \mathrm{lr} \leqslant 1$），学习率是一个预先设定好的值，可取 0.001 或 0.0001 等。用表达式中箭头右边的值更新左边的值，偏置 b 也采用同样的方式进行更新。经过多次迭代即可得到最优的参数，使得网络训练的样本整体误差值最小。

随机梯度下降法每次会从训练集中随机选择一个样本来进行网络学习，每次迭代的计算量较小，训练速度比较快，但是对于精准度来说，由于每次训练仅用一个样本决定梯度的更新方向，可能会得到局部最小值，精准度不高；对于收敛速度来说，随机梯度下降法一次迭代一个样本，导致迭代方向变化比较大，不能很快地收敛到局部最优解。随机梯度下降法可在小数据集以及简单的网络结构中使用，但对于复杂网络，如 CNN、RNN 等，采用随机梯度下降法会存在收敛速度慢、易陷入局部最优的问题。

1.5.6　基于动量法实现网络参数更新

动量是模拟物理中的概念。一个物体的动量通常指的是这个物体在其运动方向上保持运动的趋势，是物体的质量和速度的乘积。小球滚落是一个形象的例子，想象如果我们将一个小球从山上滚下来，当没有阻力时，小球速度会越来越快，它的动量也会越来越大，但是当小球在滚落过程中遇到了阻力，那么小球的速度就会慢慢变小，动量也随之减小。动量优化法（momentum）就是借鉴此思想，使梯度方向在保持不变的情况下，参数更新变快，梯度方向改变时，参数更新变慢，从而加快收敛并且减少来回震荡。

在动量法中，可以将梯度理解成力，力可以改变速度的大小和方向，由于速度改变，因此动量也会发生改变。采用变量 $\boldsymbol{v}$ 表示速度，表明参数在参数空间移动的方向及速率，而代价函数的负梯度表示参数在参数空间移动的力。已知动量等于质量和速度的乘积，假设质量的单位为 1，则速度 $\boldsymbol{v}$ 可以直接当作动量。我们引入动量参数 β 来调节先前梯度的衰减效果。β 取值在[0,1]之间，一般可取 0.9 以对应物理上的地面摩擦或空气阻力。采用动量法进行参数更新的表达式如下：

$$\begin{gathered}\boldsymbol{v}=\beta\boldsymbol{v}-\mathrm{lr}\frac{\partial L}{\partial \boldsymbol{W}}\\ \boldsymbol{W}\leftarrow\boldsymbol{W}+\boldsymbol{v}\end{gathered} \tag{1-29}$$

其中，$\boldsymbol{W}$ 表示权重参数，将梯度理解为力，则梯度 $\dfrac{\partial L}{\partial \boldsymbol{W}}$ 对应加速度，式（1-29）表示用上一时刻的 $\boldsymbol{v}$ 和加速度来更新当前的 $\boldsymbol{v}$，再利用上一时刻的 $\boldsymbol{W}$ 和更新后的 $\boldsymbol{v}$ 来更新 $\boldsymbol{W}$，从而实现参数更新。偏置 b 也采用同样的方式进行更新。

动量优化算法模拟的是物体运动时的惯性，参数更新时在一定程度上考虑了之前更新的方向，同时利用当前的梯度微调最终的结果，这样可以在一定程度上增加更新的稳定性，提升网络的学习速度。采用动量优化算法能够使梯度方向一致的参数加速学习，而对梯度方向改变的参数能够减少其更新，因此动量优化算法整体上能够加速学习，抑制振荡，加速收敛。但它比较难于设定一个较好的学习率。

1.5.7　基于自适应梯度算法实现网络参数更新

前面的随机梯度法和动量算法都是使用全局的学习率，即对于每一个参数的训练都使用了相同的学习率。当深度学习的优化环境变得复杂，采用梯度法这种走一步看一步的方式或者采用动量法这种加速前进的方式，将很难找到最优的参数。如果可以对每个参数设置学习率可能效果会更好，基于这样的考虑，让学习率根据参数情况进行调整，从而引出了自适应梯度算法(adaptive gradient algorithm, AdaGrad)。

AdaGrad 的思想是对每个参数自适应的调节学习率，自适应的方法就是对每个参数乘以不同的系数。每个参数所乘系数通过之前累积的梯度大小的平方和来决定，对于更新频率高的参数，可以设置较小的学习率，更新慢一点，而对那些更新频率低的参数，就可以设置大一点的学习率，加快参数的更新。

AdaGrad 的具体做法是将每一维参数各自的历史梯度的平方叠加起来，然后在更新的时候除以该历史梯度值即可。AdaGrad 法进行参数更新的表达式如下：

$$
\begin{aligned}
g &\leftarrow g + \frac{\partial L}{\partial \boldsymbol{W}} \odot \frac{\partial L}{\partial \boldsymbol{W}} \\
\boldsymbol{W} &\leftarrow \boldsymbol{W} - \mathrm{lr}\frac{1}{\sqrt{g}+\varepsilon}\frac{\partial L}{\partial \boldsymbol{W}}
\end{aligned}
\tag{1-30}
$$

其中，$\boldsymbol{W}$ 表示要更新的权重参数，$\frac{\partial L}{\partial \boldsymbol{W}}$ 表示计算梯度，$\odot$ 表示矩阵对应元素相乘，对于单个元素的梯度而言，则表示梯度的平方，g 用于累加梯度的平方，即所有梯度值的平方和，ε 为附加参数，通常取值较小以防止分母溢出，如 ε 取 10^{-6}。在对 $\boldsymbol{W}$ 进行更新时，通过 $\frac{1}{\sqrt{g}}$ 来调整学习率，对梯度较大的参数，学习率变小的程度较大，对梯度较小的参数，学习率变小的程度较小，据此实现了为每个参数定制学习率。偏置 b 也采用同样的方式进行更新。

AdaGrad 算法会记录过去所有梯度的平方和，在训练初期时，分母较小，学习率较大，学习速度较快，后期时，学习会逐渐减慢，适合于处理稀疏梯度。该算法不需要人工调节每个学习率，而是自动会对损失偏导较大的参数相应地有一个快速下降的学习率，而对损失偏导较小的参数相应地有一个下降速度较慢的学习率。但随着梯度的积累，可能导致学习率过早或过量地减小，并且学习率不断收缩最终会变得非常小，致使学习困在局部极值点。

1.5.8 基于自适应矩估计算法实现网络参数更新

自适应矩估计(adaptive moment estimation，Adam)是另一种自适应学习率的方法，该方法利用梯度的一阶矩估计和二阶矩估计动态调整每个参数的学习率。Adam算法在参数更新过程中的梯度一阶矩估计 $\boldsymbol{v}$ 和梯度二阶矩估计 $\boldsymbol{g}$ 的计算式如下：

$$\begin{aligned}\boldsymbol{v} &\leftarrow \beta_1\boldsymbol{v}+\left(1-\beta_1\right)\frac{\partial L}{\partial \boldsymbol{W}}\\ \boldsymbol{g} &\leftarrow \beta_2\boldsymbol{g}+\left(1-\beta_2\right)\left(\frac{\partial L}{\partial \boldsymbol{W}}\odot\frac{\partial L}{\partial \boldsymbol{W}}\right)\end{aligned} \tag{1-31}$$

其中，β_1 系数为指数衰减率，控制权重分配，通常取接近于 1 的值，默认取 0.9；β_2 系数也表示指数衰减率，控制之前的梯度平方的影响情况，默认取 0.999。

如果 $\boldsymbol{v}$ 和 $\boldsymbol{g}$ 初始化为零向量，那它们就会向零偏置，为了抵消偏差，需进行偏差矫正，引入总时刻参数为 t，t 时刻梯度的一阶矩估计表示为 $\boldsymbol{v}_t$，二阶矩估计表示为 $\boldsymbol{g}_t$，矫正后分别表示为 $\overline{\boldsymbol{v}}_t$ 和 $\overline{\boldsymbol{g}}_t$，矫正表达式如下：

$$\begin{aligned}\overline{\boldsymbol{v}}_t &= \frac{\boldsymbol{v}_t}{1-\beta_1^t}\\ \overline{\boldsymbol{g}}_t &= \frac{\boldsymbol{g}_t}{1-\beta_2^t}\end{aligned} \tag{1-32}$$

根据矫正后的 $\overline{\boldsymbol{v}}_t$ 和 $\overline{\boldsymbol{g}}_t$ 进行参数更新的表达式如下：

$$\boldsymbol{W} \leftarrow \boldsymbol{W} - \mathrm{lr}\frac{1}{\sqrt{\overline{\boldsymbol{g}}_t+\varepsilon}}\overline{\boldsymbol{v}}_t \tag{1-33}$$

其中，$\boldsymbol{W}$ 表示要更新的权重参数，lr 表示学习率可取 0.001，ε 可取 10^{-7}，避免分母溢出。

Adam 优化器有诸多优点，其经过偏置校正后，每一次迭代学习率都有一个确定范围，使得参数比较平稳，并且算法实现简单，计算效率较高，对内存需求少，参数的更新不会受梯度伸缩变换的影响，超参数也具有较好的解释性，通常仅需对超参数进行微调或无须调整。Adam 适合应用于大规模的数据及参数的场景中，还适用于不稳定目标函数等，在很多情况下 Adam 优化器都能表现出良好的工作性能。

1.6 深度学习常用工具介绍与比较

1.6.1 TensorFlow 框架介绍与实例

TensorFlow 简称 TF，是 Google 于 2015 年 11 月开源的机器学习及深度学习框架。TensorFlow 主要用于进行机器学习和深度神经网络研究，它是一个非常基础的系统，因此也可以应用于众多领域。由于 Google 在深度学习领域的巨大影响力和强大的推广能力，TensorFlow 一经推出就获得了极大的关注，并迅速成为如今用户量较多的深度学习框架之一。

Tensor（张量）表示 N 维数组，Flow（流）表示基于数据流图的计算，则 TensorFlow 表示张量从图的一端流动到另一端。TensorFlow 能够支持 CNN、RNN 和长短期记忆网络（long short-term memory，LSTM）等算法，这些算法是目前在图像和自然语言处理领域最流行的深度神经网络模型。在 TensorFlow 中，每个节点被当作一个张量来进行运算，用户可以通过定义一个层来进行矩阵相加、相乘或卷积等运算的组合，因此 TensorFlow 构建的模块更小巧，其允许更灵活的模块化。TensorFlow 还能生成显示网络拓扑结构和性能的可视化图。TensorFlow 基于 Python 编写，容易上手并且具有高可读性，其支持异构设备分布式计算，能够在各个平台上自动运行模型，如在移动端、单个 CPU 或 GPU 到成百上千个 GPU 组成的分布式系统上运行，其运行非常高效，代码编译效率也较高。TensorFlow 的社区发展得非常迅速并且活跃，具有良好的交流学习环境等。TensorFlow 的拓展性也很好，它的用途不止于深度学习，还可以支持增强学习和其他机器学习算法等。

但是，TensorFlow 系统设计较为复杂，代码总量超过 100 万行，因此学习 TensorFlow 底层运行机制将会是一个非常痛苦的过程。另外，TensorFlow 的计算图是纯 Python 的，因此图构造是静态的，意味着图必须先被编译再运行，TensorFlow 还不支持“内联（inline）”矩阵运算，必须要复制矩阵才能对其进行运算，复制庞大的矩阵会导致系统运行效率降低，并占用内存。

参考 1.4 节中给出的 LeNet5 网络结构，我们在 TensorFlow 框架下构建 LeNet5 网络模型来进行简单的实例说明。

```
import tensorflow as tf
x = tf.placeholder('float', shape=[None, 28*28])
x_image = tf.reshape(x, [-1, 28, 28, 1])
def weights(shape):
    initial = tf.truncated_normal(shape, stddev=0.1)
    return tf.Variable(initial)
def bias(shape):
    initial = tf.constant(0.1, shape=shape)
    return tf.Variable(initial)
def conv2d(x, W):
    return tf.nn.conv2d(input=x, filter=W, strides=[1, 1, 1, 1],
padding='SAME')
def max_pool_2x2(x):
    return tf.nn.max_pool(x, ksize=[1, 2, 2, 1], strides=[1, 2, 2, 1],
```

```
padding='SAME')
    w_conv1 = weights([5, 5, 1, 6])
    b_conv1 = bias([6])
    h_conv1 = tf.nn.ReLU(conv2d(x_image, w_conv1)+b_conv1)
    h_pool1 = max_pool_2x2(h_conv1)
    w_conv2 = weights([5, 5, 6, 16])
    b_conv2 = bias([16])
    h_conv2 = tf.nn.ReLU(conv2d(h_pool1, w_conv2)+b_conv2)
    h_pool2 = max_pool_2x2(h_conv2)
    h_pool2_flat = tf.reshape(h_pool2, [-1, 7*7*16])
    w_fc1 = weights([7*7*16, 120])
    b_fc1 = bias([120])
    h_fc1 = tf.nn.ReLU(tf.matmul(h_pool2_flat, w_fc1)+b_fc1)
    w_fc2 = weights([120, 84])
    b_fc2 = bias([84])
    h_fc2 = tf.nn.ReLU(tf.matmul(h_fc1, w_fc2)+b_fc2)
    w_fc3 = weights([84, 10])
    b_fc3 = bias([10])
    h_fc3 = tf.nn.softmax(tf.matmul(h_fc2, w_fc3)+b_fc3)
```

对代码中构建的 LeNet5 网络模型相关部分说明如下。

“def”关键字用于定义函数，weights 定义权重，调用了 tf.truncated_normal 函数，参数 shape 表示输出张量的维度，stddev 定义标准差的值。bias 定义偏置，调用 tf.constant 创建常量，第一个参数定义偏置取值，shape 表示输出张量的维度。conv2d 定义卷积操作，调用 tf.nn.conv2d 函数，其参数 input 定义输入数据，filter 定义滤波器，即卷积权重，strides 定义卷积在每一维的滑动步长，padding 定义卷积方式，只能是“SAME”或“VALID”之一。max_pool_2x2 定义池化操作，调用了 tf.nn.max_pool 函数，其第一个参数定义输入数据，参数 ksize 定义池化窗口的大小，strides 定义池化窗口在每一维的滑动步长，padding 与卷积类似。

用“def”定义函数之后的代码用于定义 LeNet5 网络中的每个层，其中，w_conv*i*、b_conv*i* 和 h_conv*i*（*i*=1,2）定义每个卷积层。以第一个卷积层为例：w_conv1=weight（[5,5,1,6]）中各参数表示卷积核宽度、高度、步长和个数，具体指第一个卷积层包含 6 个大小为 5×5 的卷积核，卷积计算时的移动步长为 1；b_conv1=bias（[6]）表示偏置的维度为 6；h_conv1=tf.nn.ReLU（conv2d（x_image,w_conv1）+b_conv1）表示将输入 x_imag 按照权重为 w_conv1 进行卷积处理，与偏置 b_conv1 求和后用 ReLU 进行激活，得到第一卷积层的输出；h_pool*i*（*i*=1,2）指将相应的卷积层输出进行最大池化处理；w_fc*i*、b_fc*i* 和 h_fc*i*（*i*=1,2,3）表示全连接层的处理。

1.6.2　Caffe 框架介绍与实例

Caffe 是第一个清晰、高效的深度学习框架，于 2014 年由 UC Berkeley 启动。Caffe 的核心语言是 C++，可支持命令行、Python 和 MATLAB 接口，既可以在 CPU 上运行，也可以在 GPU 上运行。Caffe 具有非常出色的卷积神经网络实现功能，在 2013～2016 年 Caffe 的应用尤为突出，深度学习中大部分与机器视觉有关的论文都是采用 Caffe 框架来构建网络的。

Caffe 的缺点是不够灵活，设计网络没有 Tensorflow 那样自由方便，如果用户想实现一种新的层类型，就需要使用 C++ 和 CUDA 编程，定义完整的前向、后向和梯度更新过程。另外，Caffe 不适用于文本、声音或时间序列等类型的数据的建模，如设计 RNN 和 LSTM 这类模型结构时会非常费时费力，不适用于构建循环网络。Caffe 支持单机多 GPU 训练，但是没有原生支持分布式的训练。

我们在 Caffe 框架下构建 LeNet5 网络模型来进行简单的实例说明。

```
name: "LeNet"
    layers {
        name: "conv1"
        type: "Convolution"
        param { lr_mult: 1 }
        param { lr_mult: 2 }
        convolution_param {
            num_output: 20
            kernel_size: 5
            stride: 1
            weight_filler {
                type: "xavier"
            }
            bias_filler {
                type: "constant"
            }
        }
        bottom: "data"
        top: "conv1"
    }
    layers {
        name: "pool1"
        type: "Pooling"
        pooling_param {
            pool: MAX
            kernel_size: 2
```

```
        stride: 2
    }
    bottom: "conv1"
    top: "pool1"
}
layers {
    name: "conv2"
    type: "Convolution"
    param { lr_mult: 1 }
    param { lr_mult: 2 }
    convolution_param {
        num_output: 50
        kernel_size: 5
        stride: 1
        weight_filler {
            type: "xavier"
        }
        bias_filler {
            type: "constant"
        }
    }
    bottom: "pool1"
    top: "conv2"
}
layers {
    name: "pool2"
    type: "Pooling"
    pooling_param {
        pool: MAX
        kernel_size: 2
        stride: 2
    }
    bottom: "conv2"
    top: "pool2"
}
layers {
    name: "ip1"
    type: "InnerProduct"
    param { lr_mult: 1 }
    param { lr_mult: 2 }
    inner_product_param {
        num_output: 500
        weight_filler {
            type: "xavier"
```

```
        }
        bias_filler {
            type: "constant"
        }
    }
    bottom: "pool2"
    top: "ip1"
}
layers {
    name: "ReLU1"
    type: ReLU
    bottom: "ip1"
    top: "ip1"
}
layers {
    name: "ip2"
    type: INNER_PRODUCT
    param { lr_mult: 1 }
    param { lr_mult: 2 }
    inner_product_param {
        num_output: 10
        weight_filler {
            type: "xavier"
        }
        bias_filler {
            type: "constant"
        }
    }
    bottom: "ip1"
    top: "ip2"
}
layer {
   name: "prob"
   type: "Softmax"
   bottom: "ip2"
   top: "prob"
}
```

对代码中 LeNet5 的网络模型说明如下。

在 Caffe 中，以 layers 的形式定义了 LeNet 中的 7 个层，每个 layers 中 name 定

义网络层的名字，type 定义网络层的类型，param{lr_mult: 1}表示权值的学习率与全局相同，param{lr_mult: 2}表示偏置的学习率是全局的 2 倍。convolution_param 指对卷积操作进行参数设置，num_output 指卷积输出的特征图个数，kernel_size 指卷积核尺寸大小，stride 指卷积操作的步长，weight_filler{type: "xavier"}定义卷积滤波器的参数使用 xavier 方法来初始化，bias_filler{type: "constant"}定义偏置使用 0 初始化，bottom 定义网络层的输入，top 定义网络层的输出。

name 为 pool 指池化层，其中，pooling_param 用于定义池化参数，pool: MAX 表示采用最大池化操作，kernel_size 定义池化尺寸，stride 定义池化步长。

name 为 ip1 指全连接层，num_output 用于定义输出神经元数。

name 为 ReLU1 指激活函数层，bottom 和 top 均为 ip1，表示该层的输入和输出均为上一全连接层，底层与顶层相同是为了减少开支。

name 为 prob 指输出层，type 为 Softmax 指由 Softmax 函数进行输出层处理并输出结果。

1.6.3 MXNet 框架介绍与实例

MXNet 是 DMLC(distributed machine learning community)开发的一款开源的、轻量级、可移植的、灵活的深度学习库，提供了多种 API，支持 C++、Python、R、Scala、Julia、MATLAB 及 JavaScript 等大多数编程语言。在 MXNet 框架下，用户可以混合使用符号编程模式和指令式编程模式来最大化建模效率和灵活性。在 2016 年底，MXNet 成为 Amazon 的官方深度学习框架，被 Amazon 云服务列为了其深度学习的参考库。MXNet 是各个框架中率先支持多 GPU 和分布式的，同时其分布式性能良好，能够运行在 CPU、GPU、集群、服务器、台式机或者移动设备上。MXNet 强调灵活性和效率，其上层的计算图优化算法可以让符号计算执行得非常快，而且节约内存，可以在某些小内存 GPU 上训练其他框架因显存不够而训练不了的深度学习模型，也可以在移动设备上运行基于深度学习的图像识别等任务，如可以在智能手机上运行诸如图像识别等任务。MXNet 的缺点在于对循环神经网络 RNN 的支持较差。

我们在 MXNet 框架下构建 LeNet5 网络模型来进行简单的实例说明。

```
from mxnet.gluon import nn
LeNet = nn.Sequential()
LeNet.add(nn.Conv2D(channels=6, kernel_size=5, activation='sigmoid'),
        nn.MaxPool2D(pool_size=2, strides=2),
        nn.Conv2D(channels=16, kernel_size=5, activation='sigmoid'),
        nn.MaxPool2D(pool_size=2, strides=2),
        nn.Dense(units=120, activation='sigmoid'),
```

```
        nn.Dense(units=84, activation='sigmoid'),
        nn.Dense(units=10))
```

对代码中 LeNet5 的网络模型说明如下。

在 MXNet 中构建模型比较简单，使用 nn.Sequential 容器，将各层按顺序传入该容器中，就可以构建 LeNet5 中的 7 层结构。nn.Conv2D 表示卷积处理，其中，channels 定义输出通道数，即输出的特征图数量；kernel_size 定义卷积核尺寸；activation 定义采用的激活函数。nn.MaxPool2D 表示最大池化处理，其中，pool_size 定义池化尺寸，strides 定义池化步长。nn.Dense 表示全连接，其中，units 定义输出的向量维度。

1.6.4　Keras 框架介绍与实例

Keras 是为支持快速实验而设计的，由纯 Python 编写而成，并使用 Theano、TensorFlow 和 CNTK 的深度学习库作为后端，是一款能够把想法迅速转换为结果的一个高层神经网络 API。由于 Keras 拥有较为直观的 API，因此，非常便于理解深度学习原理及代码片段插入，能够大大地减少一般应用下用户的工作量。Keras 像一个构建于第三方框架之上的深度学习接口。

Keras 的缺点在于过度封装使其灵活性较差。Keras 的层层封装，导致用户在新增操作或是获取底层的数据信息时较为困难，因而在使用 Keras 时，用户主要是在调用接口，很难真正学习到深度学习的内容。另外，Keras 无法使用多 GPU 与分布式实现。

我们在 Keras 框架下构建 LeNet5 网络模型来进行简单的实例说明。

```
import keras
from keras.models import Sequential
from keras.layers import Dense, Flatten
from keras.layers import Conv2D, MaxPooling2D
model = Sequential()
model.add(Conv2D(filters=6,kernel_size=(5,5),input_shape=(1,28,28),
activation='ReLU'))
model.add(MaxPooling2D(pool_size=(2,2)))
model.add(Conv2D(filters=16, kernel_size=(5,5), activation='ReLU'))
model.add(MaxPooling2D(pool_size=(2,2)))
model.add(Flatten())
model.add(Dense(120, activation='ReLU'))
model.add(Dense(84, activation='ReLU'))
model.add(Dense(10, activation='softmax'))
```

对代码中 LeNet5 的网络模型说明如下。

在 Kerns 中构建模型与在 MXNet 中构建模型看起来类似，都比较简单，同样采用 Sequential 容器，将各层按顺序传入该容器中来构建 LeNet5 的 7 层结构。Conv2D

表示卷积处理，其中，filters 定义输出通道数，即输出的特征图数量；kernel_size 定义卷积核尺寸；input_shape 定义输入特征通道数和尺寸；activation 定义采用的激活函数。MaxPooling2D 表示最大池化处理，其中，pool_size 定义池化尺寸。Dense 表示全连接，Dense 的第一个参数定义输出的向量维度。

1.6.5 PyTorch 框架介绍与实例

PyTorch 是 Facebook 官方维护的深度学习框架之一，是基于原有的 Torch 框架推出的 Python 接口。Torch 是 Facebook Lua 语言编写的开源计算框架，支持机器学习算法，具有较好的灵活性和速度，实现并且优化了基本的计算单元，在 Torch 框架下可以很简单地实现用户的算法，不用在计算优化上浪费太多精力。

2017 年 1 月，Facebook 将 Python 版本的 Torch 库开源，其采用命令式的编程，因此用户在搭建网络结构和调试代码时非常方便。PyTorch 的设计者追求最少的封装，源码只有 TensorFlow 的十分之一左右，使得 PyTorch 更易于阅读和理解。PyTorch 能够兼顾灵活性与运行速度，设计也更符合用户的思维，可以让用户专注于实现自己的想法，不需要考虑太多关于框架本身的束缚。PyTorch 还支持动态计算图，即运算图在程序运行时生成，它还能处理长度可变的输入和输出，适用于构建循环神经网络 RNN 和 LSTM 等。PyTorch 目前拥有较为完善的接口，并提供了完整的文档，拥有活跃的交流社区。但是，PyTorch 底层为 Lua 语言，如果需深入了解其内部工作方式需要时间去学习新的编程语言，耗费一定的时间和精力。

我们在 PyTorch 框架下构建 LeNet5 网络模型来进行简单的实例说明。

```
import torch
import torch.nn as nn
import torch.nn.functional as F
class Net(nn.Module):
    def __init__(self):
        super(Net, self).__init__()
        self.conv1 = nn.Conv2d(1, 6, 3)
        self.conv2 = nn.Conv2d(6, 16, 3)
        self.fc1 = nn.Linear(16 * 6 * 6, 120)
        self.fc2 = nn.Linear(120, 84)
        self.fc3 = nn.Linear(84, 10)
    def forward(self, x):
        x = F.max_pool2d(F.ReLU(self.conv1(x)), (2, 2))
        x = F.max_pool2d(F.ReLU(self.conv2(x)), 2)
        x = x.view(-1, self.num_flat_features(x))
        x = F.ReLU(self.fc1(x))
        x = F.ReLU(self.fc2(x))
        x = self.fc3(x)
```

```
        return x
    def num_flat_features(self, x):
        size = x.size()[1:]
        num_features = 1
        for s in size:
            num_features *= s
        return num_features
```

对代码中 LeNet5 的网络模型说明如下。

在_init_中定义网络的结构，其中，nn.Conv2d 表示卷积层，其参数释义按顺序分别为：输入通道数、输出通道数、卷积核尺寸。nn.Linear 表示全连接层，其参数释义按顺序分别为：输入向量维度、输出向量维度。forward 定义前向传播函数，F.max_pool2d(F.ReLU(self.conv1(x))，(2, 2))的执行顺序按括号由内到外执行，该代码操作为先卷积，然后调用 ReLU 函数激活，再进行最大池化操作。num_flat_features 定义神经网络处理后的返回值。

1.6.6 各框架性能比较与评价

1.6.1 节～1.6.5 节中对常用的几个深度学习框架进行了简单介绍，本节基于上述介绍，对各网络架构的维护机构、支持的主要编程语言及各架构的优缺点以表格的形式进行简单总结概括(表 1-1)。

表 1-1　不同深度学习框架一览表

框架	维护机构	支持语言	优点	缺点
TensorFlow	Google	C++/Python/Go 等	模块更小巧，允许更灵活的模块化； 网络拓扑结构可视化	速度慢，占内存大； 不易于工具化
Caffe	BVLC	C++/Python/MATLAB	适用于前馈网络和图像处理	灵活性和扩展性差，不够精简； 不适合循环网络
MXNet	DMLC	C++/Python/Julia 等	适合前馈网络和图像处理； 支持 GPU、CPU 分布式计算	不适用于循环网络 RNN
Keras	fchollet	Python	提供简单直观的 API	过度封装，灵活性差； 无法使用多 GPU 与分布式实现
PyTorch	Facebook	Lua	大量模块化组件，易于结合； 易于编写自定义层	需要学 Lua 语言帮助学习

1.7 本 章 小 结

本章 1.1 节～1.4 节对从神经元模型到深度学习网络的发展脉络进行了梳理，具体对神经元模型、单层感知机、多层感知机到神经网络，再到深度学习网络的相关概念进行了说明，并对相关算法进行了介绍。之后以 LeNet5 为例对深度学习网络进行了示例性的说明，以便读者更直观地了解深度学习网络。1.5 节对深度学习网络训练过程中涉及的数据集准备、常用的损失函数、网络梯度的计算方法以及网络参数更新方法进行了详细介绍，以便读者深入了解深度学习网络的具体训练过程，以及网络训练的本质。1.6 节对目前常用的几款深度学习工具的框架进行了介绍及优缺点的说明，并以构建 LeNet5 实例的形式展示了在不同的网络框架下构建模型的区别，为用户选用建模工具提供一定的参考。

从神经元模型开始，到单层感知机、多层感知机、浅层的神经网络，再到深层的深度学习网络，经历几个世纪漫长而曲折的发展，深度学习已成为万众瞩目的焦点研究领域，并在图像识别、语音识别和自然语言处理领域都取得了不错的成果。本章主要为读者梳理了深度学习的基础知识及基本原理，使读者对神经网络及深度学习有一个初步认识，为之后章节的学习奠定基础。

参 考 文 献

[1] McCulloch W S, Pitts W H. A logical calculus of the ideas immanent in nervous activity[J]. The Bulletin of Mathematical Biophysics, 1988, 5(4): 115-133.

[2] Rosenblatt F. The perceptron: A probabilistic model for information storage and organization in the brain[J]. Psychological Review, 1958, 65(6): 386-408.

[3] Minsky M, Papert S A. Perceptrons: An Introduction to Computational Geometry[M]. Cambridge: MIT Press, 2017.

[4] Rumelhart D E, McClelland J L. Parallel distributed processing, explotation in the microstructure of cognition-Vol.1: Foundations[J]. Language, 1986, 63(4): 45-76.

[5] Rumelhart D E, Hinton G E, Williams R J. Learning representations by back-propagating errors[J]. Nature, 1986, 323(6088): 533-536.

[6] Hinton G E, Osindero S, Teh Y W. A fast learning algorithm for deep belief nets[J]. Neural Computation, 2006, 18(7): 1527-1554.

[7] Hinton G E. To recognize shapes, first learn to generate images[J]. Progress in Brain Research, 2007, 165(6):535-547.

[8] Mohamed A, Dahl G, Hinton G. Deep belief networks for phone recognition[C]//Nips Workshop on Deep Learning for Speech Recognition and Related Applications, 2009, 1(9): 39.

[9] Salakhutdinov R, Mnih A, Hinton G. Restricted Boltzmann machines for collaborative filtering[C]// Proceedings of the 24th International Conference on Machine Learning. ACM, 2007: 791-798.

[10] Salakhutdinov R, Hinton G E. Deep Boltzmann machines[J]. Journal of Machine Learning Research, 2009, 5(2):448-455.

[11] Lecun Y, Boser B E, Denker J S, et al. Backpropagation applied to handwritten zip code recognition[J]. Neural Computation, 1989, 1(4):541-551.

[12] Deng J , Dong W , Socher R , et al. ImageNet: A large-scale hierarchical image database[C]//Proceedings of the IEEE Conference on Computer Vision and Pattern Recognition, 2009: 248-255.

[13] Krizhevsky A, Sutskever I, Hinton G E. ImageNet classification with deep convolutional neural networks[C]//Proceedings of the 25th International Conference on Neural Information Processing Systems, 2012:1097-1105.

[14] 孙志军，薛磊，许阳明. 深度学习研究综述[J]. 计算机应用研究，2012, 29(8): 2806-2810.

[15] Ling Z, Deng L, Yu D. Modeling spectral envelops using restricted Boltzmann machines and deep belief networks for statistical parametric speech synthesis[J]. Audio, Speech, and Language Processing, 2013, 21(10): 2129-2139.

[16] Bengio Y, Ducharme R, Vincent P, et al. A neural probabilistic language model[J]. Journal of Machine Learning Research, 2003, 3(6): 1137-1155.

[17] Kalchbrenner N, Blunsom P. Recurrent continuous translation models[C]//Proceedings of the 2013 Conference on Empirical Methods in Natural Language Processing, 2013: 1700-1709.

[18] Sutskever I, Vinyals O, Le Q V. Sequence to sequence learning with neural networks[J]. Advances in Neural Information Processing Systems, 2014: 3104-3112.

[19] Bahdanau D, Cho K, Bengio Y. Neural machine translation by jointly learning to align and translate[J]. Computer Science, 2014.

[20] Lecun Y, Bottou L. Gradient-based learning applied to document recognition[J]. Proceedings of the IEEE, 1998, 86(11):2278-2324.

第 2 章　基于深度学习的图像分类算法核心思想与算法进化

2.1　图像分类基础概念与原理

图像分类是指根据图像中所反映出来的关键信息的不同，将不同类别的图像区分开来的图像处理方法。图像分类需要解决的是“是什么”的问题，顾名思义，就是输入一张图像，输出该图像所属的类别。中间通过一些特殊的图像处理算法解决图像中包含哪些信息或哪种突出的信息。如图 2-1 所示，有一组未知类别的图像，图像分类的目的便是通过图像处理手段将具有相同视觉的图片分为同一类。

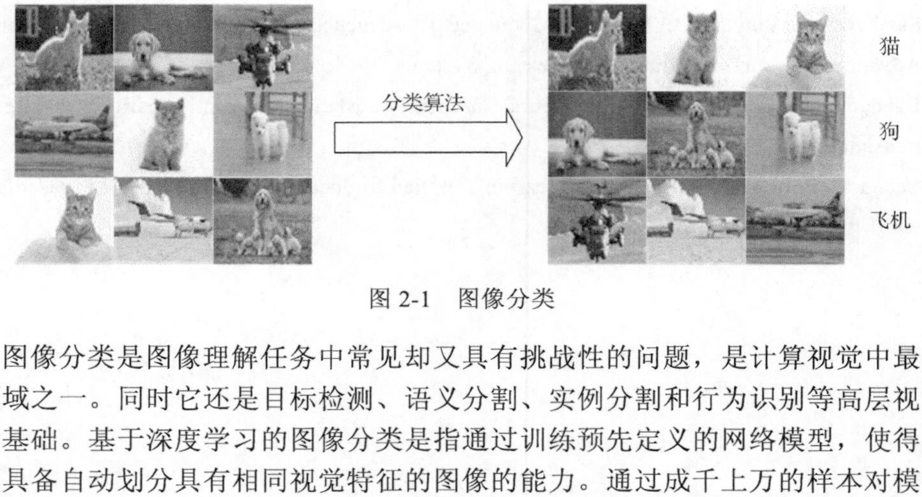

图 2-1　图像分类

图像分类是图像理解任务中常见却又具有挑战性的问题，是计算视觉中最重要的领域之一。同时它还是目标检测、语义分割、实例分割和行为识别等高层视觉任务的基础。基于深度学习的图像分类是指通过训练预先定义的网络模型，使得网络模型具备自动划分具有相同视觉特征的图像的能力。通过成千上万的样本对模型进行监督学习，最终产生适合于当前任务的深度学习模型。基于深度学习的图像分类模型属于一种端到端的模型。

在讲解图像分类算法之前，需要了解为什么能够对图像进行分类？这是由于相同或相似的物体在视觉上具备某些相似的特征，这些特征可以是纹理、边缘、颜色，或者是更加抽象的高层特征。既然具有相似的特征，便可以利用这些特性设计相应的算法对图像进行分类。当然，前面说过这是相当具有挑战性的，图像分类的难点与挑战可分为三个层次：实例层次、类别层次和语义层次，如图 2-2 所示。

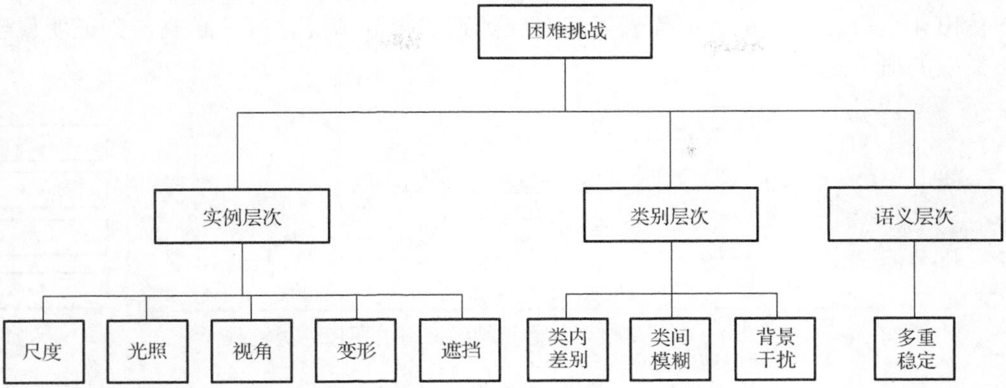

图 2-2　图像分类难点与挑战

实例层次：针对单个物体实例而言，通常由于图像采集过程中光照条件、拍摄视角、距离的不同，物体自身的非刚体形变以及其他物体的部分遮挡使得物体实例的表观特征产生很大的变化，给视觉识别算法带来了极大的困难。

类别层次：首先是类内差别，即属于同一类的物体视觉特征差别较大，这是由于即便是同一物体也可能具有不同的形状、纹理或是其他特征，如图 2-3(a)所示，同样是椅子，但外观却千差万别；然后是类间模糊，即不同物体也可能具有某些相似特征，如图 2-3(b)所示，左边是哈士奇，右边是狼，显然是两种不同的物种，却具有相似的特征。

语义层次：一个典型的问题是多重稳定性。如图 2-3(c)所示，既可以将其看作是燃烧的蜡烛，也可以看作是两个人脸。因此，其在语义层次是很难进行判断的。同样的图像，可以衍生出不同的理解，这对于计算机来说，是非常难以理解的。

(a)　(b)　(c)

图 2-3　困难样本示例

传统的图像分类算法主要依赖于手工设计特征，这种方法是极其繁杂且低效的。由于本章主要针对的对象是基于深度学习的图像分类算法，在此不对传统方法进行展开。基于深度学习的图像分类一般过程如图 2-4 所示。

假设预先定义的标签集合为{猫，狗，车，飞机}。卷积神经网络以原始图像的像素信息作为输入，并经中间的卷积层、池化层和激活函数等提取视觉特征，从浅层的边缘、纹理等到高层的抽象语义特征。网络最后将这些特征映射至分类得分值，即输出 4 个得分值，每个值代表了其对应类别的得分情况，得分越高，则证明属于该类别的概率越大。

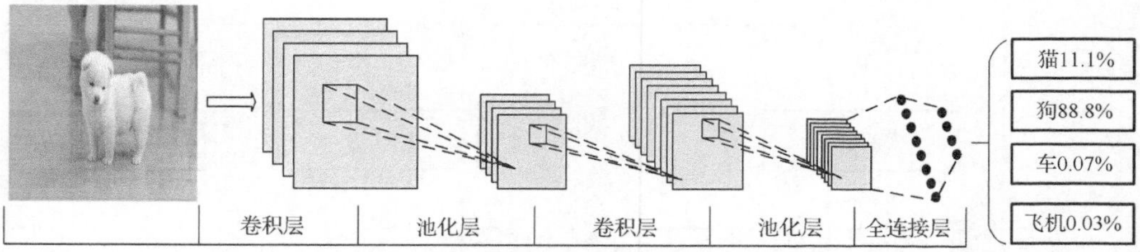

图 2-4　基于深度学习卷积神经网络的图像分类流程

2.2　基于深度学习的图像分类算法的诞生与发展

自然图像识别一直以来都是一个具有挑战性的问题。传统基于手工特征的图像识别算法具有较大的局限性，如尺度不变特征变换(scale-invariant feature transform，SIFT)，方向梯度直方图(histogram of oriented gradient，HOG)和加速稳健特征(speeded up robust features，SURF)等。早在 1998 年，Lecun 等就已经提出了卷积神经网络 LeNet5，一种用于手写字符识别的高效卷积神经网络。然而，卷积神经网络用于自然图像识别并未引起学者的广泛关注[1]。直到 2012 年，Krizhevsky 等提出 AlexNet 网络，并在 2012 年的 ILSVRC 大赛上拿下当年的冠军[2]。至此，卷积神经网络便一发不可收拾，在后续的几年，诞生了许多优秀的网络。下面，我们将对目前主流的深度学习卷积神经网络进行详细的梳理与介绍。

2.2.1　基于深度学习的图像分类算法的诞生—LeNet5

虽然 Lecun 等在 1998 年就已经提出了最早的卷积神经网络模型——LeNet5，但是，受到计算资源以及时代背景的限制，卷积神经网络在当时并未得到学者们的广泛关注。

LeNet5 网络结构主要由 7 层构成，如图 2-5 所示，该网络主要是卷积层、池化层和全连接层的简单堆叠。

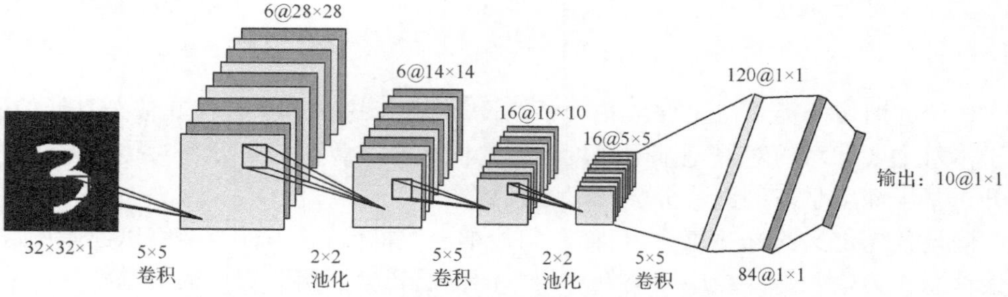

图 2-5　LeNet5 网络结构示意图

从图 2-5 可以看出，该网络接收 32×32 大小的灰度图像作为网络的输入。网络的输出是 10 个得分值，这 10 个得分值便代表了该输入对应每一个数字的概率，取概率最大值对应的数字作为最后的识别结果。在 LeNet5 中，最后一个卷积层的中心感受野可以达到 20×20 大小。下面，对网络的每一层进行详细的介绍。

(1) *C*1 层是一个具有 6 个特征输出的卷积层，其卷积核大小为 5×5，也就是说，输出中的每一个特征值都包含了输入图像中 5×5 邻域内的信息。该层输出特征图的大小为 28×28。

(2) *S*2 层是一个下采样层，其采样方式为 2×2 区域内的 4 个数据相加，乘以一个可训练参数，再加上一个可训练偏置，最后经 Sigmoid 函数输出。由于采样不发生重叠，且采样步长为 2，因此，其输出特征图的大小为 14×14。

(3) *C*3 层同样是一个卷积层，其卷积核大小为 5×5。然而其每个输出特征图却不是来自于 *S*2 层所有特征图卷积运算的结果，而是 *S*2 中所有 6 个或其中几个进行卷积运算得到的。经 *C*3 层后，特征图的大小变为 10×10。

(4) *S*4 层与 *S*2 层具有相同的结构，经该层后，特征图的大小为 5×5。

(5) *C*5 层是最后一层卷积层，由于经 *S*4 层后特征图变为 5×5 大小，且这一层的卷积核大小为 5×5，因此，其输出特征图为 120 个 1×1 大小的特征值。

(6) *F*6 层是一个全连接层，其作用是将 120 维的特征向量通过全连接的方式映射至 84 维向量。

(7) 最后一层输出层也是一个全连接层，采用的是径向基函数的网络连接方式。其神经元节点数为 10，目的是实现手写字母识别的 10 分类。

LeNet5 是第一个用于图像处理的 CNN 结构，它的出现奠定了卷积神经网络的基本架构。虽然目前性能最好的神经网络的架构已与 LeNet 不尽相同，但这个网络是大量神经网络架构的起点，并且给这个领域带来了许多灵感。

2.2.2　开创基于深度学习图像分类算法的新局面——AlexNet

LeNet5 的出现虽然奠定了卷积神经网络的架构，但是在当时却并未引起广大学者们的关注。直到 2012 年，Krizhevsky 等提出的 AlexNet 一举拿下了 ILSVRC 比赛的冠军[2]，并将 top-5 错误率降低到了 15.3%，从此开启了深度学习的大航海时代。

相比于 LeNet5 而言，AlexNet 具有更深的网络结构。AlexNet 总共有 5 个卷积层、3 个池化层和 3 个全连接层，其网络结构如图 2-6 所示。当然，AlexNet 能够取得成功的原因并非仅仅依靠增加网络的深度。还应该归功于其提出的一些新颖的单元，如非线性激活单元 ReLU、局部响应归一化(local response normalization, LRN)、重叠池化和随机失活(dropout)等。下面对该网络结构进行详细说明。

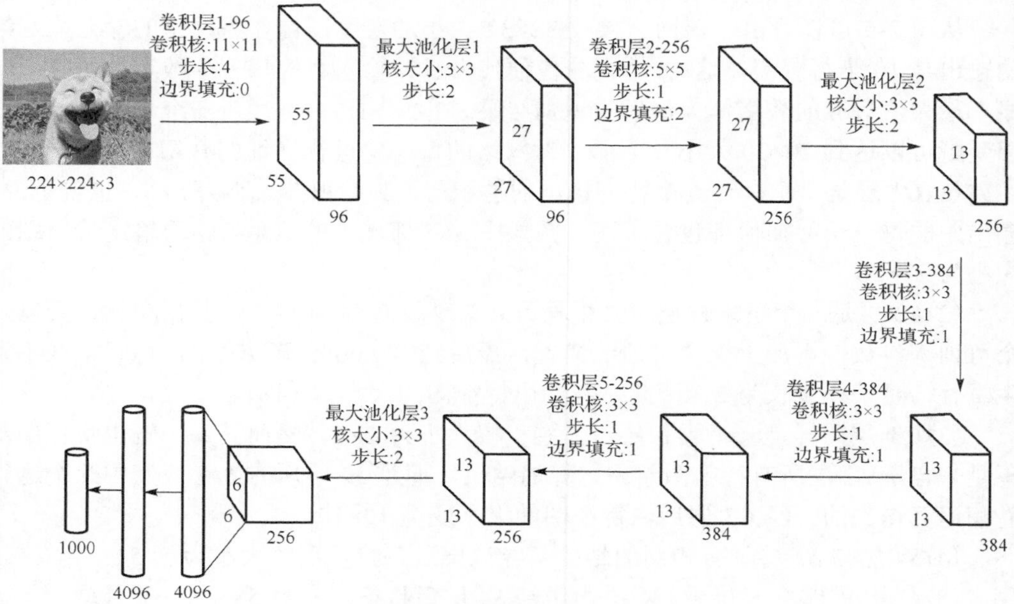

图 2-6　AlexNet 网络结构

网络采用 224×224×3 的 RGB 图像作为网络的输入，网络的输出为 96 个 27×27 的特征图。其中，本层所用卷积核大小为 11×11，步长为 4。经卷积运算后，对输出的特征图进行局部响应归一化操作，然后是 3×3 大小，步长为 2 的最大值池化。采用最大值池化的原因是为了避免均值池化产生的模糊效应。

第二个卷积层的输入是第一层的输出，并采用 5×5 大小，步长为 1 的卷积核对输入特征图进行卷积运算，并输出 256 个特征图。然后采用与第一层结构相同的最大值池化，最后输出 256 个 13×13 的特征图。

第三、第四和第五个卷积层的结构相同，均采用大小为 3×3，步长为 1 的卷积核。与前面不同的是，这三个卷积层是直接连接的关系，中间并不存在池化层。因此，这三个卷积层的输出特征图的大小均为 13×13。另外，第三、第四和第五层的输出特征图的数目分别为 384、384 和 256。

经第五个卷积层输出后的特征图将首先经过 3×3 大小，步长为 2 的最大值池化。然后将这 256 个 6×6 的特征图展开为 256×6×6 个特征。最后经过神经元数量分别为 4096、4096 和 1000 的全连接层，得到最后的分类结果。

(1) 非线性激活单元 ReLU：为了防止网络在训练过程当中出现梯度消失的现象，Krizhevsky 等提出了一种非线性激活单元，其数学表达式可以表示如下：

$$\mathrm{ReLU}(x)=\begin{cases}x, & x>0\\ 0, & \text{其他}\end{cases} \tag{2-1}$$

其中，x 表示输入特征。经实验证明，在深度卷积神经网络当中，ReLU 激活函数的收敛速度要比 Tanh 激活函数快几倍，并在一定程度上避免了梯度消失的问题。

(2) 局部响应归一化：由于 ReLU 激活函数的值域不是一个有限的空间，因此，需要对 ReLU 函数输出的结果进行归一化处理。这便是局部响应归一化函数，其数学表达式如式(2-2)所示：

$$O_{(x,y)}^{i}=\frac{I_{(x,y)}^{i}}{\left(k+\alpha\sum_{\max(0,i-n/2)}^{\min(N-1,i+n/2)}(a_{(x,y)}^{j})^{2}\right)^{\beta}} \tag{2-2}$$

其中，$I_{(x,y)}^{i}$ 表示第 i 个卷积核在 (x,y) 处经 ReLU 的输出，n 表示 $I_{(x,y)}^{i}$ 邻域内的参数个数，N 是卷积核的总数。$O_{(x,y)}^{i}$ 表示经归一化后的输出，k、α 和 β 属于超参数。

(3) 随机失活：结合许多不同模型减少测试错误是一个非常成功的办法，但神经元数量过大会影响模型的训练速度，且可能导致过拟合现象。因此，在每次训练过程中，需要引入随机失活操作来使其中某些神经元失去活性，即不参与梯度计算。从而加速网络的训练过程，并在一定程度上防止网络过拟合。

AlexNet 的出现打破了依靠手工设计特征进行自然图像分类的框架，实现了自然图像处理端到端的训练与识别。从而开启了深度学习时代的大门，不仅仅在图像分类领域，包括目标检测、语义分割和图像生成等领域都受到了 AlexNet 的影响。

2.2.3　基于小卷积核的图像分类算法——VGGNet

2014 年，Simonyan 等提出了一种更深的网络结构——VGGNet[3]。该网络在 2014 年的 ILSVRC 2014 大赛上取得了第二名的成绩，并将 top-5 错误率降低到了 7.3%。迄今为止，VGGNet 作为图像特征提取器仍然活跃在深度学习领域。

通常而言，更深的网络意味着更好的特征提取能力。然而，网络的加深意味着网络参数的大幅度增加，这对于模型的收益来说是得不偿失的。为了解决这一问题，VGGNet 研究了卷积核与感受野之间的关系，并提出采用小卷积核代替大卷积的策略。抛弃了大卷积核的使用，VGGNet 以更少的参数达到了更深的网络结构。VGG16 的网络结构如图 2-7 所示。从图中可以看出，VGG16 的整个网络设计过程仅采用了 3×3 大小的卷积核，而抛弃了 AlexNet 所使用的大卷积核，如 7×7 卷积核和 11×11 卷积核。

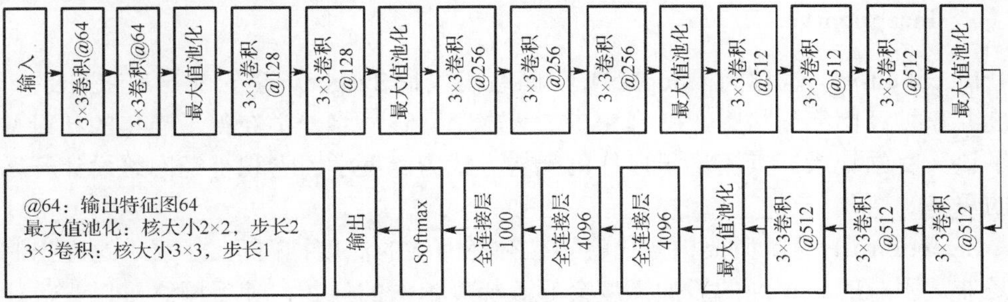

图 2-7　VGG16 网络结构

如图 2-8 所示，通过卷积过程感受野的计算方式，可以很容易地知道，两层 3×3 卷积的感受野等效于 5×5 卷积的感受野。而两层 3×3 的卷积仅需要 18 个参数，而 5×5 的卷积则需要 25 个参数。可以看出，相同感受野，3×3 的小卷积核只需要更少的参数便能达到相同的效果。同样的原理，对于 7×7 的卷积，仅需 3 层 3×3 的卷积就可以达到相同的效果。

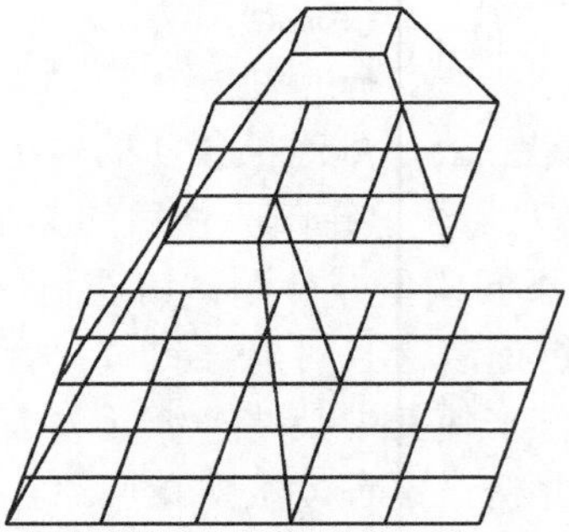

图 2-8　两层 3×3 卷积等效于 5×5 卷积

VGGNet 通过使用小卷积核代替大卷积核的方式，不仅使得网络以更少的参数达到了更深的深度，同时大幅度提升了网络的性能。这给后续的卷积神经网络设计提供了一个极好的思路，此后的网络设计基本都沿用了这一设计思想。

2.2.4　基于最优局部稀疏结构的图像分类算法——Inception 系列

上述几个比较典型的网络结构均是通过级联的方式堆叠单一的卷积层，这种堆叠方式随着深度的加深很容易产生梯度消失等问题。Szegedy 等另辟蹊径，提出将 1×1，3×3，5×5 和最大值池化以并行的方式进行组织，形成了一个近似局部稀疏结构。这种结构不仅使得网络能够达到更深的深度，改善了网络的性能。并且这种结构提升了网络内部资源的利用率。另外，Szegedy 等并未止步于此，而是不断地基于该结构进行改进，从而诞生了 Inception 系列模型结构。下面我们将对这些模型以及改进点进行详细的讲解。

1. Inception-v1

Inception-v1，也称为 GoogLeNet，网络模型是 Szegedy 等在 2014 年提出的一种深度卷积神经网络结构[4]。在 ILSVRC 大赛上，该网络一举夺得了当年的桂冠并打破了该大赛的记录。其不同于以往的架构方式为深度学习卷积神经网络设计开辟了新的思路。

Inception-v1 的新型架构方式将卷积神经网络的深度推向了 22 层，这在当时来说是非常困难的。单纯的增加深度会导致梯度消失的问题，使得网络难以收敛。提升网络模型性能的方式不外乎增加网络的深度和宽度，Inception-v1 从增加网络宽度出发。Szegedy 提出了一种叫作 Inception 结构的模块，其结构如图 2-9 所示。该结构共包含 4 个并行分支。

①分支 1 是一个单一的卷积核大小为 1×1、步长为 1 的卷积层。

②分支 2 首先由一个卷积核大小为 1×1，步长为 1 的卷积层对特征图进行降维。然后采用 3×3 的卷积以获得更大感受野上的局部信息。

③分支 3 同样先采用 1×1 的卷积层对特征图进行降维。然后采用 5×5 的卷积获取更大感受野上的局部信息。

④分支 4 首先采用 3×3 大小，步长为 1 的最大值池化获取 3×3 领域内最突出的特征，然后采用 1×1 的卷积进行降维。

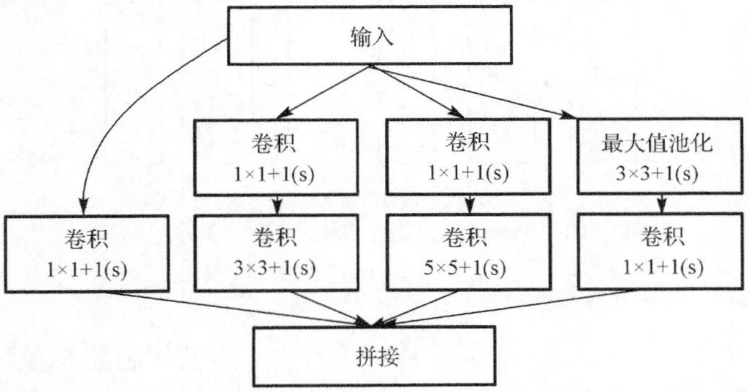

图 2-9　Inception 结构；该结构共 4 个分支：1×1 卷积；3×3 和 1×1 卷积；5×5 和 1×1 卷积；最大值池化和 1×1 卷积

该网络通过以上 4 个并行的卷积层可以获取到不同尺度上的特征信息，最后通过拼接操作将这些多尺度的特征进行融合，从而提升了网络的表达能力。同时，这种稀疏结构能够提升网络内部资源的利用率。另外，1×1 的卷积不仅起到降低模型参数量的作用，由于其后接 ReLU 非线性激活函数，从而也能够提升网络提取特征的能力。

完整 Inception-v1 网络结构共包含 9 个 Inception 结构，其网络结构如图 2-10 所示。值得注意的是，该网络在中间添加了两个分类器，这在之前的网络是不曾出现的。该网络通过添加辅助分类器，在网络的中层阶段鼓励识别，增加回传的梯度信号，并提供额外的正则化可以加速网络的收敛。

Inception 结构能够产生稠密的多尺度特征，既能增加卷积神经网络的表达能力，又能充分利用计算资源。并且在网络的中间层添加额外的辅助损失用于训练，这加快了网络的收敛速度，节省了计算资源的损耗。

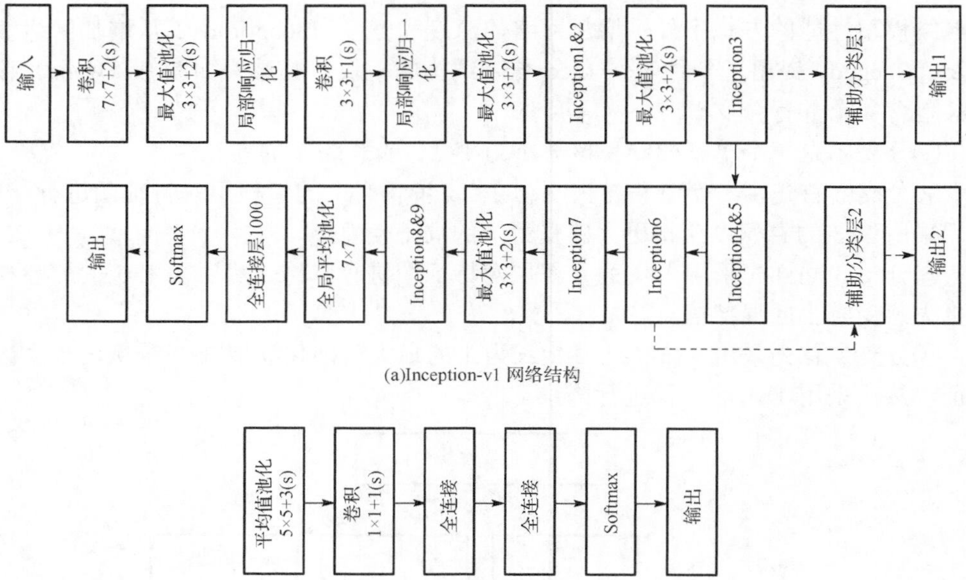

(a)Inception-v1 网络结构

(b)辅助分类层

图 2-10　Inception 网络结构和辅助分类层结构

2. Inception-v2&Inception-v3

Inception-v1 的提出已经取得了非常好的性能，其设计思想也被许多优秀的工作所借鉴。但在该网络中仍然存在大卷积核的使用，如 7×7 和 5×5 的卷积核。尤其是在 Inception 结构中，5×5 的卷积核被大量地使用，这无疑会增加网络的参数量，导致计算效率的下降。受 VGGNet 设计思想的启发，Inception-v2 应运而生。此外，Inception 系列的作者提出将 $n\times n$ 大小的卷积核替换为 $1\times n$ 和 $n\times 1$，继而诞生了性能更优异的 Inception-v3 结构[5]。

同样是基于大尺寸卷积核会产生较大的感受野，但也意味着参数量更大，而小卷积的堆叠可以达到同样的感受野，且可以降低参数量的思想。Inception-v2 对 Inception-v1 中的基本单元结构进行了改进，Inception-v2 基本单元分别如图 2-11 所示。

小卷积核能够提高计算效率，节省计算资源和达到相同感受野的证明已经在 2.2.3 节阐述过了，在此不再赘述。此外，Inception-v2 网络采用了批量归一化操作。批量归一化操作的引入大大加速了网络的收敛速度，并能够起到防止过拟合的作用。批量归一化操作可以表示如下：

$$\mu = \frac{1}{m}\sum_{i=1}^{m} x_i \tag{2-3}$$

$$\sigma^2 = \frac{1}{m}\sum_{i=1}^{m}(x_i - \mu)^2 \tag{2-4}$$

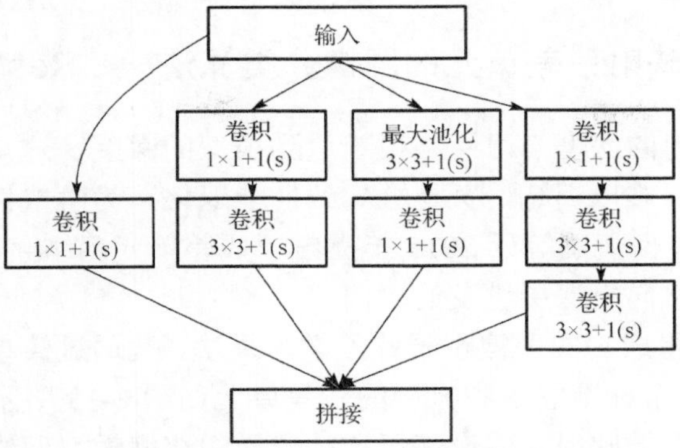

图 2-11　Inception-v2 基本单元结构

$$\hat{x}_i = \frac{x_i - \mu}{\sqrt{\sigma^2 + \varepsilon}} \tag{2-5}$$

$$y_i = \gamma \hat{x}_i + \beta \tag{2-6}$$

其中，x_i 是特征值，m 表示当前状态该批次共包含多少个特征，μ 是该批次特征值的均值，σ^2 是方差。经过标准化后得到 $\hat{x}_i$，ε 是一个任意小的实数，目的是防止分母为 0。y_i 是特征值经批量归一化后的输出，γ 和 β 均为超参数。

在 Inception-v2 的基础之上，Inception-v3 提出了非对称卷积，通过将 $n \times n$ 大小的卷积核替换为 $1 \times n$ 和 $n \times 1$，仅需原先 $n/2$ 的参数量即可实现同样的感受野，这样的卷积核起到了减少模型参数量的作用，且精度并不会因此而受到影响。由于这样的卷积核引入了更多尺度上的特征，因此，网络的表达能力反而得到了提升。Inception-v3 的基本单元如图 2-12 所示。

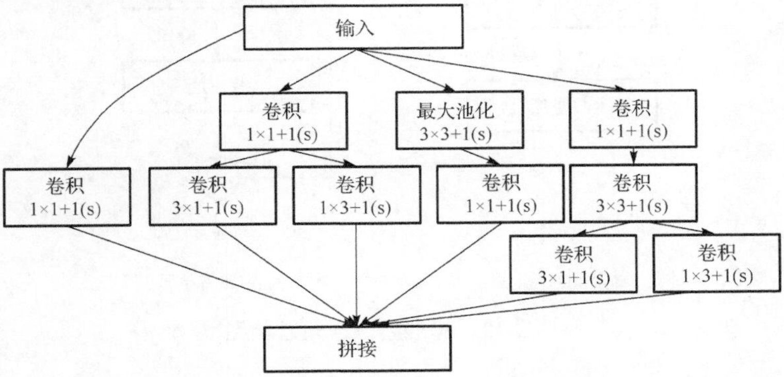

图 2-12　Inception-v3 基本单元结构

由于这两个网络相对于 Inception-v1 来说，并无结构上的明显变化，在此不对完整的网络进行介绍。Inception-v2 和 Inception-v3 在原网络的基础之上，通过类因式分解策略和非对称卷积实现了网络参数量的缩减，不仅提高了计算效率，并且提升了网络的性能。

2.2.5　基于恒等映射残差单元的图像分类算法——ResNet

以常规方式构建的深度学习网络很难达到很深的深度。这是由于随着网络的深度加深，网络将变得难以训练，甚至会导致性能退化。为解决性能退化问题，进一步提升网络的性能，何凯明等于 2015 年提出了残差单元网络——ResNet[6]。残差单元的提出开启了网络向更深层进发的大门。

ResNet 网络取得成功的关键在于残差学习模块，其通过简单的旁路设置实现了特征的恒等映射。一个标准卷积和典型的残差单元如图 2-13 所示。从图中可以看出，标准卷积是 x 到 $F(x)$ 的映射。假设基于这种结构的深度学习网络在某一层提取的特征就已经达到了最佳的效果，剩下的网络层不应该改变任何特征。但是，这种结构并不能实现这样的效果。残差单元添加了一个恒等映射，使得深层的输出不再是 $F(x)$，而是 $F(x)+x$ 。这种结构的残差单元组成的网络，当网络在某一层已经能够提取最佳的特征时，后续层试图改变特征 x 将会使得网络的损失变大。此时，$F(x)$ 会自动趋向于 0。使得特征经过该层不会产生大的变化，然后特征 x 继续沿着下一个恒等映射的路径传播。这也就实现了当网络某一层已经足够成熟，后续网络至少不会使得网络性能变差的目的。并且，残差单元的旁路设置对梯度回传具有更敏感的响应能力，增加了回传损失的效果，从而达到了一定正则化的效果。旁路设置使得梯度在回传过程中变得更为便捷。

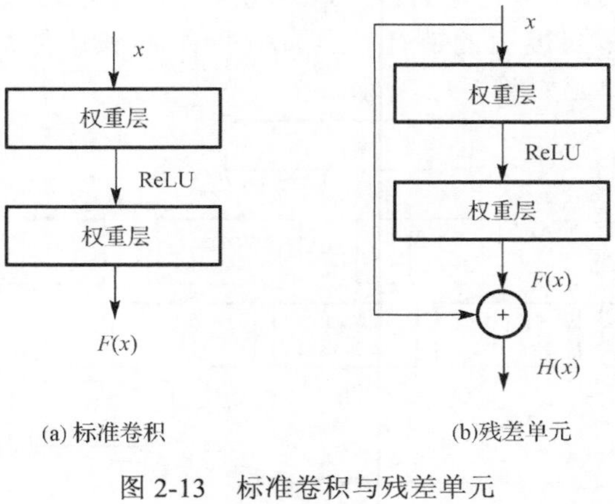

(a) 标准卷积　　(b)残差单元

图 2-13　标准卷积与残差单元

根据残差单元的多少，可以形成不同深度的残差网络，如表 2-1 所示。当然，不同深度的残差网络提取特征的能力也是不同的。对于相对简单的视觉任务，可以采用较浅的网络；对于较为复杂的任务，可以采用深度残差网络。

表 2-1　ResNet 系列网络结构

层名	18 层	50 层	101 层	152 层
卷积层	卷积核大小：7×7，步长：2			
池化层	最大池化：3×3，步长：2			
残差单元模块	$\begin{bmatrix}3\times3,64\\3\times3,64\end{bmatrix}\times2$	$\begin{bmatrix}3\times3,64\\3\times3,64\end{bmatrix}\times3$	$\begin{bmatrix}1\times1,64\\3\times3,64\\1\times1,256\end{bmatrix}\times3$	$\begin{bmatrix}1\times1,64\\3\times3,64\\1\times1,256\end{bmatrix}\times3$
残差单元模块	$\begin{bmatrix}3\times3,128\\3\times3,128\end{bmatrix}\times2$	$\begin{bmatrix}3\times3,128\\3\times3,128\end{bmatrix}\times4$	$\begin{bmatrix}1\times1,128\\3\times3,128\\1\times1,512\end{bmatrix}\times4$	$\begin{bmatrix}1\times1,128\\3\times3,128\\1\times1,512\end{bmatrix}\times8$
残差单元模块	$\begin{bmatrix}3\times3,256\\3\times3,256\end{bmatrix}\times2$	$\begin{bmatrix}3\times3,256\\3\times3,256\end{bmatrix}\times6$	$\begin{bmatrix}1\times1,256\\3\times3,256\\1\times1,1024\end{bmatrix}\times6$	$\begin{bmatrix}1\times1,256\\3\times3,256\\1\times1,1024\end{bmatrix}\times36$
残差单元模块	$\begin{bmatrix}3\times3,512\\3\times3,512\end{bmatrix}\times2$	$\begin{bmatrix}3\times3,512\\3\times3,512\end{bmatrix}\times3$	$\begin{bmatrix}1\times1,512\\3\times3,512\\1\times1,2048\end{bmatrix}\times3$	$\begin{bmatrix}1\times1,512\\3\times3,512\\1\times1,2048\end{bmatrix}\times3$
分类层	全局平均池化：7×7			
	全连接层：1000 个神经元，Softmax 函数			

深度残差网络的提出使得网络的深度取得了巨大的突破，即使大幅度增加网络的深度，也不会出现性能退化的问题。这也就是说，残差网络的出现使得卷积神经网络能够模拟更为复杂的脑神经结构，使得机器在解决视觉问题上更接近人类的思考方式。

2.2.6　基于聚合转换残差单元的图像分类算法——ResNeXt

单纯地增加网络的深度或宽度会导致网络的参数随之剧增，因此也增加了网络的设计难度和计算开销。因此，Xie 等于 2016 年提出了 ResNet 的改进模型——ResNeXt[7]。该模型在 2016 年的 ILSVRC 大赛上取得了第二名的宝座。

尽管 ResNet 遵循了 VGGNet 的设计思想，但是其结构仍然具有较为复杂的参数量，这种情况不利于网络的设计。受 Inception 系列模型的启发，精心设计的拓扑结构能够以较低的复杂度获得十分不错的准确率。并且随着时间的推移，Inception 系列的“分裂-转换-合并”的思想在模型准确率和复杂度方面均取得了令人称赞的效果。因此，ResNeXt 在 ResNet 的基础上同时采用 VGGNet 和 Inception 的思想，提出了一种可扩展性更强的“聚合转换残差单元”，该单元能够在增加准确率的同时降低或不改变模型的复杂度。

标准的残差单元和聚合转换残差单元如图 2-14 所示。标准残差单元先经过 1×1 的卷积进行降维，然后采用 3×3 的卷积提取特征，最后采用 1×1 的卷积扩展回原来的维度。如图中所示，所需参数量为 $256\times64+64\times3\times3\times64+64\times256$，共 69632 个参数。聚合转换残差单元首先通过类分组卷积的思想将模型扩展为 32 个支路，每个支路均包含降维、提取特征和扩展操作。以其中一个支路为例，先通过 1×1 的卷积将 256 个特征图变换到 4 个特征图，然后提取特征，最后进行特征图的扩展。该过程可以表示为

$$F(x)=\sum_{i=1}^{C}H_i(x) \tag{2-7}$$

其中，$F(x)$为该单元的输出，C表示支路个数，$H_i(\cdot)$则表示第i支路的特征提取函数。单个支路所需参数量为$256\times4+4\times3\times3\times4+4\times256$，共 2192 个参数。该单元共包含 32 个这样的支路，总参数量为 70144，仅为标准残差单元的 0.39。其根本原因在于，该结构大幅度降低了 3×3 卷积层的参数量。此外，由于其遵循了 Inception 结构的设计，大大扩展了特征的尺度，因此，其特征表达能力也得到了提升。

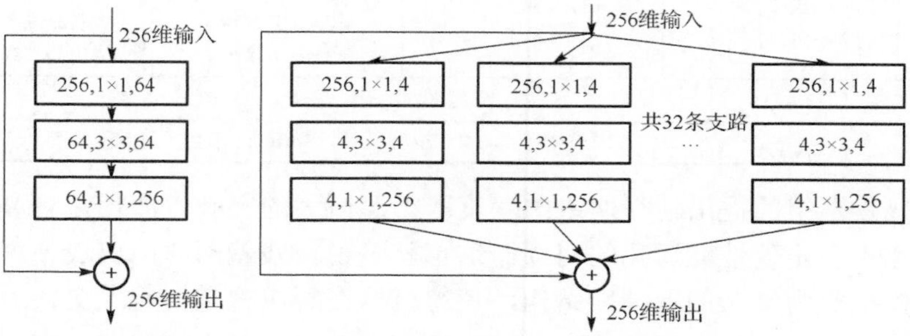

(a) 标准残差单元　　(b) 聚合转换残差单元

图 2-14　标准残差单元与聚合转换残差单元

当然，聚合转换残差单元这种结构也可以通过分组卷积的方式实现，如图 2-15 所示。尽管它们的结构不相同，但二者的效果是完全等效的。图 2-15(b)所示为聚合转换残差单元的变体，该结构先将 3×3 的卷积结果进行拼接，得到 128 维特征，然后经由 1×1 的卷积进行扩展。以分组卷积构建该模块的方式如图 2-15(c)所示，首先是 1×1 卷积降维，然后将 128 个特征图进行分组卷积，分组数与聚合转换残差单元的支路数相等。

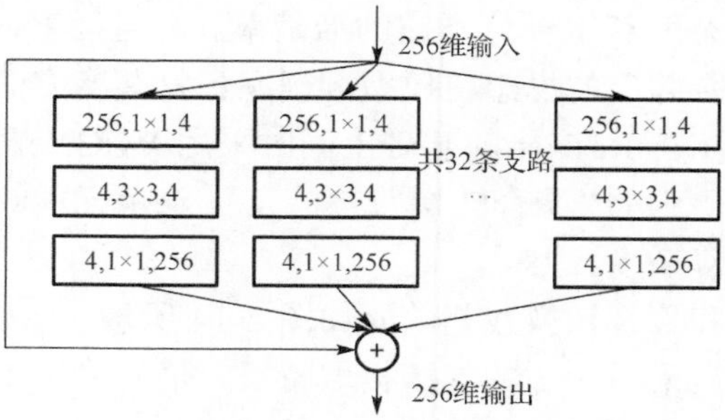

(a)

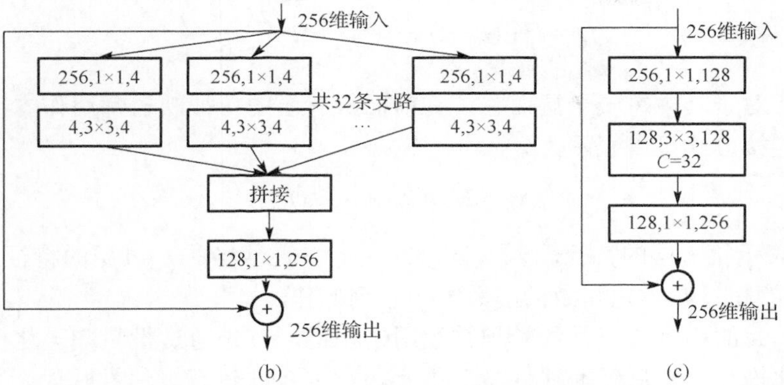

图 2-15　与聚合转换残差单元等效的结构

聚合转换残差单元继承了残差单元的优点，使得网络依旧能够达到很深的程度。此外，通过集合 VGGNet 和 Inception 系列网络的优点，不仅使得网络具备更强的特征表达能力，且网络复杂度也大幅度降低。

2.2.7　基于多层密集连接的图像分类算法——DenseNet

Huang 等于 2017 年提出了 DenseNet 卷积神经网络，该网络一经面世便在 CIFAR-10、CIFAR-100 和 ImageNet 数据集上取得了当年最优的分类性能[8]。并且，由该网络衍生出的论文也被评为 2017 年 CVPR 最佳论文。

受 ResNet 的启发，DenseNet 提出了一种更加密集的前馈式跳跃连接。该网络从特征的角度出发，通过增加网络信息流的隐性深层监督和特征复用极大程度上缓解了梯度消失的问题，同时也使得模型的性能得到了大幅度的提升。一个简单的 DenseNet 结构如图 2-16 所示。

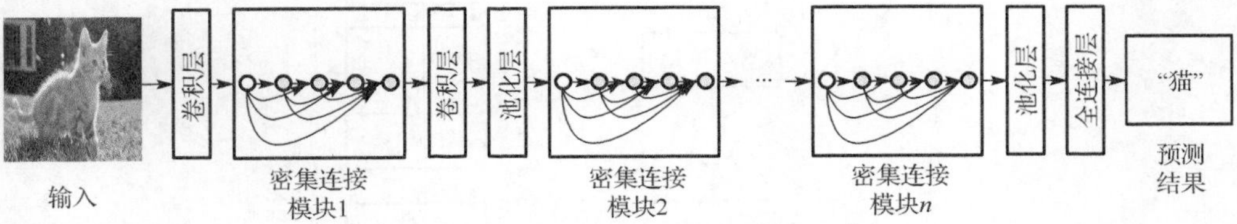

图 2-16　深度 DenseNet 网络结构

从图 2-16 所示的网络结构可以看出，其核心在于密集连接模块。由于密集连接结构中并未设置下采样操作，因此，每个密集连接结构的后面会跟随一个卷积层和一个池化层。一个基本的密集连接模块如图 2-17 所示，该密集连接结构包含 4 个基本单元。当然，基本单元的数量可以根据任务需求进行设置。从该结构可以得出，假定其密集连接结构具有 L 层，那么其密集连接数量 f_L 可以通过式(2-8)得到：

$$f_L = L + (L-1) + \cdots + 2 + 1 = \frac{L(L+1)}{2} \tag{2-8}$$

也就是说，对于其中每一个层而言，其前面所有层的特征映射都用作本层的输入。这种密集连接方式可以表示为

$$x_L = H_L([x_0, x_1, \cdots, x_{L-1}]) \tag{2-9}$$

其中，x_L表示第L层的特征输入，$[x_0, x_1, \cdots, x_{L-1}]$表示将前$L-1$层的特征进行拼接。$H_L(\cdot)$表示卷积、归一化和激活函数等一系列操作。

基本单元的构成与正常的卷积神经网络相似，首先通过批量归一化操作对输入进行正则化操作，然后经非线性激活单元函数 ReLU 进行非线性映射，并通过 1×1 卷积的降维作用来降低后续的计算量。最后通过 3×3 的卷积得到一个基本单元的特征输出。每个基本单元的输出特征数是预先定义好的，假定为k。根据密集连接结构的性质，假定该模块的输入特征图数量为K，则该模块最终的输出特征数为$K+4k$。因此，为了防止特征图数量发生维数爆炸，在每个密集连接模块后，引入了转换层来降低特征图的空间维数。该操作由一个 1×1 的卷积和一个步长为 2、大小为 2×2 的最大池化组成。

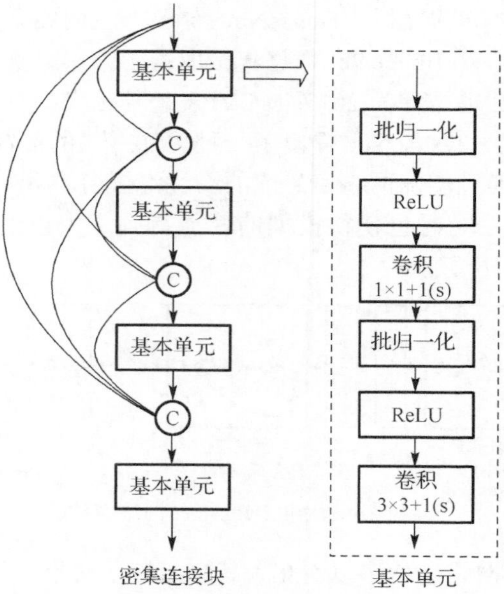

图 2-17　基本密集连接结构。该结构由 4 个基本单元组成(左)，基本单元结构如右图所示

根据单元数量的不同，DenseNet 可以具有不同的深度及结构。总的来说，DenseNet 一般具有 4 种结构，如表 2-2 所示。

表 2-2　DenseNet 网络结构

层名	DenseNet121	DenseNet169	DenseNet201	DenseNet264
卷积层	卷积核大小：7×7，步长：2			
池化层	最大池化：3×3，步长：2			
密集连接模块 1	$\begin{bmatrix}1\times1\text{卷积}\\3\times3\text{卷积}\end{bmatrix}\times6$	$\begin{bmatrix}1\times1\text{卷积}\\3\times3\text{卷积}\end{bmatrix}\times6$	$\begin{bmatrix}1\times1\text{卷积}\\3\times3\text{卷积}\end{bmatrix}\times6$	$\begin{bmatrix}1\times1\text{卷积}\\3\times3\text{卷积}\end{bmatrix}\times6$
转换层 1	卷积核大小：1×1			
	平均池化：2×2，步长：2			
密集连接模块 2	$\begin{bmatrix}1\times1\text{卷积}\\3\times3\text{卷积}\end{bmatrix}\times12$	$\begin{bmatrix}1\times1\text{卷积}\\3\times3\text{卷积}\end{bmatrix}\times12$	$\begin{bmatrix}1\times1\text{卷积}\\3\times3\text{卷积}\end{bmatrix}\times12$	$\begin{bmatrix}1\times1\text{卷积}\\3\times3\text{卷积}\end{bmatrix}\times12$
转换层 2	卷积核大小：1×1			
	平均池化：2×2，步长：2			
密集连接模块 3	$\begin{bmatrix}1\times1\text{卷积}\\3\times3\text{卷积}\end{bmatrix}\times24$	$\begin{bmatrix}1\times1\text{卷积}\\3\times3\text{卷积}\end{bmatrix}\times32$	$\begin{bmatrix}1\times1\text{卷积}\\3\times3\text{卷积}\end{bmatrix}\times48$	$\begin{bmatrix}1\times1\text{卷积}\\3\times3\text{卷积}\end{bmatrix}\times64$
转换层 3	卷积核大小：1×1			
	平均池化：2×2，步长：2			
密集连接模块 4	$\begin{bmatrix}1\times1\text{卷积}\\3\times3\text{卷积}\end{bmatrix}\times16$	$\begin{bmatrix}1\times1\text{卷积}\\3\times3\text{卷积}\end{bmatrix}\times32$	$\begin{bmatrix}1\times1\text{卷积}\\3\times3\text{卷积}\end{bmatrix}\times32$	$\begin{bmatrix}1\times1\text{卷积}\\3\times3\text{卷积}\end{bmatrix}\times48$
分类层	全局平均池化：7×7			
	全连接层：1000 个神经元，Softmax 函数			

2.2.8　基于特征通道重标定的图像分类算法——SENet

Hu 等在 2018 年提出了一种全新的网络结构，并在最后一届 ILSVRC 图像分类大赛上大放异彩，取得了冠军的头衔[9]，并且将 top-5 的错误率降到了 2.251%，在原先最好的结果上提升了约 0.4%。

严格来说，SENet 并非一个完整的网络，而是一个可以嵌入到任何主干网络中的子模块。其基本结构如图 2-18 所示。从图中可以看出，该结构由 3 个基本操作组成：压缩(squeeze)、激励(excitation)和乘积(scale)。通过引入这些操作，可以使得网络具备建模特征通道之间关系的能力，并采用一种全新的特征重标定策略。也就是说，通过将每个特征通道对目标任务的重要性转化为可学习的参数，然后根据学习到的重要程度去增强有用的特征通道而抑制贡献较小的特征通道。

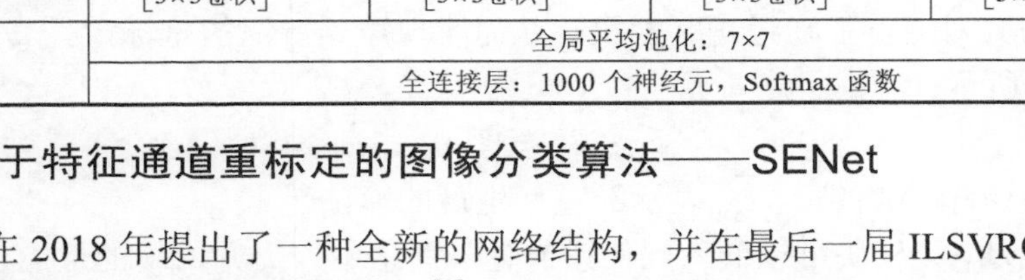

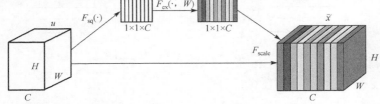

图 2-18　SE 模块由一个“压缩”操作、一个“激励”操作和一个“乘积”操作构成

如图 2-18 所示，首先是压缩操作 $F_{sq}(\cdot)$，即采用一个全局平均池化操作将输入

特征图沿着通道维进行压缩。假定输入特征图为$C \times H \times W$，则经压缩后，得到C个权重参数，这C个权重参数理论上具备全局的感受野，即表示特征通道的全局分布。压缩操作的数学形式如式(2-10)所示：

$$Z_c = F_{sq}(u_c) = \frac{1}{H \times w}\sum_{i=1}^{H}\sum_{j=1}^{W} u_c(i,j) \tag{2-10}$$

其中，Z_c表示经压缩操作得到的C个权重参数，u_c是输入特征，H和W表示输入特征图的尺寸大小。

然后是激励操作$F_{ex}(\cdot)$，由于压缩操作只是对输入特征图进行了全局平均池化，此时还不能进行学习。激励操作通过两个全连接层引入了可学习的参数，其学习形式如式(2-11)所示：

$$s = F_{ex}(z,W) = \sigma(g(z,W)) = \sigma(W_2\delta(W_1 z)) \tag{2-11}$$

其中，s表示经激励后的特征通道权重参数，δ表示 ReLU 激活函数，σ表示 Sigmoid 激活函数。W_1和W_2分别是对特征图z进行特征映射的权值矩阵。它通过学习参数w来衡量每一个特征通道的重要性。最后是乘积操作，通过将学习到的特征通道重要性系数w与其对应特征通道进行加权，从而实现原始特征的重标定。其数学表达式如式(2-12)所示：

$$x_{out} = w \cdot x_{in} \tag{2-12}$$

其中，x_{in}表示输入特征，x_{out}表示经重标定后的输出。

上面说过，该模块可以嵌入到任意的骨干网络中以提升网络的性能。图 2-19(a)和图 2-19(b)分别为残差网络和密集连接网络嵌入 SE 模块后的网络结构。

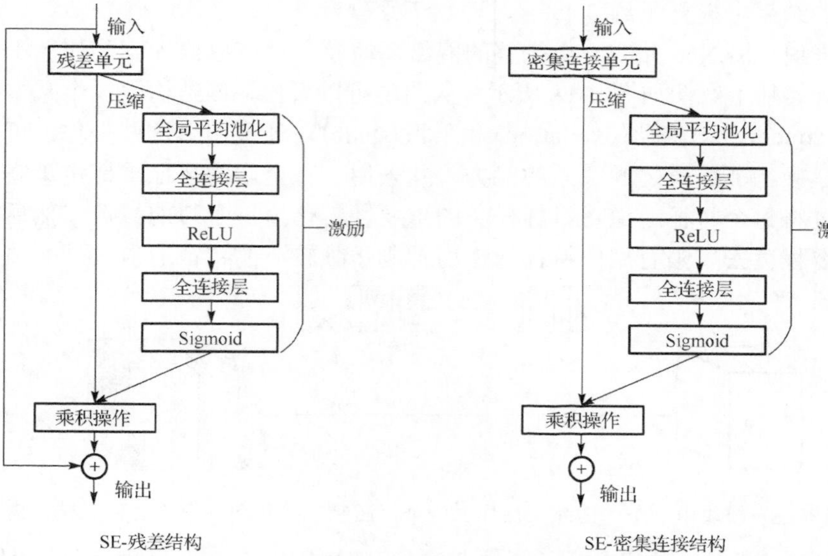

图 2-19　SE-残差结构(左)和 SE-密集连接结构(右)

通过图 2-19 可以看出，嵌入 SE 模块后并不会对本身结构造成影响，而是多出来一条分支。而且这样的方式并不会给网络参数带来太大的负担，而仅需增加少量参数即可。这种灵活性也使得其相比于其他一些模块而言，具备更突出的优势。SE 模块的提出将注意力机制引入至深度学习模型，为深度学习模型提供了更多的思路和发展方向。

2.2.9 基于通道压缩与扩展的图像分类算法——SqueezeNet

通常而言，深度学习模型往往具有较为复杂的模型参数。因此，其一般需要 GPU 参与计算才能够较快地进行训练和推理，且很难移植到资源受限的可移动设备。为此，伯克利和斯坦福的研究人员于 2016 年提出了一种轻量级卷积神经网络——SqueezeNet[10]。

顾名思义，这是一种压缩网络，即尽可能压缩模型的参数量而不损失太多的精度。该模型充分利用了 1×1 卷积可以进行空间维度压缩而不需要付出太多代价的优势，提出了一种压缩扩张结构(fire module)。该模块主要由压缩和扩张两部分操作构成，其中，压缩是降低模型参数量的关键。一个典型的压缩扩张结构如图 2-20 所示。

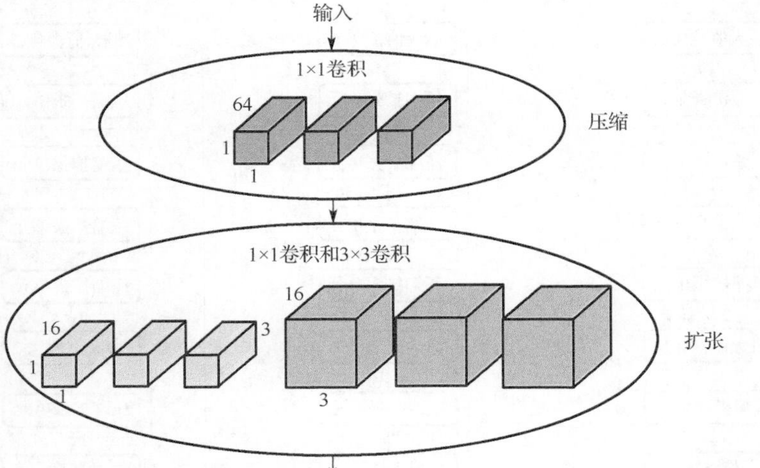

图 2-20　压缩扩张结构，首先采用 1×1 的卷积进行压缩操作，减少特征图数量；然后采用 1×1 和 3×3 卷积进行扩张操作，还原特征图数量

从图 2-20 可以看出，假定网络输入特征图数量为 64，则经压缩操作后得到 16 个特征图。此时再采用 3×3 和 1×1 卷积会减少大量的参数，从而实现了模型压缩。可以通过计算验证该结论。

(1) 若直接采用 1×1 和 3×3 卷积进行特征提取，为计算方便，可以假定 1×1 和 3×3

卷积各占一半，则输入 64 个特征所需要的参数量为 $64\times3\times3\times32+64\times1\times1\times32$ 。经计算，结果为 20480 个参数。

(2)采用压缩扩张结构，仍然假定输入特征图为 64，扩张操作部分 1×1 和 3×3 卷积各占一半，则压缩部分所需参数量为 $64\times1\times1\times16$ ，扩张部分所需参数量为 $16\times3\times3\times32+16\times1\times1\times32$ 。经计算，结果为 6144 个参数。

从上述分析可以知道，压缩扩张结构所需参数量是正常结构的 1/3，且随着特征图数量的增加和压缩程度的提升，该结构的参数压缩性能就越明显。SqueezeNet 的一般模型结构有以下三种，如图 2-21 所示。

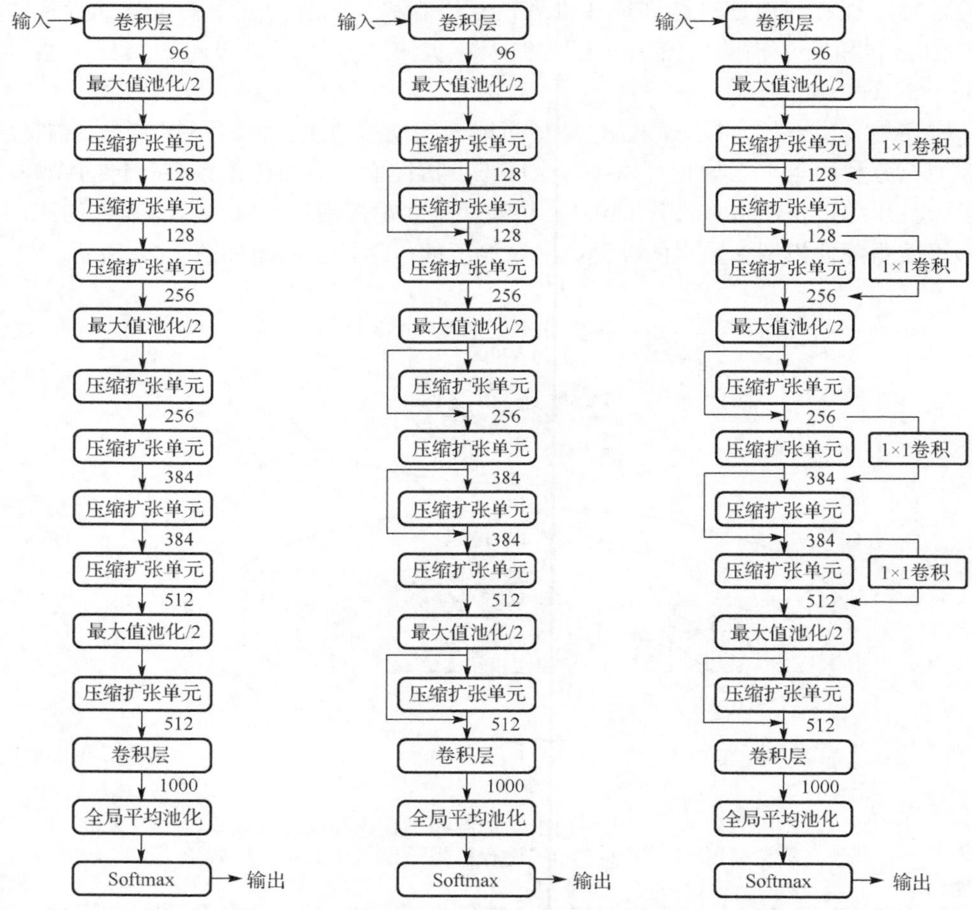

图 2-21　SqueezeNet 宏观架构图，左边的结构为不带任何旁路设置的网络结构；中间的结构为带有简单旁路设置的网络结构；右边为带复杂旁路设置的网络结构

SqueezeNet 的提出开启了模型轻量化的开端，这对于深度学习卷积神经网络走向实际化具有重要的意义。

2.2.10　基于深度可分离卷积的图像分类算法——MobileNet

谷歌的研究人员 Howard 等于 2017 年提出了一种专注于资源受限的移动设备或嵌入式设备的轻量级卷积神经网络——MobileNet[11]。相较于 SqueezeNet 而言，MobileNet 具有近似的参数量，但表现出了更好的性能。

SqueezeNet 对模型参数进行压缩的本质原因在于 1×1 卷积能够以极少的参数量对特征图维数进行压缩，而 MobileNet 则是提出了一种深度可分离卷积策略。该策略类似数学上的因式分解，即将正常卷积分解为一个深度卷积(depthwise)和一个 1×1 的点卷积。深度可分离卷积与正常卷积的对比过程如图 2-22 所示。

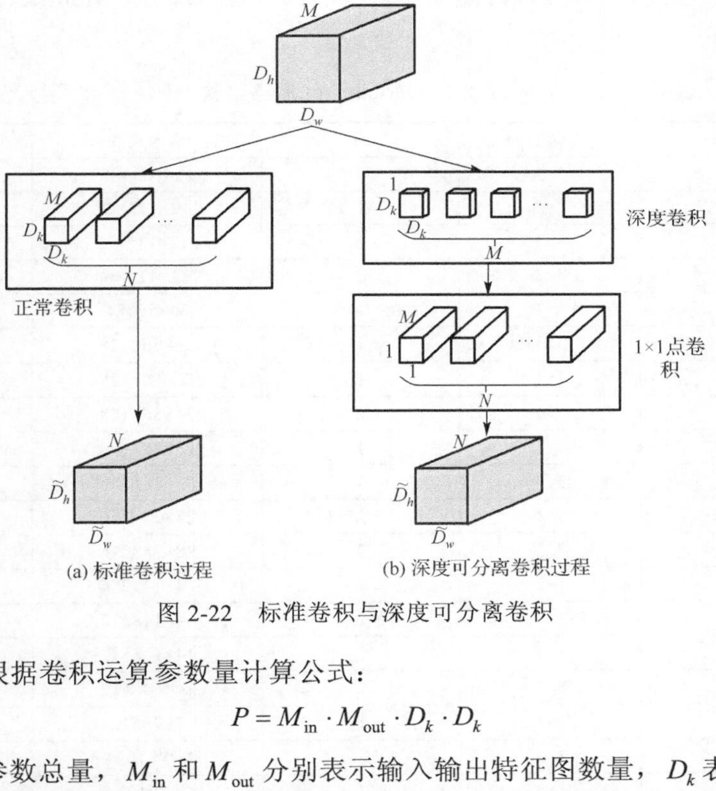

(a) 标准卷积过程　　(b) 深度可分离卷积过程

图 2-22　标准卷积与深度可分离卷积

首先，根据卷积运算参数量计算公式：

$$P = M_{\text{in}} \cdot M_{\text{out}} \cdot D_k \cdot D_k \tag{2-13}$$

其中，P 是参数总量，M_{in} 和 M_{out} 分别表示输入输出特征图数量，D_k 表示卷积核大小。假定输入特征图数目为 M，输出特征图数目为 N。标准卷积所需参数总量为 $M \cdot N \cdot D_k \cdot D_k$，而采用深度可分离卷积则仅需参数总量为 $M \cdot (D_k \cdot D_k + N)$。通常而言，$N$ 和 D_k 都是大于 1 的整数。因此，标准卷积所需参数量往往要大于深度可分离卷积所需参数量，尤其当 N 较大的情况下。

此外，假定输入特征图的空间尺寸为 $D_w \cdot D_h$，则标准卷积过程的计算代价为

$$D_k \cdot D_k \cdot M_{\text{in}} \cdot M_{\text{out}} \cdot D_w \cdot D_h \tag{2-14}$$

深度可分离卷积分为两步，因此，将分别对这两步所需计算代价进行计算，深度卷积所需计算代价如式(2-15)所示：

$$D_k \cdot D_k \cdot M_{\text{in}} \cdot D_w \cdot D_h \tag{2-15}$$

假定深度卷积不改变输入特征图的空间大小，则 1×1 点卷积所需计算代价为

$$M_{\text{in}} \cdot M_{\text{out}} \cdot D_w \cdot D_h \tag{2-16}$$

因此，深度可分离卷积总的计算代价为 $D_w \cdot D_h \cdot M_{\text{in}} \cdot (D_k \cdot D_k + M_{\text{out}})$。通常而言，$D_k \cdot D_k \cdot M_{\text{out}}$ 的值要远大于 $D_k \cdot D_k + M_{\text{out}}$。

通过上述分析可知，深度可分离卷积相比于标准卷积具有更少的参数量和更少的计算代价。因此，MobileNet 能够实现移动端设备的部署。MobileNet 的基本结构如表 2-3 所示。

表 2-3　MobileNet 网络结构

卷积层类型	卷积核大小	步长	输入尺寸	输出通道数
标准卷积	3×3	2	224×224×3	32
深度卷积	3×3	1	112×112×32	32
点卷积	1×1	1	112×112×32	64
深度卷积	3×3	2	112×112×64	64
点卷积	1×1	1	56×56×64	128
深度卷积	3×3	1	56×56×128	128
点卷积	1×1	1	56×56×128	128
深度卷积	3×3	2	56×56×128	128
点卷积	1×1	1	28×28×128	256
深度卷积	3×3	1	28×28×256	256
点卷积	1×1	1	28×28×256	256
深度卷积	3×3	2	28×28×256	256
点卷积	1×1	1	14×14×256	512
深度卷积&点卷积×5	3×3	1	14×14×512	512
	1×1	1	14×14×512	512
深度卷积	3×3	2	14×14×512	512
点卷积	1×1	1	7×7×512	1024
深度卷积	3×3	1	7×7×1024	1024
点卷积	1×1	1	7×7×1024	1024
全局平均池化	7×7	1	1×1×1024	1024
全连接层	1024×1000	—	1×1×1024	1000
分类层	—	—	1×1×1000	1000

MobileNet 的提出促进了卷积神经网络在移动端设备的应用，这对于依靠卷积神经网络解决计算机视觉问题的实用化是具有实际意义的。

2.2.11 基于逐点群卷积与通道混洗的图像分类算法——ShuffleNet

同样在 2017 年，旷视科技的研究人员 Zhang 等提出了一种计算效率很高的 CNN 模型架构——ShuffleNet[12]。其主要目的也是针对移动端设备，通过有限的计算资源来实现最好的性能。

ShuffleNet 取得成功的原因在于他们提出的逐点群卷积和通道混洗，同时，该模型结合了深度卷积对于参数缩减和减少计算资源的优势。典型的 ShuffleNet 基本单元如图 2-23 所示。

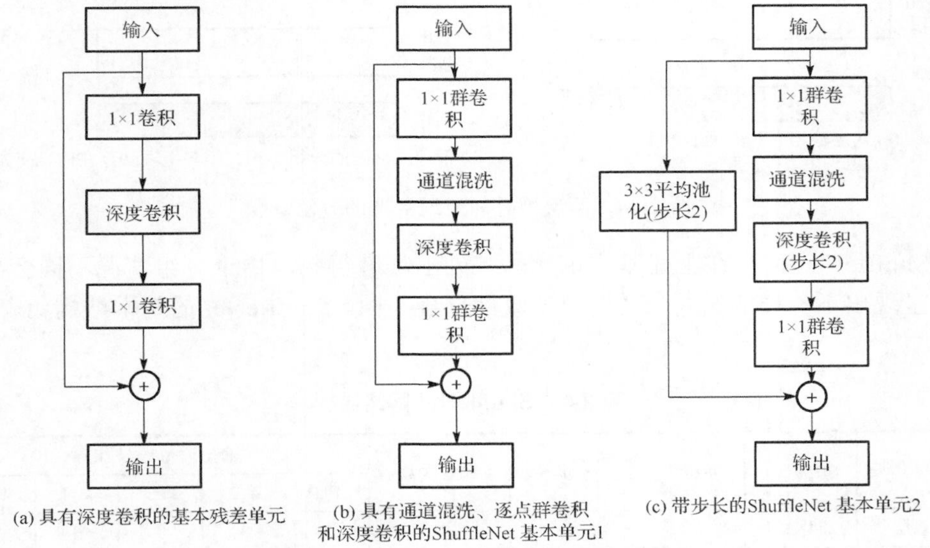

图 2-23　ShuffleNet 基本单元结构

从图 2-23 中可以看出，ShuffleNet 基本单元是在具有深度卷积的残差单元上进行改进的结果。其包含两个逐点群卷积、一个通道混洗操作和一个深度卷积。逐点群卷积的基本操作就是卷积核大小为 1×1 的分组卷积，那么何为分组卷积呢？假定有输入特征图 $C \times H \times W$，其中，$C = 128$，卷积核大小为 3×3。在进行卷积操作之前，将其分为 8 组，则每组特征图数量为 16。若每组的输出特征图数量与输入相等，则参数量为 $8 \times 16 \times 16 \times 3 \times 3 = 18432$。未进行分组前的标准卷积参数量为 $128 \times 3 \times 3 \times 128 = 147456$。从结果可以看出，分组卷积对于参数量的缩减是非常有用的。

然而，将特征分组以后，组与组之间无法实现信息交互。因此引入通道混洗操作以实现信息的交换是很有必要的。通道混洗即是将分组卷积后的特征图按一定方式对特征图重新组合，从而实现了信息之间的交换，其基本过程如图 2-24 所示。深度卷积的基本原理已经在上一节进行了详细的介绍，在此不再赘述。

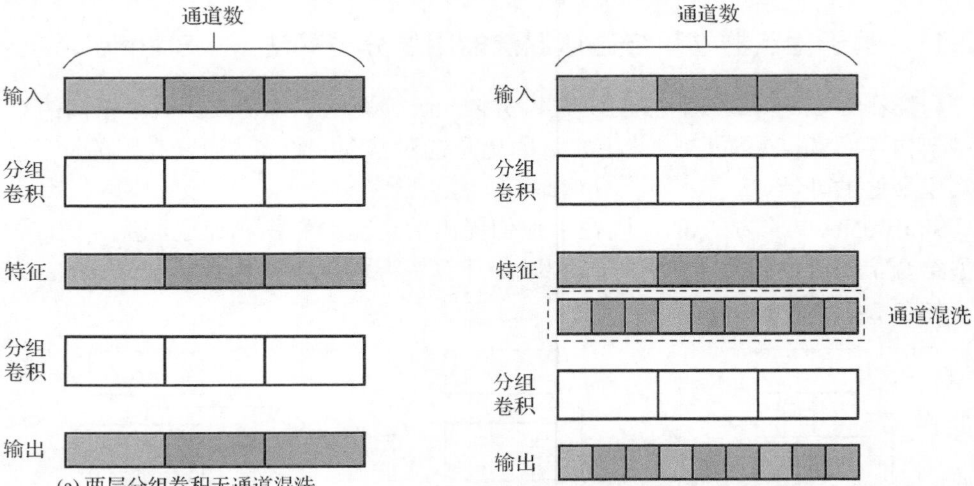

(a) 两层分组卷积无通道混洗，组与组之间无信息交流

(b) 带通道混洗的分组卷积，组与组之间存在信息交流

图 2-24　两层堆叠和通道混洗的分组卷积

ShuffleNet 便是在上述基本单元的基础上堆叠得到，由于分组情况不同会导致模型呈现出不一样的结构，且模型参数量也会不同。ShuffleNet 的基本结构如表 2-4 所示。

表 2-4　ShuffleNet 网络结构

层	输出尺寸	卷积核大小	步长	重复次数	输出通道数（*k* 组）				
					k=1	*k*=2	*k*=3	*k*=4	*k*=8
输入层	224×224				3	3	3	3	3
卷积层	112×112	3×3	2	1	24	24	24	24	24
最大池化	56×56	3×3	2						
基本单元 2	28×28		2	1	144	200	240	272	384
基本单元 1	28×28		1	3	144	200	240	272	384
基本单元 2	14×14		2	1	288	400	480	544	768
基本单元 1	14×14		1	7	288	400	480	544	768
基本单元 2	7×7		2	1	576	800	960	1088	1536
基本单元 1	7×7		1	3	576	800	960	1088	1536
全局池化	1×1	7×7							
全连接层					1000	1000	1000	1000	1000
复杂度					143M	140M	137M	133M	137M

ShuffleNet 采用逐点群卷积、通道混洗等操作达到了减少计算量和提高准确率的目的。

2.2.12 基于神经架构自动搜索的图像分类算法——NASNet

搭建卷积神经网络图像分类模型往往需要大量的结构工程，即研究人员必须耗费大量的时间进行网络结构的设计。神经网络架构自动搜索的出现在一定程度上解决了该问题，通过这种方式，仅需定义一些基本单元，而不用人为设计整个网络的堆叠方式。Zoph 等在 2018 年提出的 NASNet 在 CIFAR-10 和 ImageNet 数据集上均取得了领先的水平[13]。

神经网络架构自动搜索的基本流程如图 2-25 所示，首先由 RNN 控制器生成一个初始化子网络。子网络在小数据集上训练至收敛以获得在验证集上的精度，并采用该准确率来进一步更新子网络，以便控制器能够获得效果更好的子网络。

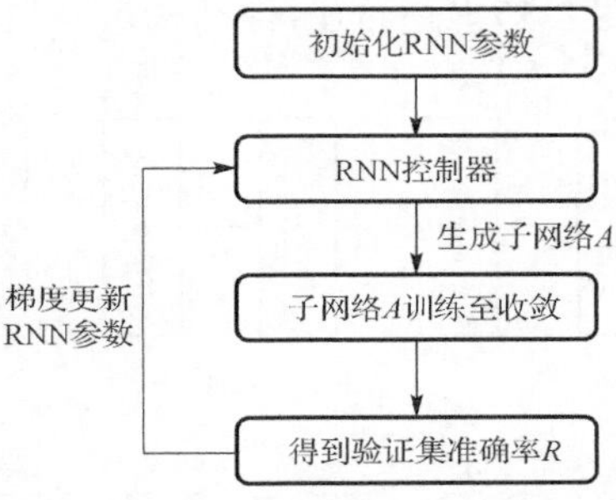

图 2-25　神经架构自动搜索框架

NASNet 主要针对基本块中基本单元的神经架构搜索，即完整的网络结构仍然需要手动设计，其学习的主要对象是每个块中基本单元是如何堆叠、重复单元如何使用等。NASNet 主要学习两种基本单元堆叠方式：①正常单元，输出特征图和输入特征图的尺寸大小相同，即不需要进行下采样操作；②下采样单元，输出特征图在输入特征图的基础上进行了以 2 为步长的下采样操作。

NASNet 的控制器结构如图 2-26(a)所示，其执行的操作依次是搜索隐藏状态 1、搜索隐藏状态 2、隐藏状态 1 操作、隐藏状态 2 操作和隐藏状态组合方式。每个网络单元的控制由 B 个这样的结构组成，该操作对应网络结构如图 2-26(b)所示。

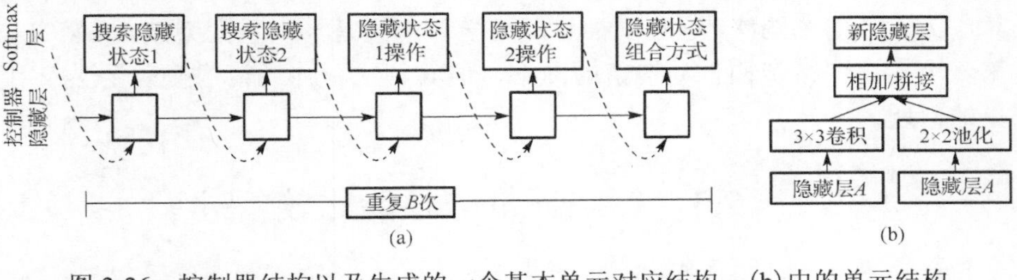

(a)　(b)

图 2-26　控制器结构以及生成的一个基本单元对应结构，(b)中的单元结构只是一个示例，不同的控制器输出将生成不一样的结构

更详细地来说，NASNet 网络的基本单元的计算主要包含下述 5 步：

①为隐藏状态 1 从 h_i， h_{i-1} 或者已经建立好的块中选择一个输出作为输入；

②以相同的方式构建隐藏状态 2；

③为隐藏状态选择操作方式，其操作可以是1×1卷积、3×3 卷积或5×5 卷积等；

④以相同的方式为隐藏状态 2 选择操作；

⑤为两个隐藏状态的输出选择合适的组合方式，如特征图相加或拼接。

由上述可知，控制器一共有 B 个这样的单元，也就是说 NASNet 中的每个块包含 B 个基本操作。为了让 RNN 控制器能够同时预测正常单元和下采样单元，NASNet 共设置了 $2\times5B$ 个图 2-26(a)所示的结构。也就是说，前 $5B$ 个用于预测正常单元，后 $5B$ 个用于预测下采样单元。通过这样的方式，NASNet 针对 CIFAR-10 数据集和 ImageNet 数据集共生成了图 2-27 所示的两种结构。

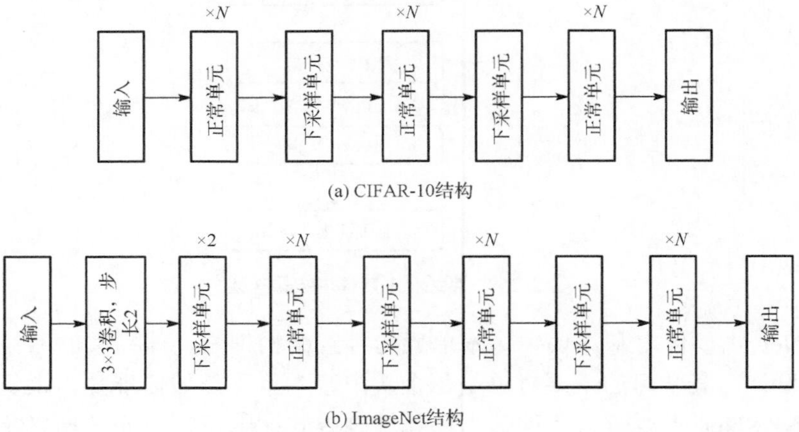

图 2-27　CIFAR-10 数据集与 ImageNet 数据集上搜索所得结构

在优化每个块中的并行结构时，网络以一定概率丢弃掉部分分支是一种非常有效的手段，但单纯地按比例丢弃对于 NASNet 的效果并不理想。因此，NASNet 提出了一种按照训练时间线性增加的方式丢弃掉部分分支，从而使模型更容易避免过拟合。

神经架构自动搜索的出现在一定程度上实现了网络的自我学习，而不再是单纯地依靠人为设计整个网络，这对于神经网络学习来说是一次重大突破。虽然 NASNet 不是第一个提出网络架构自动搜索的网络，但其解决了神经架构搜索无法应用到大数据集的问题。

2.3　算法评价与性能比较

卷积神经网络的发展可谓是日新月异，在过去的几年中，诞生了许多性能优秀的模型及其改进结构。为进一步对这些网络的性能进行更深入的了解，本节对 2.2 节中所提到的网络在各个数据集上的性能进行了比较，如 ImageNet 数据集、CIFAR-10 数据集等。在进行性能比较和分析之前，本节首先对常用的分类数据集和常用评价指标进行了介绍。

2.3.1　常用数据集介绍

ImageNet 数据集是一个具有超过 1500 万张高分辨率图像的大型数据集，其类别可以粗略地分为 22000 类，并通过人为进行标注。ILSVRC 大赛采用了 ImageNet 数据集中的 1000 类作为比赛的数据集，每个类别约 1000 张图片。总的说来，比赛所用数据集大致分为训练集 120 万，验证集 50000，测试集 150000。该数据集作为图像分类常用数据集，一直都是各网络模型训练、测试的首选。

CIFAR-10 是一个相对较小的自然图像数据集，共 10 个类：飞机、汽车、鸟类、猫、鹿、狗、蛙类、马、船和卡车。该数据集的图片主要是低分辨率图片，分辨率大小为 32×32。数据集的图片总量约为 60000，每个类约 6000 张图片。其中，50000 张图片用于训练，10000 张用于测试。

CIFAR-100 与 CIFAR-10 相似，但其具有 100 个类，每个类包含 600 张图片。就是说，CIFAR-100 相对于 CIFAR-10 来说，最大的不同在于类别数的扩充，图片总量并未发生大的变化。同样的，其中，50000 张用于训练，10000 张用于测试。

2.3.2　评价指标

ILSVRC 图像分类大赛主要采用 top-1 错误率和 top-5 错误率作为网络模型性能评价指标。top-1 是指取网络模型预测的概率向量中最大的一个作为预测结果，如果概率向量最大值对应的类别与标签相同，则预测正确，否则预测错误。top-1 错误率即是指以该种方法进行评判的结果中预测错误的样本与总样本的比率。其数学公式可以表示为

$$\mathrm{top1}_{\mathrm{error}} = \frac{m_{\mathrm{top1}}}{N} \tag{2-17}$$

其中，$\mathrm{top1}_{\mathrm{error}}$ 表示 top-1 错误率，m_{top1} 表示以 top-1 方式进行预测得到的错误样本数，N 表示样本总量。

同理，top-5 则是预测概率向量中最大的前 5 个，只要出现正确预测结果，则认为预测正确。top-5 错误率指以 top-5 方式进行评判的结果中预测错误的样本数与总样本的比例。其数学表达式为

$$\mathrm{top5}_{\mathrm{error}} = \frac{m_{\mathrm{top5}}}{N} \tag{2-18}$$

其中，$top5_{error}$ 表示 top-5 错误率，m_{top5} 表示以 top-5 方式进行预测得到的错误样本数，N 表示样本总量。

2.3.3 性能比较与算法评价

由于本章所讨论的网络模型的性能评价大部分均在 ImageNet 上进行，因此，本节仅讨论各模型在该数据集上所取得的结果。由于 LeNet 网络并非针对自然图像分类，因此，不对其进行讨论。各模型在 ImageNet 验证集上的实验结果如表 2-5 所示。

表 2-5 各模型在 ImageNet 数据集上的错误率

模型	top-1 错误率/%	top-5 错误率/%	参数量/MB
AlexNet	36.7	15.4	61.1
VGGNet16	25.5	8.1	138.6
Inception-v1	30.2	10.1	5
Inception-v2	25.2	7.8	11.2
Inception-v3	21.2	5.6	23.9
ResNet-101	21.8	6.1	44.7
ResNeXt-101	19.1	4.4	83.6
DenseNet-201	21.5	5.5	20.2
SENet	17.3	3.8	146
SqueezeNet	30.6	17.5	1.24
MobileNet-224	29.4	10.5	2.6
ShuffleNet	29.1	10.2	—
NASNet	17.3	3.8	88.9

从表 2-5 中的数据可以知道，随着深度学习卷积神经网络的发展，模型的性能也越来越优异。学者们为了提升模型的性能，提出了很多效果优异的设计。但还是能够得出这样的结论：计算复杂度高，模型参数量大，模型的性能不一定好。这说明，模型的性能与网络的复杂度并无直接关系。好的网络结构设计是模型性能是否优秀的关键性因素之一，如 ResNet 系列和 Inception 系列网络等。根据实际任务的需求，可选的最优模型不同。随着时间的推移，卷积神经网络的发展也趋向于模块化和自动化，模块化是指首先设计一个基本单元，网络在此基本单元的基础上进行堆叠，如残差单元、聚合转换残差单元和密集连接模块等。自动化是指不需要人为利用相关知识来设计模型结构，而是通过深度学习网络自我学习来获得最优结构。而这也必将是深度学习卷积神经网络未来的发展方向。

2.4 本 章 小 结

本章首先对图像分类的基本概念和原理进行了详细的阐述，并针对计算机在处理视觉信息时的难点与挑战进行了说明。紧接着从现有性能更为优异的基于深度学习卷积神经网络的图像分类算法基本框架出发，对现有方法进行了较为全面的梳理。针对各个模型的突出创新点以及相应的改进进行了详细的阐述。从最早的 LeNet5 到现今的神经架构自动搜索 NASNet。为了进一步检验各模型在图像分类中的有效性，本章最后对各模型在 ImageNet 数据集上的性能进行了比较和评估。

从图像中提取关键信息并转化为能够进行分类的特征是图像分类算法最基本的要求，关键信息提取是完成图像分类最基本的先决条件。图像分类的本质实际上就是滤除非关键信息，保留关键信息的过程。因此，决定卷积神经网络模型性能的关键在于能否将目标信息的特征从复杂的背景中提取出来，提取到的特征能否准确描述图像的关键信息决定着网络的最终性能。当然，并非简单地增加网络的深度就能达到良好的效果，这往往只会导致模型退化。针对实际问题进行合理的结构化设计才能提高模型的性能。

卷积神经网络模型的设计不仅仅需要从模型的准确率上进行考虑，模型复杂度也是影响模型最终能否落地的关键性因素。因此，如何权衡模型复杂度与模型准确率之间的关系是非常重要的。另外，从目前的发展趋势来看，卷积神经网络未来的发展方向必然会走向模块化和自动化，避免过多的人为干预是学习的最终目标。

参考文献

[1] Lecun Y, Bottou L. Gradient-based learning applied to document recognition[J]. Proceedings of the IEEE, 1998, 86(11): 2278-2324.

[2] Krizhevsky A, Sutskever I, Hinton G E. ImageNet classification with deep convolutional neural networks[C]//Proceedings of the 25th International Conference on Neural Information Processing Systems, 2012: 1097-1105.

[3] Simonyan K, Zisserman A. Very deep convolutional networks for large-scale image recognition[C]//Proceedings of the IEEE Conference on Computer Vision and Pattern Recognition, 2014.

[4] Szegedy C, Liu W, Jia Y, et al. Going deeper with convolutions[C]//Proceedings of the IEEE Conference on Computer Vision and Pattern Recognition, 2015:1-9.

[5] Szegedy C, Vanhoucke V, Ioffe S, et al. Rethinking the inception architecture for computer vision[C]//Proceedings of the IEEE Conference on Computer Vision and Pattern Recognition, 2016: 2818-2826.

[6] He K, Zhang X, Ren S, et al. Deep residual learning for image recognition[C]//Proceedings of the IEEE Conference on Computer Vision and Pattern Recognition, 2016: 770-778.

[7] Xie S, Girshick R, Dollár P, et al. Aggregated residual transformations for deep neural networks[C]//Proceedings of the IEEE Conference on Computer Vision and Pattern Recognition, 2017: 5987-5995.

[8] Huang G, Liu Z, van der Maaten L, et al. Densely connected convolutional networks[C]//Proceedings of the IEEE Conference on Computer Vision and Pattern Recognition, 2017: 2261-2269.

[9] Hu J, Shen L, Sun G. Squeeze-and-excitation networks[C]//Proceedings of the IEEE Conference on Computer Vision and Pattern Recognition, 2018: 7132-7141.

[10] Iandola F N, Han S, Moskewicz M W, et al. SqueezeNet: AlexNet-level accuracy with 50x fewer parameters and < 0.5 MB model size[J]. arXiv Preprint: 1602.07360, 2016.

[11] Howard A G, Zhu M, Chen B, et al. MobileNets: Efficient convolutional neural networks for mobile vision applications[J]. arXiv Preprint: 1704.04861, 2017.

[12] Zhang X, Zhou X, Lin M, et al. ShuffleNet: An extremely efficient convolutional neural network for mobile devices[C]//Proceedings of the IEEE Conference on Computer Vision and Pattern Recognition, 2018: 6848-6856.

[13] Zoph B, Vasudevan V, Shlens J, et al. Learning transferable architectures for scalable image recognition[C]//Proceedings of the IEEE Conference on Computer Vision and Pattern Recognition, 2018: 8697-8710.

第 3 章　基于深度学习的目标检测算法核心思想及优化过程

3.1　目标检测基础概念与原理

目标检测是计算机视觉领域一个基础但十分重要的研究方向，在过去的几十年中得到了广泛的关注。其目的是在给定图像中对特定目标类对象进行精确定位，并为每个对象实例分配相应的标签。传统的目标检测通常是指通过人为设计特征来进行目标检测的方法。然而，此类方法难以找到能够准确描述目标对象的特征。2013 年，随着 AlexNet[1]在图像分类领域取得巨大成功，基于深度学习的目标检测算法开始了研究热潮。

在深度学习之前，目标检测可分为三个步骤：①区域生成；②特征向量提取；③区域分类。传统的目标检测算法主要集中在特征构造和分类算法改进两个方面，涌现出了很多杰出的工作[2-5]。区域生成的目标是搜索图像中可能包含物体的位置，这些位置也称为感兴趣区域(region of interest，ROI)。区域生成算法存在两个主要缺点：①区域选择策略效果差、时间复杂度高；②手工提取的特征鲁棒性较差，泛化能力弱。一类特征可能针对某类问题比较好，其他问题效果甚微。而深度学习解决思路则是通过深度卷积神经网络自动提取特征，避免了设计特征的问题。

目标检测任务最大的难点在于：目标形态各异、大小不一，图像的任何位置都可能含有目标。此外，小目标和模糊目标的检测也是一个难点。因此，如何充分利用深度卷积神经网络产生的浅层和深层特征来增强网络对多尺度目标的检测性能，并在一定检测精度的前提下降低网络的时间复杂度，是当前基于深度学习的目标检测算法的主要研究目标。自 2013 年以来，以 Girshick、何凯明、任少卿等为代表的研究者提出了一系列性能优异的模型，如 R-CNN[6]、YOLO 系列[7-9]。值得一提的是，这些网络的训练都需要大量已标注图片的支持。目前，目标检测领域常用的数据集包括 PASCAL VOC(PASCAL visual object classification)[10]，MS COCO(Microsoft common objects in context)[11]和 ImageNet[12]等，这些数据集常用于评估算法的性能或某些竞赛。

(1) PASCAL VOC 包含约 10000 张带有边界框的图片用于训练和验证。该数据集共包含 20 个目标类别，并被视为目标检测任务的基准数据集之一。

(2) MS COCO 数据集可用于图像标题生成、目标检测、关键点检测和物体分割等多种任务。对于目标检测任务，COCO 共包含 80 个类别，训练和验证数据集包含超过 120000 个图片，超过 40000 个测试图片。

(3) ImageNet 总共约有 2 万类 1500 万图片，其中常用的 ImageNet1000 共有 1000 类且都有边界框标注，ImageNet 数据集类别和图片数量都很大，但图片质量参差不齐，通常需要进行数据清洗，因此多用于进行模型训练时的预训练数据集。

目标检测既要解决目标定位的回归问题，又要解决目标的分类问题，因此具有多个重要的性能指标。首先，为了评估定位精度，需要计算交并比(intersection over union，IoU)，其介于 0～1 之间。IoU 表示预测框(prediction box)与真实框(ground truth box)之间的重叠程度，IoU 越高，预测框的位置越准确。因而，在评估预测框时，通常会设置一个 IoU 阈值(如 0.5)，只有当预测框与真实框的 IoU 值大于这个阈值时，该预测框才被认定为真阳性(true positive，TP)，反之就是假阳性(false positive，FP)。此外，分类的准确率的评估指标使用平均精度(average precision，AP)和平均精度均值(mean average precision，mAP)，分别表示每个类别的平均准确率和所有类别平均准确率的均值。AP 值由准确率-召回率(precision-recall，PR)曲线求得，precision 代表模型检测出来的目标有多大可能是真正的目标；recall 表示算法以多大的概率将所有目标都检测了出来。因此，AP、mAP 值是目标检测领域评价算法性能最重要的指标。

3.2　基于深度学习的目标检测算法的提出与优化

2014 年，Girshick 等提出了 R-CNN 目标检测算法，不仅令目标检测算法的性能取得了巨大突破，并为后续基于深度学习的目标检测算法奠定了基础。借助卷积神经网络良好的特征提取能力，该方法能够较为精准地将目标从背景中区分出来。然而，此方法容易造成图像信息丢失、资源浪费。2015 年，R-CNN 系列的最高代表作 Faster R-CNN 实现了端到端的检测，并大幅提高了目标检测算法的性能，但检测速度仍有很大的提升空间[13]。虽然这类两步式目标检测方法可以通过减少候选框数量或降低输入图像分辨率等方式达到提速的目的，但未能从根本上解决问题。同年，出现了 YOLO-v1 和单步多框检测器(single shot multibox detector，SSD)[14]等更快速的检测算法，将目标检测转化为回归问题，真正实现了端到端的实时检测，但检测精度不如 Faster R-CNN 高。后来，2017 年和 2018 年，Redmon 等在 YOLO 基础上进行改进，设计了 YOLO-v2[8]和 YOLO-v3[9]，YOLO-v3 可以达到惊人的检测效果。同时，也出现了更多高性能的检测算法，如特征金字塔(feature pyramid networks，FPN)[15]、RefineDet[16]等。然而这些算法的骨干网络基本都是高性能的分类网络，并非特别为目标检测而设计。近年来，神经架构搜索算法(neural architecture search，NAS)[17]在目标检测网络中有所应用，如 NAS-FPN[18]应用 NAS 搜索空间金字塔池化结构，DetNAS[19]应用 NAS 搜索骨干网络。这类基于神经架构搜索的目标检测算法进一步提升了算法的性能。

下面，我们将对目前主流的基于深度学习的目标检测算法进行详细的梳理与介绍。

3.2.1 首个基于卷积神经网络的目标检测算法——R-CNN

2014 年以前，目标检测领域性能较好的通常是融合底层图像特征和高维上下文语义的方法。然而，这类方法的实际检测效果并不理想。卷积神经网络在图像分类任务上的成功应用给目标检测带来了新的启发，Girshick 等探索了如何将卷积神经网络与目标检测结合起来，并于 2014 年提出了首个基于卷积神经网络的目标检测算法——R-CNN。

R-CNN 算法主要由 4 个模块组成：①候选区域推荐；②候选区域特征提取；③候选区域分类；④候选区域边界框回归。下面对这四个模块进行说明。

(1) 候选区域推荐。

此前用于定位图像中多物体的方法主要有两类：一类是将定位问题单纯作为回归解决，然而其效果并不好；另一类方法是利用滑动窗口探测器，但由于网络层次更深时输入图像将会产生非常大的感受野，该方法也不理想。

近来有很多研究提出了与类别无关的区域推荐方法，如区域建议(region proposal，RP)、选择性搜索(selective search，SS)等。为了与此前的目标检测算法进行可控的对比，R-CNN 在区域推荐步骤沿用了 SS 方法，从每张图片产生约 2000 个与类别无关的待检测候选区域。SS 算法通常需要经过以下几个步骤：①产生初始分割区域；②将所有分割区域的外框加入至区域列表；③基于相似度(颜色、纹理和尺寸等)合并；④将合并后的区域视作一个整体，跳至步骤②，直至剩下的候选框低于或等于预先设定的阈值。

(2) 候选区域特征提取。

R-CNN 使用 AlexNet 对每个候选区域都提取一个固定长度为 4096 的特征向量，AlexNet 由五个卷积层和两个全连接层组成，其详细网络结构如第 2 章的 2.2.2 节所述。由于选择性搜索算法所得候选区域大小不一，而 AlexNet 要求输入图像具有统一的尺寸，因此，R-CNN 需要首先对图像进行尺寸转换以适应网络的输入。输入图像一律通过各向异性缩放将其裁剪至网络所要求的 227×227 大小。

(3) 候选区域分类。

R-CNN 为每个类别单独训练一个支持向量机(support vector machines，SVM)，并用该 SVM 分类器单独为每个输出的候选区域预测一个分数，该分数用于衡量该候选区域是否属于该类别，称为置信度分数。尤其值得注意的是，虽然 R-CNN 为每个类别均单独训练了一个 SVM，但每个候选框用于分类的特征向量是相同的，即所有 SVM 分类器都使用同一个深度卷积网络产生的特征向量。由于候选区域间还存在大量重叠冗余的情况，针对每个类，采取非极大性抑制算法(non-maximum suppression，NMS)，剔除掉冗余的候选区域。

(4)边界框回归。

边界框回归是一种减小定位误差的方法，对于每个候选区域，利用网络第五层输出可以重新训练一个回归模型去预测一个新的检测窗口，该新窗口在原来的候选区域上更进一步向真实边框靠拢，可以修复大量的错位检测。R-CNN 将传统选择性算法和深度卷积神经网络结合起来，进一步解决了目标检测任务中难以精确定位的问题。此外，受数据集规模影响，R-CNN 首先在辅助数据集上进行预训练，再在目标数据集上进行微调。

R-CNN 是卷积神经网络在目标检测领域的一次成功尝试，有效解决了定位问题和小数据集训练问题，给目标检测性能带来了大幅度的提升。虽然 R-CNN 训练需要经历多个阶段，时间和空间代价较为昂贵，但优异的检测性能和速度使其成为目标检测领域第一个真正可以工业级应用的解决方案，也是深度学习进行目标检测的开山之作。

3.2.2　基于空间金字塔池化的目标检测算法——SPPNet

R-CNN 目标检测方法需要给网络输入固定尺寸大小的候选区域，在区域变形的过程中，简单的线性或非线性变换会造成图像信息丢失，影响最终的检测性能。事实上，通过一些特殊的处理，网络可以接受任意分辨率图像作为输入，并生成任意大小的特征图。为此，何凯明等提出了 SPPNet[20]目标检测方法。该方法引入了一种空间金字塔池化(spatial pyramid pooling，SPP)结构来适应任意分辨率的输入，并生成固定大小的输出，而无须关心输入图像的尺寸或比例。

SPPNet 的整体结构和 R-CNN 略有不同：R-CNN 先要将图像进行裁切和变形，再进行卷积操作；SPPNet 则直接对输入图像进行特征提取，然后将最后一个卷积层输出的任意大小的特征图通过 SPP 层池化为固定长度的特征向量再传递给全连接层，这样可以避免在最开始的时候就进行裁剪或变形。图 3-1 展示了 R-CNN 和 SPPNet 在网络结构上的区别。

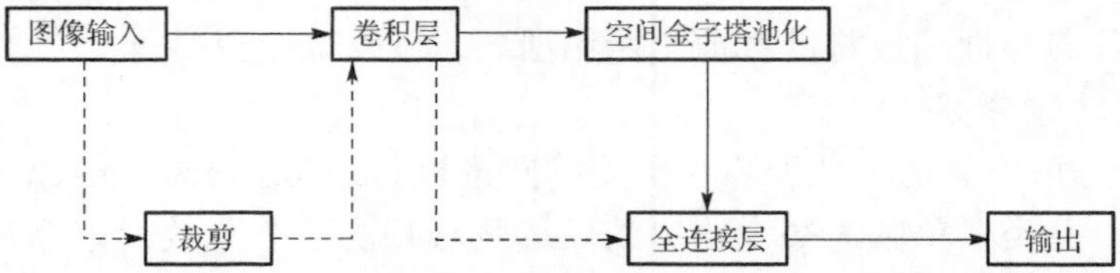

图 3-1　R-CNN 和 SPPNet 网络结构对比；虚线表示 R-CNN，实线表示 SPPNet

由此可知，SPP 层的作用类似 R-CNN 中的裁剪和变形作用。不同点是，该结构能够保留输入图像的原始信息。SPP 层网络结构如图 3-2 所示，其具体做法是：①先将最后一个卷积层输出的特征图(256 个)分割成多个不同尺寸的网格，如网格数量为 4×4 、 2×2 和 1×1 ；②对每个网格做最大值池化，256 个特征图就分别得到了 16×256 、 4×256 和 1×256 维特征向量；③将这些特征向量进行拼接，得到一个固定维度的特征输出。通过这种方式，网络无须采用固定尺寸的图像作为输入，因此也不会造成原始图像信息丢失问题。

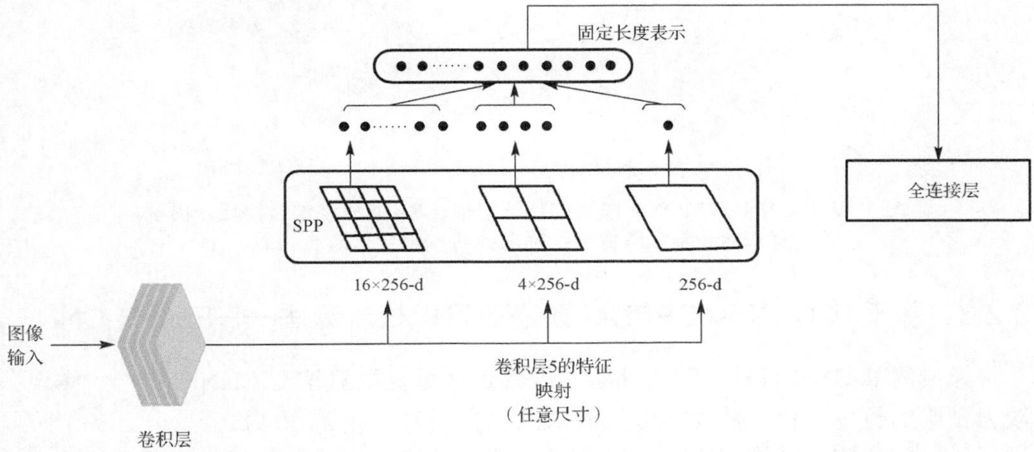

图 3-2　SPP 层网络结构示意图；该模块的输入是 256 个特征图

如上所述，引入 SPP 层取代裁剪、变形操作得到固定长度的特征向量是 SPPNet 与 R-CNN 最大的区别，也是 SPPNet 最大的创新点所在。除此之外，SPPNet 与 R-CNN 都采用选择性搜索算法产生约 2000 个候选框，相比于 R-CNN 而言，SPPNet 仅需将整张图像输入至 CNN，而无须将每一个候选区域都输入至网络提取特征，极大地加快了检测速度。R-CNN 与 SPPNet 的区别如图 3-3 所示，R-CNN 将所有候选框都变形到固定尺寸输入到 CNN 得到固定长度的特征向量；而 SPPNet 将整个图片输入 CNN 中得到其特征图，然后根据候选框在图像中的位置找到其在特征图中的映射区域，再对各个大小不一的特征区域采用空间金字塔池化，提取出固定长度的特征向量。

基于金字塔池化结构，SPPNet 可不经变形就处理任意尺寸的输入图像。因此，该网络能够实现多尺度目标的训练，使得网络对不同尺度目标的检测效果都得到了提升。另外，由于 SPP 层是对最后一个卷积层的特征图进行处理，其可以采用任意的卷积神经网络作为算法的骨架，具有很强的可迁移性。

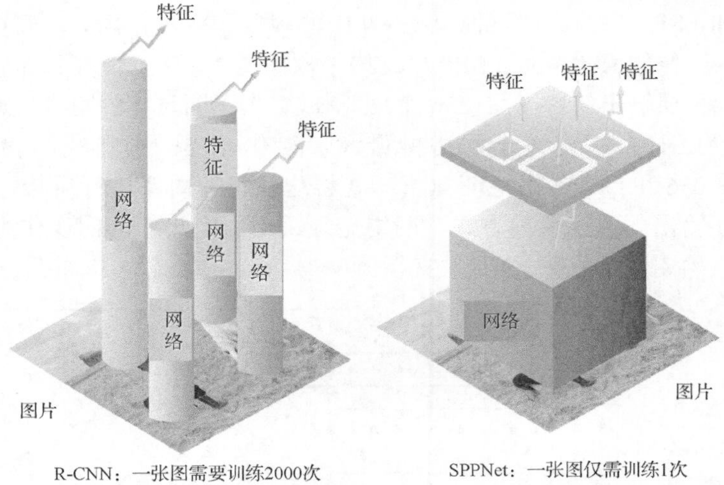

图 3-3　R-CNN 和 SPPNet 候选框特征提取；R-CNN 对候选框逐一提取，SPPNet 整张图像一次提取，再映射出候选框特征

3.2.3　基于 R-CNN 和 SPPNet 改进的目标检测算法——Fast R-CNN

经典的 R-CNN 目标检测算法将传统候选区域提取算法与 CNN 相结合，实现了较为精确的目标定位。然而该方法的缺点也很明显，即训练过程需要分开多个阶段进行，时间和空间开销极大。为了降低模型的时间和空间复杂度，何凯明等提出了 SPPNet 来解决 R-CNN 中图像变形和候选框重复特征提取问题。但 SPPNet 仍然沿用了 R-CNN 的基本框架，与真正的端到端检测还存在一定的距离。为此，Girshick 于 2015 年提出了改进的 R-CNN 算法——Fast R-CNN[21]，其结构如图 3-4 所示。

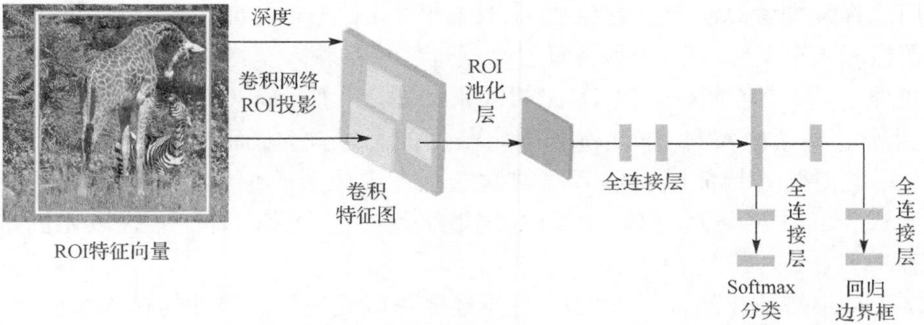

图 3-4　Fast R-CNN 网络结构；图像经卷积所得的特征图经候选框获得 ROI，ROI 通过 ROI 池化层变成固定长度，随后分别进行边界框回归和目标分类

在 R-CNN 的基础上，受 SPPNet 方法中 SPP 层的启发，Fast R-CNN 以一种全新的改进结构提高了算法检测精度和速度，详细改进如下所述。

(1) Fast R-CNN 仍采用选择性算法选取 2000 个候选区域建议。区别于 R-CNN，Fast R-CNN 不再对每一个候选区域都提取特征，而是类似于 SPPNet 对整张图像进行特征提取，然后根据候选区域相对位置提取特征图。

(2) 参考 SPPNet 中 SPP 层的网络结构，设计了 ROI 池化层。ROI 池化层将每个候选区域统一分为 $m \times n$ 块，对每块执行最大池化操作，然后将所有的池化块输出特征进行拼接，从而实现任意尺寸输入，得到固定长度的特征向量输出。

(3) Fast R-CNN 不再单独使用 SVM 分类器和边界框回归器预测候选框的类别和定位，而是直接由卷积神经网络经 Softmax 得到两部分输出分别进行候选框分类和边界框回归预测。

R-CNN 整个算法流程分为候选框推荐、特征提取、分类预测、边界框回归 4 个阶段，各阶段分开运行，距离端到端相差甚远。Fast R-CNN 去除了分类器和回归器，直接输出类别和边界框。同时，参考 SPPNet 实现一次特征提取得到所有候选框特征图，将整个网络分成了候选框推荐和检测两部分，推动了真正意义上的端到端目标检测算法的发展。值得注意的是，在 R-CNN 中，由于全连接层需要对每一个候选框都进行一次运算，其计算量占了整个网络的一半左右。为此，Fast R-CNN 提出用奇异值分解(singular value decomposition，SVD)替代全连接层，获得了更快的检测速度。

Fast R-CNN 的提出有效降低了 R-CNN 在时间和空间开销上的昂贵代价，并在 R-CNN 和 SPPNet 的基础上进一步提升了算法的性能。其在 VOC 数据集上的 mAP 值比 R-CNN 高出 4%。此外，Fast R-CNN 训练过程不再逐一对候选进行特征提取，并采用 SVD 算法替代 SVM 分类。因此，Fast R-CNN 不需要额外的存储空间来保存，空间和时间上的开销得到了极大的削减。

3.2.4　基于卷积提取候选区域的 R-CNN——Faster R-CNN

Fast R-CNN 将多级联结构的 R-CNN 改造成了单级联的网络，但其候选区域提取仍然需要用到选择性搜索算法，并不是真正意义上端到端的检测系统。另外，Fast R-CNN 的整个检测流程中，候选框提取占据了大多数时间开销。因此，Fast R-CNN 还有较大的改进空间。在 R-CNN 和 Fast R-CNN 的基础上，Girshick 等于 2015 年提出了 Faster R-CNN 目标检测算法[13]。该算法将特征提取、候选区域推荐、边界框回归和分类都整合到一个统一的网络中，形成了真正意义上的端到端目标检测网络。较之此前的方法，该方法的综合性能有较大提高，尤其在检测速度上的提升尤为明显。

Faster R-CNN 为了实现真正的端到端训练与检测，解决 Fast R-CNN 中候选框提取占据较大时间开销的问题，提出了候选区域建议网络(region proposal network，RPN)模块。RPN 将候选框提取操作和 CNN 特征提取操作融合到一起，可以极大地加快检测速度，提高检测性能。Faster R-CNN 整个算法流程如图 3-5 所示，可分为四个部分：①特征提取层，Faster R-CNN 首先使用一组基础的卷积层提取图像的特征图，该特征图共享用于后续 RPN 层和全连接层；②RPN 网络，RPN 以锚框和特征图作为输入，通过 Softmax 判断特征图上每个点的所有锚框是否含有目标，随后对含有目标的锚框进行边界框回归得到更为精确的候选框；③ROI 池化层，该层以 RPN 所得大小不等的候选框和从卷积网络所得特征图作为输入去获取固定长度的特征向量；④分类层，利用所得特征通过 Softmax 计算候选框类别，并再次进行边界框回归获得边界框精确位置。

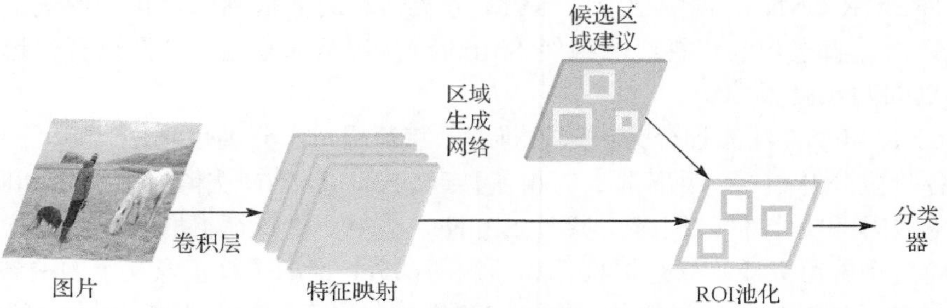

图 3-5　Faster R-CNN 总体网络结构；首先通过卷积层提取特征，然后将这些特征与 RPN 网络产生的候选框共同输入至 ROI 池化层去得到固定长度的特征表示，最后通过分类层得到检测结果

下面对卷积网络和 RPN 网络的结构进行详细介绍。

1) 卷积网络

如图 3-6 所示，卷积网络共有 13 个卷积层、13 个 ReLU 层和 4 个池化层。在该网络中，所有的卷积层采用相同的参数设置：卷积核大小为 3×3、步长为 1，边缘填充(padding)为 1。所有的池化层也采用相同的结构：核大小为 2×2、步长为 2，边缘填充为 1。边缘填充对于保持经卷积层处理前后的特征图分辨率不发生变化具有重要的作用。假定输入特征图大小为 $M\times N$，若不进行边缘填充，经上述结构卷积层后，输出特征图的大小变为 $(M-2)\times(N-2)$，不符合预期输出的大小。经边缘填充后，输入变为 $(M+2)\times(N+2)$，经过卷积层后，特征图的大小仍为 $M\times N$。类似地，池化层的设置使得经过池化层的图像长和宽都刚好变为输入时的 $1/2$。Faster R-CNN 中的卷积层和池化层组合能够使得输出特征分辨率正好变为原图的 $1/16$。从而根据这些特征来提取候选区域。

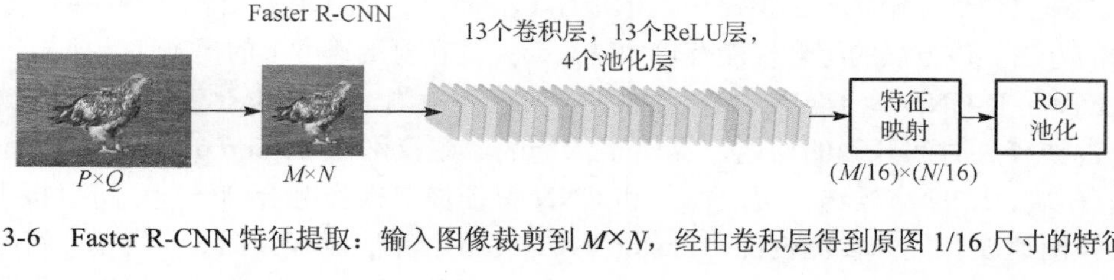

图 3-6　Faster R-CNN 特征提取：输入图像裁剪到 $M\times N$，经由卷积层得到原图 1/16 尺寸的特征图

2) RPN 网络

传统的滑动窗口和选择性搜索方法检测候选框都非常耗时，Faster R-CNN 抛弃了传统方法，使用 RPN 网络直接生成候选框。图 3-7 展示了 RPN 网络的具体结构，可以看到根据特征图的数据流向，可将 RPN 网络分为左右两部分，左侧网络通过 Softmax 分类锚框判断其是否含有目标，右侧网络则用于计算锚框的边界框回归偏移量，以获得精确的候选框。而最后的区域建议层则负责综合有目标锚框和对应边界框回归偏移量获取候选框，同时剔除太小和超出边界的候选框。

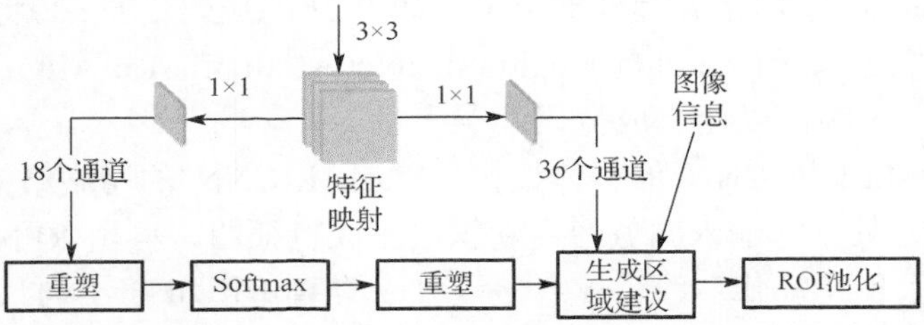

图 3-7　RPN 网络结构；左侧网络用于判断边界框是否还有目标，右侧网络用于边界框位置回归，最终经由区域建议层获得 ROI

根据 Faster R-CNN 网络中各模块的功能，其训练使用 4 步交替训练法(4-step alternating training)，具体步骤如图 3-8 所示。

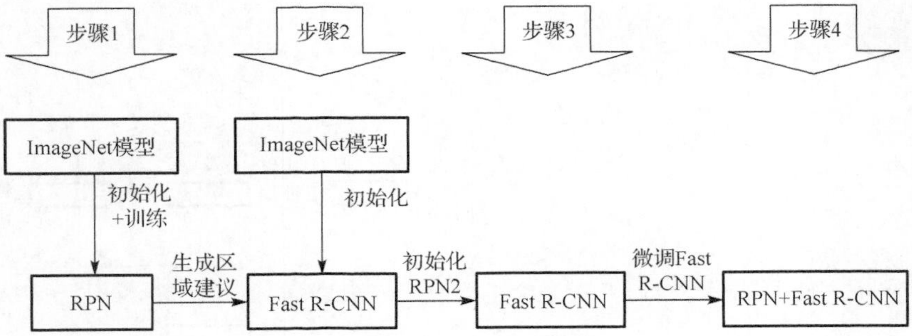

图 3-8　Faster R-CNN 训练流程

(1) 用 ImageNet 模型初始化，独立训练一个 RPN 网络。

(2) 仍然用 ImageNet 模型初始化，但是使用上一步 RPN 网络产生的候选框作为输入，训练一个 Faster R-CNN 网络。注意此时 Faster R-CNN 网络中的 RPN 网络和第一步中训练的 RPN 网络是两个结构一样参数不同的独立网络。

(3) 使用第二步的 Faster R-CNN 网络参数初始化一个新的 RPN 网络，重新训练，但是仅仅更新 RPN 特有的那些网络层。至此，Faster R-CNN 网络中的 RPN 网络部分训练完成。

(4) 固定 RPN 网络参数，继续训练微调 Faster R-CNN 中除 RPN 外的网络层。

至此，Faster R-CNN 网络训练完成，该网络已经实现预期的目标，即网络内部预测候选框并实现检测的功能。

3.2.5　基于语义分割和 Faster R-CNN 的目标检测网络——Mask R-CNN

Mask R-CNN[22]于 2017 年被提出，该网络是基于 Faster R-CNN 网络模型改进得到，主要用于解决图像实例分割问题。相比于原来的 Faster R-CNN 主干框架，Mask R-CNN 主要有两个改进之处：①在网络的头层引入了另外一条 FCN(fully convolutional neural)子网络并行分支用来检测 ROI 的掩码信息；②将 Faster R-CNN 的 ROI 池化改成感兴趣区域匹配(region of interest align，RoIAlign)从而实现输入输出像素的一一对应，以便生成掩码。

图 3-9 为 Mask R-CNN 的整体架构，Mask R-CNN 的网络结构相比于 Faster R-CNN 的改进之处：①输入图像经由卷积层生成特征图，再由 RPN 网络进行候选框提取；②舍弃 ROI 池化，改用像素一一对应的 RoIAlign 将不同尺度的 ROI 缩放至同一尺度；③在分类和边界框回归之外，引入一条掩码(mask)分支生成掩码信息进行语义分割。

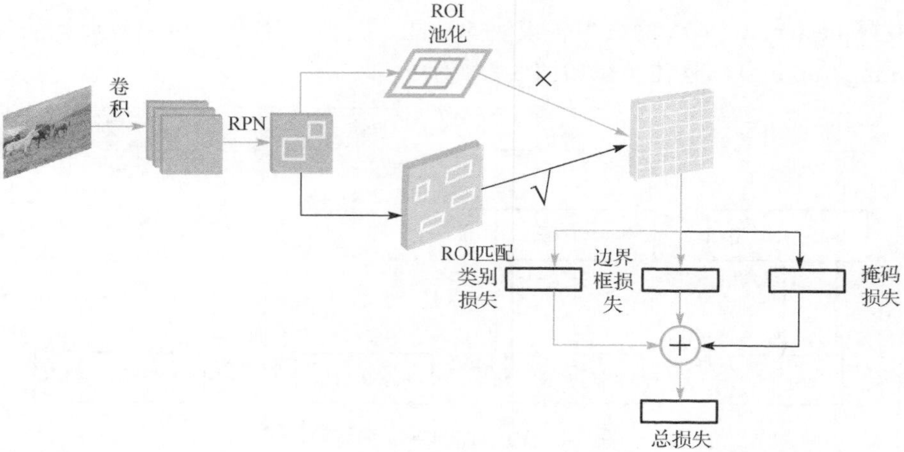

图 3-9　Mask R-CNN 网络结构：相比 Faster R-CNN，用像素级别的 ROI 替换 ROI 池化，并在头网络中添加 mask 分支生成掩码进行实例分割

下面着重介绍 RoIAlign 和掩码分支。

1)RoIAlign

(1)ROI 池化的局限性。

在 Faster R-CNN 中，锚框经过区域建议层得到的候选框需要经过 ROI 池化归一化尺寸后才能进入全连接层。也就是说，ROI 池化层的主要作用是将候选框调整到统一大小。步骤如下：①将候选框映射到特征图对应位置；②将映射后的区域划分为相同大小的区域；③对每个区域进行最大池化或平均池化。

由于预选框的位置通常是由模型回归得到的，一般而言是浮点数，而池化后的特征图要求尺寸固定，故 ROI 池化这一操作存在如图 3-10 所示的两次量化过程：①将候选框边界量化为整数点坐标值；②将量化后的边界区域平均分割成 $k \times k$ 个单元，对每一个单元的边界进行量化，每个单元使用最大池化。

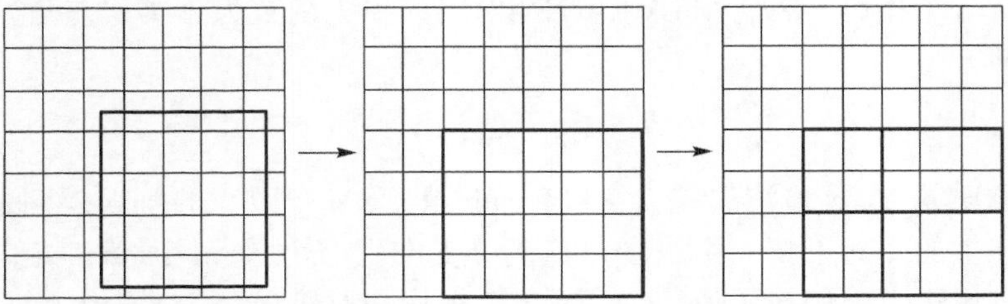

图 3-10　ROI 池化量化过程；处理浮点数时两次产生的偏差

事实上，经过上述两次取整操作，此时的候选框已经和最开始回归出来的位置有一定的偏差，特征图上的微小偏差映射到原图上对应的差别对于语义分割来说不容忽视，这就是 ROI 池化的局限性。简而言之，语义分割中对位置预测的要求较高，达到像素级别，而 ROI 池化引入的 2 次量化操作导致的差异将极大地影响语义分割的效果。

(2) RoIAlign 的主要思想和具体方法。

为了解决 ROI 池化的局限性，He 等提出了 RoIAlign 改进方法。RoIAlign 的思路比较简单，首先取消量化操作，使用双线性内插的方法获得坐标为浮点数的像素点上的图像数值，从而将整个特征聚集过程转化为一个连续的操作，共分为 3 步：①遍历每一个候选区域，保持浮点数边界不做量化；②将候选区域分割成 $k \times k$ 单元，每个单元的边界也不做量化；③确定每个单元采样点数(一般为 4)，用双线性内插的方法计算出这四个位置的值，然后进行最大池化操作，如图 3-11 所示。

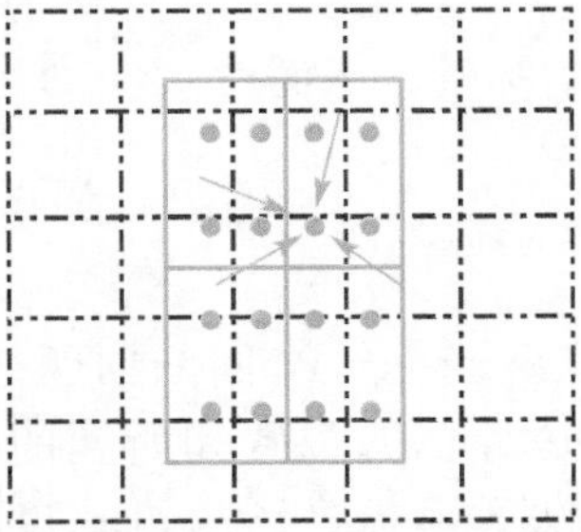

图 3-11　RoIAlign 划分块：直接插值以浮点数划分块进行最大池化

2) 掩码分支

掩码分支是一个全卷积网络，对于每个 ROI 可以预测 K 个类别，并生成它们的掩码($K\times m\times m$)，其生成的掩码分辨率较低，通常取 m=14 或 28。它们是由浮点数表示的软掩码，相对于二进制掩码有更多的细节。掩码的小尺寸属性有助于保持掩码分支网络的轻量性。在训练过程中，我们将真实的掩码缩小为 $m\times m$ 来计算损失函数，在推断过程中，我们将预测的掩码放大为 ROI 边框的尺寸以给出最终的掩码结果，每个目标有一个掩码。整个 Mask R-CNN 网络的损失函数为分类误差+检测误差+分割误差，即

$$L = L_{\text{cls}} + L_{\text{box}} + L_{\text{mask}} \tag{3-1}$$

其中，分类误差 L_{cls}、检测误差 L_{box} 和 Faster R-CNN 一致。分割误差则是由新增的掩码分支产生的。对于每一个 ROI，掩码分支产生一个 $K\times m\times m$ 维的矩阵表示所有类别在所有像素点上的掩码值。L_{mask} 是一个平均相对熵误差，对图像上每一个像素，都用二值的 Sigmoid 函数进行求相对熵得到。对于每一个 ROI，只使用该 ROI 所属分类所对应的相对熵误差作为误差值进行计算。由于其他类别对损失没有贡献，因此通过每个类别对应一个掩码可以有效避免类间竞争。

Mask R-CNN 只是在 Faster R-CNN 上加了一个负担很小的分支，轻易地超过了当时性能最好的模型，并且是一种通用型的实例分割架构，可任意替换其头网络和骨干网，在更强大的网络中(如 FPN)能产生更好的效果。

3.2.6 一步式目标检测算法的提出——YOLO 系列

前面所提到的 R-CNN 系列方法在检测精度上相比于传统方法有了显著的提高。这类方法的整个检测过程分为两步，首先采用选择搜索算法寻找候选框，再获得每个候选框特征进而检测其所属类别。这样的网络结构在时间和空间上的开销很大，检测速度很慢。为了提高检测速度，一步式目标检测算法代表作 YOLO(you only look once)将物体检测任务当作一个回归问题进行处理，直接从一整张图像来预测出所有目标物体的边界框及类别概率。YOLO 没有直接的区域提取阶段，因此相比于 R-CNN 系列速度得到了很大的提升。下面对 YOLO 系列各版本的网络结构及其区别进行说明。

1. YOLO-v1

YOLO-v1[7]将目标检测任务当作一个回归问题进行处理。将整张图作为网络的输入，直接在输出层回归边界框的位置和所属的类别，将识别与定位合二为一，结构简便，相比于两步法大大提升了检测速度，是一步式目标检测算法的开山之作。

YOLO-v1 算法整体结构如图 3-12 所示：首先将输入图片尺寸调整至 448×448，然后送入 CNN 网络经过特征提取直接进行分类和边界框回归，最后使用 NMS 算法剔除重叠严重的预测框。具体来说，YOLO-v1 的 CNN 网络将输入的图片分割成 $S \times S$ 个单元格，每个单元格负责去检测中心点落在该格子内的目标。每个单元格会预测 B 个边界框，每个边界框对应置信度以及 C 个物体属于某种类别的概率。置信度反映边界框是否含有目标的可能性和物体位置的准确率。因此，每个单元格需要预测 $(B \times 5+C)$ 个值，整张图像需要预测 $S \times S \times (B \times 5+C)$ 个值，最后依据所预测值进行非极大值抑制，将重叠率较高而类别概率较低的边界框剔除即完成整个检测流程。下面详细对该网络结构进行说明。

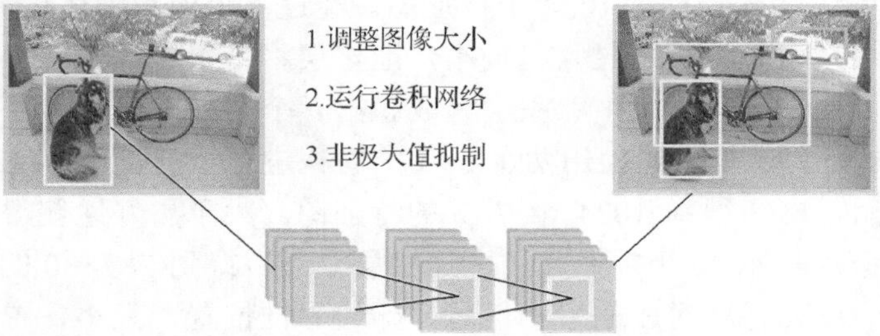

图 3-12　YOLO-v1 总体检测流程：将输入图像裁剪成合适大小，经由卷积神经网络同时生成边界框和目标类别，最后用 NMS 算法去除重叠率高的框

如图 3-13 所示，YOLO-v1 采用卷积网络来提取特征，然后使用全连接层来得到预测值。网络结构参考 GoogLeNet[23]模型，包含 24 个卷积层、4 个最大池化层和 2 个全连接层。对于卷积层，主要使用 1×1 卷积降低通道维度同时进行通道间特征融合，然后紧跟 3×3 卷积。对于卷积层和全连接层，采用带泄露单元的 ReLU 激活函数。

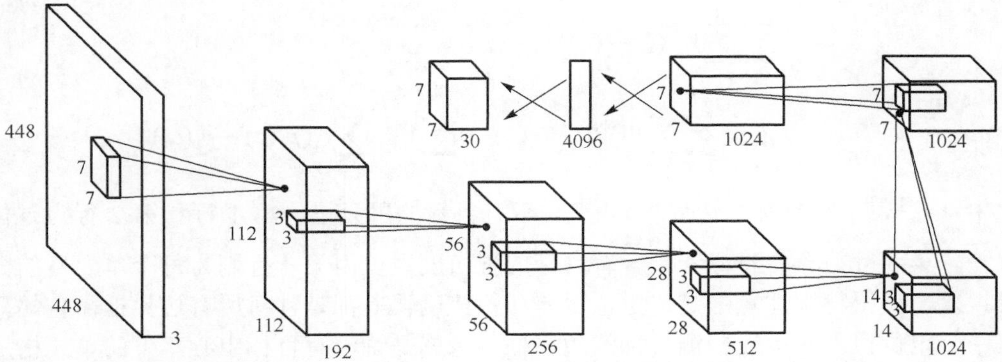

图 3-13　YOLO-v1 网络结构：由 24 个卷积层和 2 个全连接层组成，网络中大量使用 1×1 卷积降低特征图通道数，并以 3×3 卷积进行特征提取

以 S=7，B=2，C=20 为例，输入图像通过调整成 448×448×3 的 RGB 图像作为网络输入，网络的输出为 7×7×30 的张量。第一个卷积层所用卷积核大小为 7×7、步长为 4、填充为 3，池化层核大小为 2×2、步长为 2。第二个卷积池化层中池化层与第一个一样，但其卷积层卷积核为 3×3、步长为 1、填充为 1。经过两个卷积池化层得到 256 个 56×56 的特征图。第三、第四个卷积池化层结构类似，同样有核为 2×2、步长为 2 的池化层，但其卷积层则与第一第二个卷积池化层中的卷积层大有不同：经过第一第二层卷积后，特征图数量达到 256，因此第三个卷积池化层中采用 1×1 卷积核降低通道数，再以 3×3 卷积核进一步提取特征。基于同样的思路，第四个卷积池化层重复 4 次 1×1 的卷积结合 3×3 的卷积进行特征提取，最终经过第三第四个卷积池化层，网络得到 14×14×1024 个特征图。经过 4 个卷积池化层后得到 1024 个 14×14 的特征图，由于特征图尺寸已较小，池化层将带来较大的信息丢失，因此后续特征提取不再加入池化层，由卷积层完成。第五个卷积池化层亦经过两次 1×1 和 3×3 的卷积提取特征，第六层使用两个 3×3 的卷积进行特征提取。经过上述 6 层网络的特征提取后，网络得到 1024 个 7×7 的特征图。为了更好地获得分类信息，网络随后引入一个具有 4096 个神经元的全连接层，最后得到 7×7×30 的张量。该张量含有图像中每个单元格所对应的检测信息，即边界框位置、大小、置信度得分、类别概率。

值得注意的是，作为一步式的目标检测算法，YOLO-v1 需要在分类目标的同时定位目标，因此其目标函数组成较为复杂，如式(3-2)所示：

$$
\begin{aligned}
\text{loss} = & \lambda_{\text{coord}} \sum_{t=0}^{S^2} \sum_{j=0}^{B} 1_{ij}^{\text{obj}} [(x_i - \hat{x}_i)^2 + (y_i - \hat{y}_i)^2] \\
& + \lambda_{\text{coord}} \sum_{t=0}^{S^2} \sum_{j=0}^{B} 1_{ij}^{\text{obj}} [(\sqrt{w_i} - \sqrt{\hat{w}_i})^2 + (\sqrt{h_i} - \sqrt{\hat{h}_i})^2] \\
& + \sum_{t=0}^{S^2} \sum_{j=0}^{B} 1_{ij}^{\text{obj}} (C_i - \hat{C}_i)^2 \\
& + \lambda_{\text{noobj}} \sum_{t=0}^{S^2} \sum_{j=0}^{B} 1_{ij}^{\text{noobj}} (C_i - \hat{C}_i)^2 + \sum_{t=0}^{S^2} 1_i^{\text{obj}} \sum_{c \in \text{classes}} (p_i(c) - \hat{p}_i(c))^2
\end{aligned}
\tag{3-2}
$$

式中，1_{ij}^{obj}表示有目标的边界框，1_i^{obj}表示有目标的单元格；第 1 行和第 2 行为定位误差，第 3 行是含有目标和不含有目标的置信度误差而第 4 行则为每个单元格的分类误差。值得特别注意的是，定位误差和置信度误差都是针对所有边界框而言的，其中，定位误差只关注预测目标的边界框，也就是说没有目标中心落下的单元格所对应的边界框不计算定位误差、由目标中心落下的单元格只考虑预测该目标的边界框(也就是与真实标签的 IoU 最大的边界框)。置信度误差则需考虑预测目标的边界框和不预测目标的边界框。从实际情况来看，一张图像中目标数量通常而言是要远远小于总边界框数量，这样就很容易造成正负样本不平衡。更确切地说，实际包含目标对象的边界框占比小，其产生的定位误差和置信度误差很小。而不包含目标的边界框很多(置信度误差全为 0)，因此在定位误差和置信度误差上加上系数 λ_{coord} 和 λ_{noobj} 调整目标函数中各任务的损失比例。

YOLO-v1 是第一个端到端的目标检测模型，没有复杂的检测流程，只需要将图像输入到神经网络就可以得到检测结果，速度非常快。由于其检测过程基于整张图像，因此模型可以关联上下文信息，较好的避免背景错误。YOLO-v1 能学习到高度的抽象特征，具有很好的泛化性能，能迁移到其他领域。但是其精度并非当前最优，同时由于其固定单元格的设定，容易发生定义错误，对于小物体的检测效果不好。

2. YOLO-v2

由于 YOLO-v1 在目标定位和小物体检测方面存在缺陷，为了解决这些问题，在 YOLO-v1 的基础上又提出了 YOLO-v2[8]，重点解决 YOLO-v1 召回率和定位精度方面的误差。想要在提升检测精度的同时降低检测速度，仅仅是增加网络的规模是无法做到的。因此，YOLO-v2 引入或提出了一系列优化策略，具体如下所述。

(1)批量标准化。

对数据进行归一化处理能够大大加速模型的收敛速度，并提升网络的特征表达效果。在 YOLO-v1 算法中，没有涉及批量标准化(batch normalization，BN)[24]层的使用。而 YOLO-v2 的每个卷积层中都添加了 BN 层，使用 BN 对网络进行优化，让网络能够有效地收敛，同时还避免了对其他形式正则化操作的依赖。

(2)高分辨率模型。

YOLO-v1 特征提取网络部分的预训练基于 ImageNet 数据集实现，采用的输入是 224×224 的 RGB 图像，然后在检测的时候采用的输入尺寸为 448×448，这会导致从分类模型切换到检测模型的时候，模型还要适应图像分辨率的改变。YOLO-v2 采用两步式方法进行预训练，先用 224×224 的输入在 ImageNet 数据集训练分类网络，大概 160 轮全局迭代后将输入调整到 448×448，再训练 10 轮全局迭代。然后利用预训练得到的模型在检测数据集上微调。通过这种方式，能够顺利从分类模型过渡到检测模型。

(3)引入锚框。

YOLO-v2 借鉴了 Faster R-CNN 的思想，引入了锚框，通过预测锚框的偏移值与置信度进行定位，并非采用 YOLO-v1 直接预测坐标值的方法。YOLO-v2 首先将 YOLO-v1 网络的全连接层和最后一个池化层去掉，使得最后的卷积层可以有更高分辨率的特征。然后缩减网络，用 416×416 大小的输入代替原来的 448×448，使得网络输出的特征图有奇数大小的宽和高，进而使得每个特征图在划分单元格的时候只有一个中心单元格，使得物体更易出现在图像中心。

(4) 维度聚类。

在 Faster R-CNN 中锚框的大小和比例是按经验手动设定的，然后网络会在训练过程中调整锚框的尺寸，最终得到准确的锚框。然而经验设定无法对所有任务具备适用性，因此选择更有代表性的锚框，网络可更容易学到准确的预测位置。

YOLO-v2 使用 K-means[25]聚类方法训练锚框，可以自动找到适用性更强的锚框设定。实验结果表明采用聚类分析得到的先验框比手动设置的先验框平均 IoU 值更高，因此模型更容易训练学习。事实上采用聚类方法得到的锚框，仅选取 5 种尺寸设置就能达到 Faster R-CNN 的 9 种的效果。

(5) 直接位置预测。

直接对边界框求回归会导致模型不稳定，其中心点可能会出现在图像任何位置，有可能导致回归过程震荡，甚至无法收敛，尤其是在最开始的几次迭代的时候。大多数不稳定因素源于预测边界框的中心坐标 (x, y) 位置的时候，由于预测边界框的公式是无约束的，因此预测的边界框很容易向任何方向偏移。YOLO-v2 则不直接预测中心坐标，而是预测其相对于锚框中心的偏移量，并将该偏移量以 Sigmoid 函数进行强约束保证边界框在单元格周围从而提高定位精度。

(6) 细粒度特征。

YOLO-v2 结合了 ResNet[26]的思想，通过添加一个路由层把高分辨率的浅层特征连接到低分辨率的深层特征而后进行融合和检测。事实上在 13×13 的特征图上做预测，对于大目标已经足够了，但对小目标不一定足够好，这里合并前面大一点的特征图可以有效地检测小目标。

(7) 多尺度训练。

YOLO-v2 中只有卷积层和池化层，没有加入需要固定长度输入的全连接层，因此不需要固定输入图片的大小。为了让模型更有鲁棒性，适应不同尺度下的检测任务，YOLO-v2 在微调时引入了多尺度训练。就是在训练过程中，每迭代一定的次数，改变模型的输入图片大小。这一策略让网络在不同的输入尺寸上都能达到较好的预测效果，使同一网络能在不同分辨率上进行检测。输入图片较大时，检测速度较慢，输入图片较小时，检测速度较快，总体上提高了准确率，因此多尺度训练算是在准确率和速度上达到一个平衡。

YOLO-v1 采用 GoogLeNet 作为骨干网络，检测精度并不理想。因此，YOLO-v2 采用了新的 Darknet-19 作为基础网络。如表 3-1 所示，Darknet-19 包含 19 个卷积层和 5 个最大池化层，平均池化层代替全连接层进行预测。相比于 YOLO-v1 的 24 个卷积层、4 个最大池化层和 2 个全连接层有了较大的简化，这是计算量减少的关键。

表 3-1　Darknet-19 网络结构

类型	过滤器个数	大小/步长	输出
卷积层	32	3×3	224×224
最大池化层	—	2×2/2	112×112
卷积层	64	3×3	112×112
最大池化层	—	2×2/2	56×56
卷积层	128	3×3	56×56
卷积层	64	1×1	56×56
卷积层	128	3×3	56×56
最大池化层	—	2×2/2	28×28
卷积层	256	3×3	28×28
卷积层	128	1×1	28×28
卷积层	256	3×3	28×28
最大池化层	—	2×2/2	14×14
卷积层	512	3×3	14×14
卷积层	256	1×1	14×14
卷积层	512	3×3	14×14
卷积层	256	1×1	14×14
卷积层	512	3×3	14×14
最大池化层	—	2×2/2	7×7
卷积层	1024	3×3	7×7
卷积层	512	1×1	7×7
卷积层	1024	3×3	7×7
卷积层	512	1×1	7×7
卷积层	1024	3×3	7×7
卷积层	1000	1×1	7×7
平均池化层	—	全局	1000
Softmax			

3. YOLO-v3

YOLO-v3[9]对 YOLO-v2 进行了更细微的设计调整，并且重新设计了一个结构更复杂的网络，在保证检测速度的前提下提高了精度，同时利用多尺度特征进行对象检测，在分类时用逻辑回归取代 Softmax。

在图像特征提取方面，YOLO-v3 采用 Darknet-53 作为基本骨架，该网络结构共有 53 个卷积层。借鉴了残差网络的做法，Darknet-53 在一些卷积层之间设置了短接(shortcut connections)来传递特征。网络结构如图 3-14 所示。

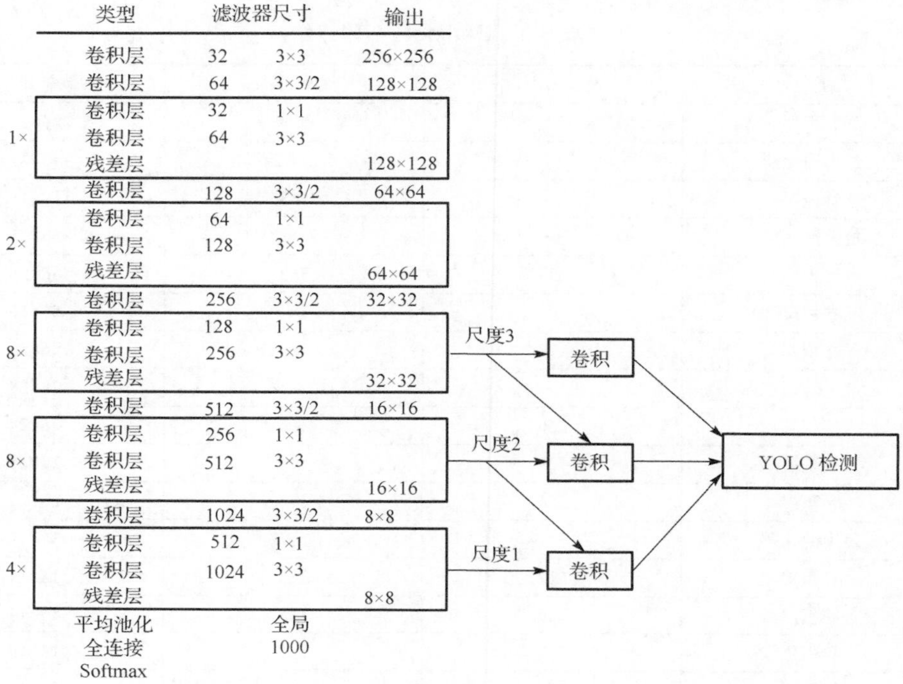

图 3-14 YOLO-v3 网络结构；大量使用残差模块进行特征提取，最终得到 3 个尺度的特征图，不同尺度融合后分别进行目标检测

Darknet-53 为全卷积网络，特征提取过程中并未引入池化层，上图的 Darknet-53 网络采用 256×256×3 作为输入，最终得到 8×8、16×16、32×32 三个尺度的特征图。最左侧那一列的 1、2、8 等数字表示残差块的个数，每个残差块有两个卷积层和一个短接，示意图如图 3-15 所示。

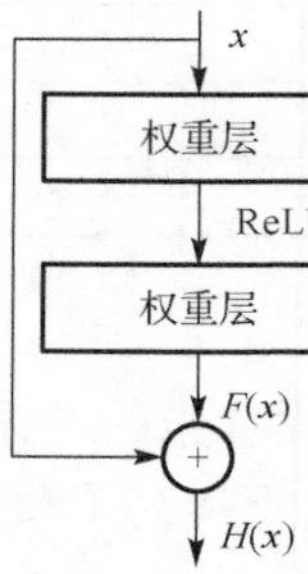

图 3-15 残差块示意图

此外，YOLO-v3 也做了多尺度预测，如图 3-14 所示在特征提取过程中共输出了 3 种最终尺度的特征，不同尺度的特征图感受野各不相同，适应于检测图像中不

同大小的目标检测对象。因此，将特征图较小的第一第二尺度输出经过上采样，与第三尺度输出进行特征融合后的特征，更有利于小尺寸对象的检测。而针对 3 种不同尺度的特征图输出，YOLO-v3 分别为其用聚类方法得到 9 种尺寸的锚框。

3.2.7　基于特征金字塔的目标检测算法——FPN

通常而言，由于拍摄距离、角度和光线问题，目标对象在图像中表现出不同的尺寸和形变等。对于基于深度学习的特征提取网络而言，深层网络生成的特征具有丰富的语义信息，但缺乏足够的空间细节信息表示，浅层特征具备丰富的空间信息，但语义信息又不足。单独使用深层或浅层特征都不利于目标检测，于是很自然地想到，通过将深层语义信息与浅层空间信息相结合来提升目标检测算法的性能。

深度卷积神经网络中不同卷积层生成的特征图可在不同角度表达原始图像的信息，FPN 目标检测网络[15]利用特征图间不同的表达特性，提出了对输入图像生成多维度特征表达的方法，从而生成更具有代表性、表达能力更强的特征图以供后续使用。本质上说 FPN 是一种加强骨干网络特征表达的方法。

图 3-16 描述了四种不同的得到一张图片多维度特征组合的方法。图 3-16(a)将输入图像变换不同尺寸分别输入到网络中得到不同尺度的特征图，从而得到多维度特征组合，变换所得所有尺寸的图像都需经过网络提取特征，对于计算能力要求较高。图 3-16(b)简单地将卷积网络生成的最后一层特征图用于预测，单一维度的特征对计算能力没有较高要求，但对小维度目标检测性能较弱，事实上大部分目标检测算法都使用这种方法，如 R-CNN、Fast R-CNN、Faster R-CNN 等。图 3-16(c)则是将输入图像所得的较深的特征图融合起来进行预测，这种方法融合了图 3-16(a)和图 3-16(b)，在精度和速度上得到了一定的平衡，在 SSD 中有所应用，然而这种方法也没有使用更低级别的特征信息，于是它对更小维度的目标检测效果也欠佳。图 3-16(d)即本章所提到的 FPN 方法，该方法也是采用单张图像作为输入，但是它会选取所有层的特征进行自上而下的组合从而形成较好的特征表达作为最终的特征输出组合，而非如图 3-16(c)中方法仅使用较深的特征图。

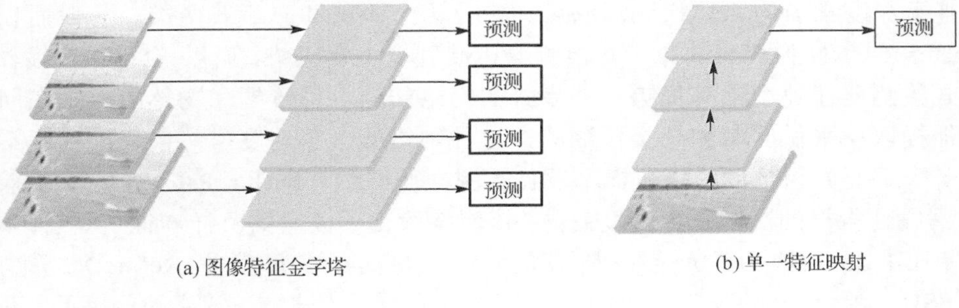

(a) 图像特征金字塔　　(b) 单一特征映射

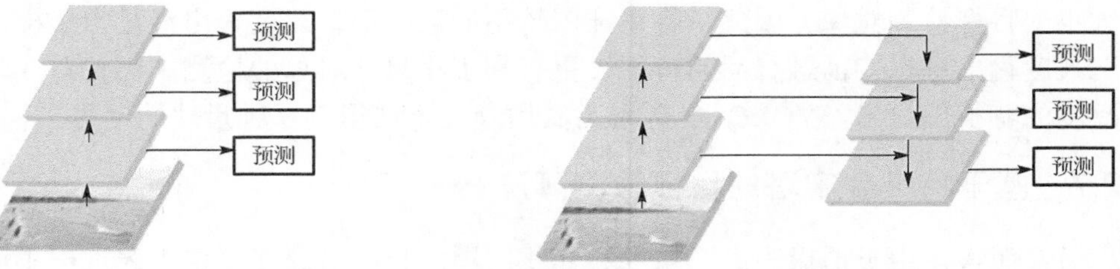

(c) 特征金字塔层次结构　　(d) 特征金字塔网络

图 3-16　多维度特征组合方法对比

FPN 使用 CNN 网络中每一层的信息来生成最后的特征组合。图 3-17 是它的基本架构，其基本过程有三个：①自下至上的通路即普通卷积网络正常的自下至上的不同维度特征生成；②自上至下的通路即自上至下的把深层特征等比例放大对浅层特征进行特征补充增强；③自下而上的 CNN 网络层特征经由 1×1 卷积降维与自上而下增强的特征进行融合得到关联特征。

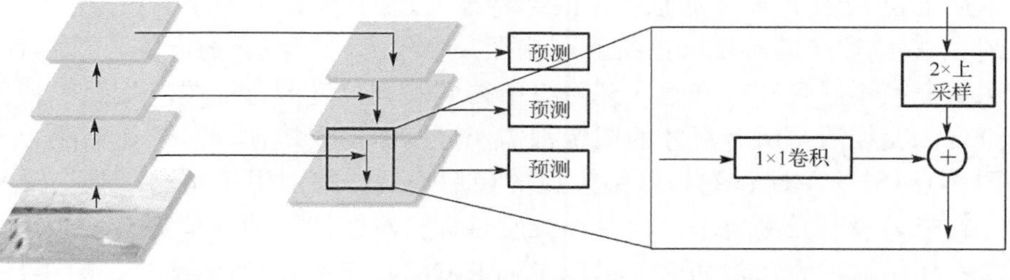

图 3-17　FPN 网络结构；深层特征经上采样与经 1×1 卷积降维的浅层特征融合

FPN 构架了一个可以进行端到端训练的特征金字塔，通过结合自下而上与自上而下方法充分利用深度卷积网络中不同层次特征图的表达特性差异，获得强有力的综合特征表达用于后续训练，FPN 这种架构可以灵活地应用在不同的任务中。

3.2.8　基于单发细化目标的检测算法——RefineDet

基于深度学习的物体检测算法可大致分为一步式和二步式两类。一般而言，以 Faster R-CNN 为代表的二步式检测器在准确度上有优势，而以 YOLO 为代表的一步式检测器在速度上有优势。一步式的网络结构、位置框和物体的类是在同一个特征提取层来做回归和分类预测的，这种网络的运算速度虽然快但准确度不够高，一个重要原因是框的正负样本数目比例失衡严重。Faster R-CNN 由于引入了 RPN 网络使得框的回归任务精度变高，该网络筛出了大量的负样本框(正负样本比例控制在 1∶3)解决了正负样本不平衡的问题，但是运行速度较慢。RefineDet 算法[16]基于 SSD，融合了一步式和二步式的思想，在保持一步式方法速度的前提下，获得了二步式的精度。

RefineDet 网络结构如图 3-18 所示，该算法主要由锚框优化模块(anchor refinement module，ARM)和目标检测模块(object detection module，ODM)两个相连的模块组成，ARM 的主要目的是移除不含目标的锚框以降低正负样本不平衡问题的影响和后续分类的计算量，同时 ARM 还粗略的回归了锚框参数，对其位置进行调整，得到调整后的锚框为后续多分类和回归提供更好的初始条件。ODM 的目标则是根据细化后的锚框进一步对回归边界框进行定位，同时进行多分类预测任务。ARM 和 ODM 由转换连接模块(transfer connection block，TCB)相连接，将 ARM 产生的不同层级的特征图转化为 ODM 输入，同时 TCB 还类似于 FPN 进行自上而下的特征融合形成多维度的特征表达从而强化 ODM 阶段的分类与回归。以下是对该网络结构的详细解析。

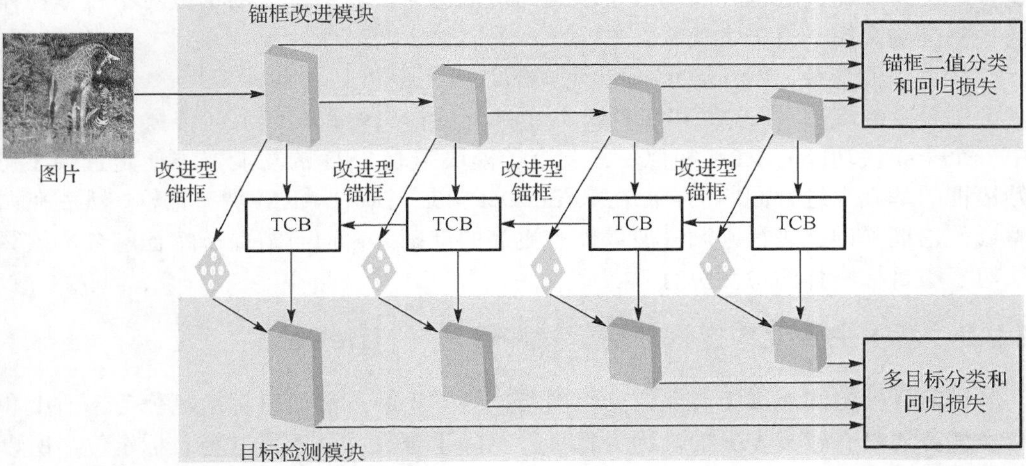

图 3-18　RefineDet 总体网络结构；ARM 模块减少负样本，粗略调整锚框；目标检测模块进行多分类和边界框精细回归

(1) ARM 为网络自下而上的特征提取阶段，该阶段类似于 SSD 提取不同层级的特征图进行多尺度预测。类似于 RPN 网络结构，每一个特征图都会有两个子网络分支，分别为预测锚框位置(即预测中心坐标 x, y 和宽高 w, h)的子网络和预测是否为锚框类别的子网络(即预测置信度)，筛选出的负例样本置信度高于 0.99 就不会传入 TCB 以此来控制正负样本的比例不均衡问题。

(2) TCB 单元的结构如图 3-19 所示，作用就是使得多尺度特征图的信道融合以此来丰富特征。TCB 单元通过卷积层转换 ARM 特征、同时使用上采样增大深层特征进行融合，从而得到感受野丰富、细节充足、特征表达能力强的综合特征，用于进一步的分类和回归。

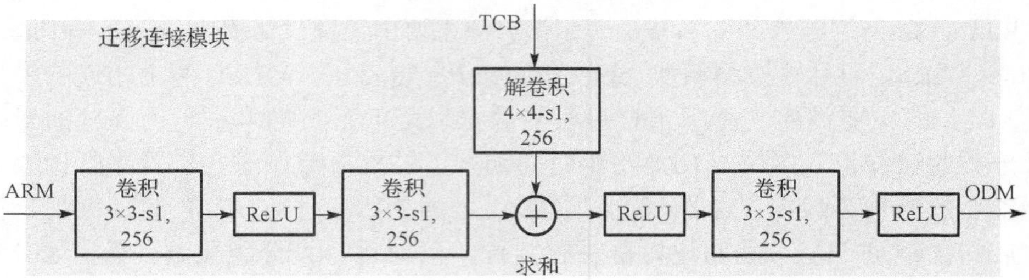

图 3-19　TCB 详细结构；将深层 TCB 特征上采样后与浅层 ARM 特征融合后作为 ODM 输入特征

(3) ODM 在目标检测阶段，实现了对目标的进一步定位和多分类预测。ODM 模块以 TCB 单元转化的更为丰富、细节更为充足的特征作为输入，结合 ARM 阶段调整的更为细化的锚框，将导致更准确的检测结果，其中优化的锚框对小目标物体的检测准确率提升有极大效果。

从整体上来看，RefineDet 和二步式的结构非常相似，但事实上是一步式网络，其训练是端到端的，ARM 和 ODM 两个部分的损失函数一起反向传播。RefineDet 中一个子模块功能与 RPN 相似，另一个子模块完成 SSD 的功能。SSD 是直接在初始锚框的基础上进行回归的，而在 RefineDet 中是先通过 ARM 调整锚框，然后在调整后的锚框基础上进行回归，所以能有更高的准确率，而且得益于特征融合，该算法对于小目标物体的检测更有效。

3.2.9　基于主干架构搜索的目标检测算法——DetNAS

目前目标检测通常需要图像分类网络作为骨干网，然而目标检测任务本质上和分类任务还是有较大差异的，因为目标检测除了分类之外还需进行目标定位，所以分类网络不一定适配于目标检测任务。近来神经架构搜索(neural architecture search，NAS)已经在图像识别上展现出很强的能力，其速度和准确度都可达到较高水平，很多自动架构搜索得到的网络已经超越了手动设计的版本。DetNAS[19]使用 NAS 来设计目标检测的骨干网，在有限的浮点计算复杂度下获得不错的准确率，并在不同数据集上都展现出不错的性能。

将 NAS 用于目标检测并不容易，检测器通常需要采用 ImageNet 数据集对骨干网络进行预训练。然而，ImageNet 预训练无法提供 NAS 训练所需要的目标任务准确率。同时，为了获得较好的性能，每个候选框架都需要先预训练，然后针对目标数据集进行微调，搜索过程非常低效且成本高昂。为了解决该问题，NAS 通过预训练一个总的单步检测(one-shot)网络空间，然后在该网络空间中搜索合适的网络结构。

单步检测网络空间包含搜索空间所有可能的网络结构，在一个经过预训练优化的单步检测网络空间上进行搜索可极大地提高效率。DetNAS 基于单步检测网络空间提出了搜索目标检测骨干网络框架，如图 3-20 所示，其训练策略主要分为三步：

①ImageNet 预训练单步检测网络空间；②在目标检测数据集上对网络空间进行微调；③基于演化算法对训练后的网络空间进行搜索。下面对 DetNAS 进行详细解读。

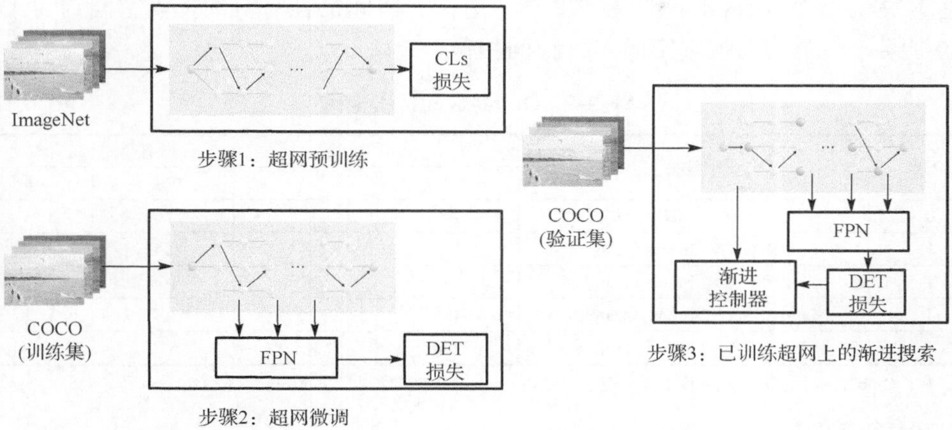

图 3-20　DetNAS 训练流程：先在 ImageNet 上预训练网络空间，然后在 COCO 上微调网络空间，最后在网络空间上搜索网络结构

1) 网络空间预训练

为了降低微调和搜索的计算量，且保证训练的网络空间可以反映每个候选网络的性能，预训练采用逐路径(path-wise)模式在 ImageNet 上进行，如图 3-20 中步骤 1 所示：每次迭代只训练单步检测网络空间中的一个单一路径，只有该路径进行前向和反向传播，其他的路径没有梯度和权重更新。

2) 网络空间微调

网络空间的微调同样基于逐路径模式，但是在 COCO 数据集的训练集上进行，如图 3-20 中步骤 2 所示：网络空间中每条路径生成的多层特征经过 FPN 进行目标检测。值得注意的是，DetNAS 微调时，固定 BN 是不可行的，因为不同的路径有不同的归一化特性；另外，目标检测是在高分辨率上训练的，与图像分类不一样，由于内存受限会使用很小的批量，进而极大降低 BN 的准确性。因此 DetNAS 中网络空间训练时使用 SyncBN(synchronized batch normalization)替换了传统的卷积，多个 GPU 增大了批量，效果更好。

3) 演化搜索

(1) 搜索空间。

DetNAS 的搜索空间是基于 ShuffleNet-v2[27]的模块，这种模块高效，是轻量级的卷积结构，内含通道分割和重洗操作。

表 3-2 介绍了搜索空间的具体细节，DetNAS 设计了两个不同大小的搜索空间，

大的用于得到主要结果的网络搜索，小的用于消融实验。大空间主要用于搜索骨干网，搜索共有 4 个阶段约 40 个模块，搜索每个模块时都有来自于 ShuffleNet-v2 的 3 个基本块和 1 个 Xception[28]模块共 4 个选择。由此很容易得知搜索空间约为 4^{40} 个候选框架。小空间的搜索空间与大空间相似。

表 3-2　DetNAS 的搜索空间

阶段	模块	大空间(40 个)		小空间(20 个)	
		c_1	n_1	c_2	n_2
0	Conv 3×3 - BN - ReLU	48	1	16	1
1	ShuffleNet-v2 block (search)	96	8	64	4
2	ShuffleNet-v2 block (search)	240	8	160	4
3	ShuffleNet-v2 block (search)	480	16	320	8
4	ShuffleNet-v2 block (search)	960	8	640	4

注：ShuffleNet-v2 block 可搜索 4 种选择：3×3，5×5，7×7 卷积和 Xception 3×3 模块

(2)搜索算法。

算法搜索过程主要基于演化算法。首先，对一个网络种群 P 进行随机初始化，每个网络 $p^i \in P$ 由其架构以及其适应度 f^i 组成。任何违反约束的架构将会被移除，并且系统会选择一个新架构进行替代。在初始化以后，系统将在验证集上对网络 p^i 结构评估其适应度 f^i，然后在评估后的网络中选取最佳的 $|p^i|$ 个结构作为父本，以其生成子代网络。进一步，第二代网络由父本在约束下变异和组合交叉所得到。通过在迭代过程中重复此操作，可以找到一条验证集上精度最高的路径。

实验表明，针对目标检测搜索到的结构与针对图像分类搜索到的结构有显著的不同。在相同网络规模的情况下，分类和目标检测网络的大小卷积、Xception 模块的数量及分布均有较大差异，这说明分类的网络对于目标检测而言是次优的。

3.2.10　基于神经架构搜索的目标检测算法——NAS-FPN

FPN 是一种有效表达深度卷积网络特征的方法，通过提取多维度特征形成强表达特征，可缓解不同尺度检测的难题，能极大提升小物体的检测效果。而 NAS 在图像识别上展现出很强的能力，可快速地搜索出高效的网络架构。当前目标检测网络中采用的 FPN 都是人工事先设计的，并不一定是最优的结构，NAS-FPN[18]借鉴了 NAS 在分类网络架构搜索的思想，可为各种框架自动搜索更加合适的 FPN 网络。以下是 NAS-FPN 的详细描述。

1) 神经架构搜索框架

NAS-FPN 基于 RetinaNet[29]框架。如图 3-21 所示，一步式网络 RetinaNet 的框架有两个主要模块：骨干网络模块和 FPN 网络模块。由骨干进行下采样得到不同层

级的特征，再以 FPN 进行不同层级间的特征融合，将融合特征输入到分类网络和边界框网络进行训练。

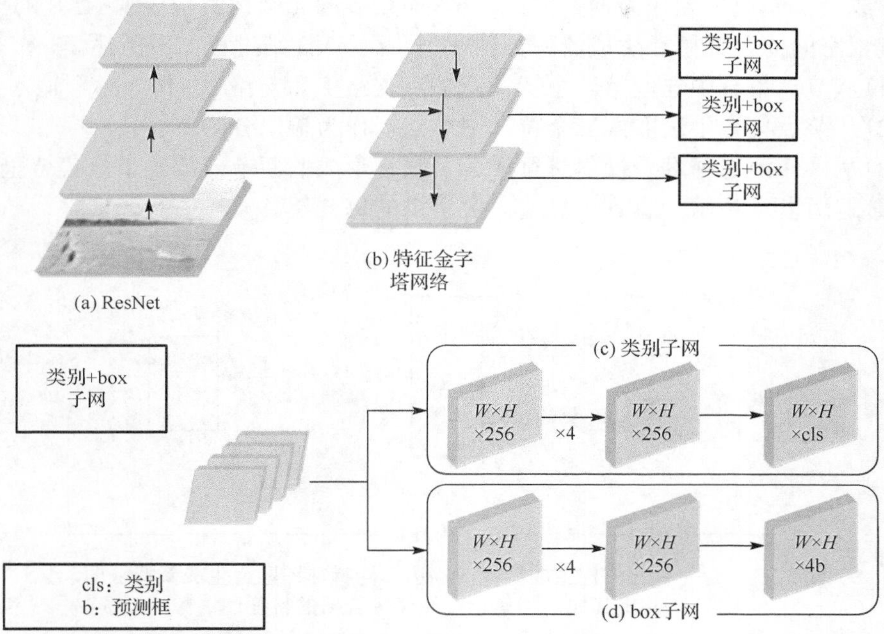

图 3-21　RetinaNet 网络结构；输入图像由 ResNet 提取特征图后经 FPN 进行特征融合，然后分别用于目标分类和边界框回归

而基于 RetinaNet 框架进行 NAS-FPN 搜索则是为该 RetinaNet 自动寻找更优的 FPN 网络结构，而保持其他部分不变，如图 3-22 所示。

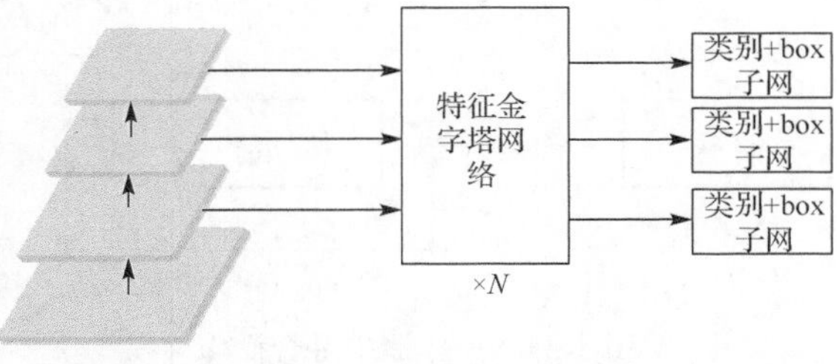

图 3-22　NAS-FPN 网络结构：以 RetinaNet 网络为框架，用 NAS 搜索其 FPN 网络

2) 神经架构搜索空间

FPN 的核心思想就是跨层连接不同深度的特征图以形成多维度特征表达，随着深度卷积网络的层数增加，FPN 的跨层连接组合数量急剧上升，也就构成了 NAS 架构的巨大搜索空间。NAS-FPN 采用了以 RNN 作为控制器的强化学习搜索方法，

定义了节点集合(可用的特征图节点集合)、操作池(由求和及全局池化组成)以及搜索终止条件(填满输出金字塔的每一层)，从节点集合中选取两个特征图节点经由操作池形成一个模块单元作为搜索的元结构，而众多的元结构则构成了 NAS 的搜索空间。搜索空间的合并单元生成流程如图 3-23 所示，详细过程如下所述。

(1) 从节点集合中选取第一个特征图节点支路 1 和支路 2，作为融合输入；

(2) 从节点集合中选取第三个特征图节点，作为输出分辨率；

(3) 从操作池选择融合操作进行融合，融合形成的新节点放进节点集合里；

(4) 遍历以上步骤，直到填满输出金字塔的每一层。

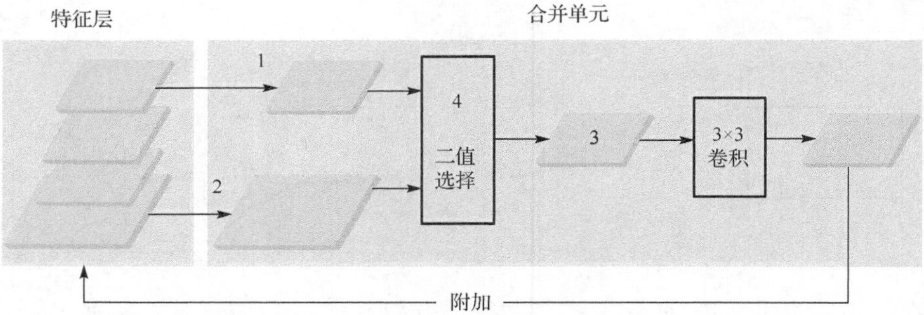

图 3-23　合并单元结构生成流程；挑选不同特征图融合生成新特征图，并将其加入到集合中继续融合新的特征图

以上为具体搜索过程，值得注意的是步骤(3)的融合操作不是简单的高层特征和低层特征相加，而是借鉴了金字塔注意力网络(pyramid attention networks，PAN)[30]，引入了注意力机制，从而更加有效的融合特征。事实上在 NAS-FPN 操作池中有加权和全局池化两个引入了简化注意力机制的融合操作，如图 3-24 所示。

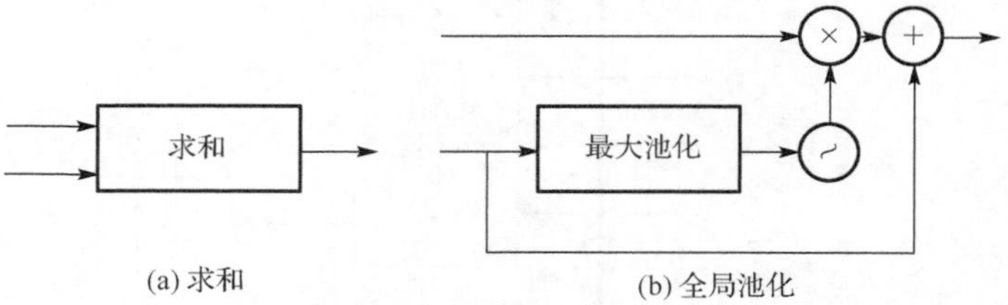

图 3-24　操作池中融合操作

从上面的过程可以看出，融合产生的特征图节点的分辨率源于节点集中，那么自然而然地可以在搜索结果后进行堆叠，这样可以进一步增强特征融合，同时也可以进行精度和速度的平衡选择。

3) 神经架构搜索策略

NAS-FPN 所搜索的任意模块合并单元都不会改变网络输出的分辨率，因此 FPN

可以随意扩展并且可随时检测目标；同时搜索并非要全部搜索完搜索空间，随时都可以退出，这给训练带来极大便利。

训练时，NAS 利用强化学习训练控制器在给定的搜索空间中选择最优的模型架构。控制器利用子模型在搜索空间中的准确度作为奖励信号来更新参数。通过反复试验，控制器逐渐学会了如何生成更好的架构。由于不知道 FPN 的跨连接情况，NAS-FPN 采用 RNN 作为控制器，使用该控制器来产生一串信息，用于构建不同的连接。其宏观结构如图 3-25 所示。

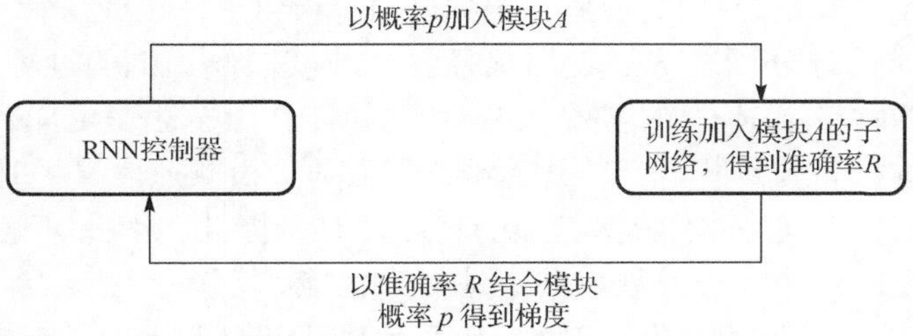

图 3-25　神经架构搜索策略

NAS-FPN 搜索空间的设计，覆盖了所有可能的跨尺度连接，用来生成多尺度特征表示，能够随时随地检测目标、更加便于管理。实验表明，NAS-FPN 中 RNN 控制器可以在早期学习阶段快速获得一些重要的跨尺度连接。当控制器损失收敛时，可以分别得到具有自上而下和自下而上连接架构的网络模型，因此，NAS-FPN 能够提取到表达能力更好的特征。同时，由 NAS-FPN 搜索得到的 FPN 网络在其他骨干网络中也可以得到非常好的结果，其网络自身的可扩展性也非常高。

3.3　性 能 比 较

3.2 节介绍了 10 种目标检测算法，从多级联 R-CNN 到 Faster R-CNN，从 YOLO-v1 到 YOLO-v3，从 NAS-FPN 到 DetNAS。经过研究者们的不懈努力，越来越多性能优秀的算法被提出，不断刷新目标检测领域的记录。首个基于卷积神经网络的目标检测算法 R-CNN 开启了新时代目标检测的大门，紧随其后的 Fast R-CNN、Faster R-CNN 在其基础上进行了改进，进一步提升了算法的检测精度和速度。另外，YOLO 系列网络开启了基于卷积神经网络的一步式目标检测。

表 3-3 展示了本章所述算法在 VOC 数据集和 COCO 数据集上的平均预测精度(mAP)及检测速度 FPS(frames per second)。由表可知，一方面 YOLO 系列算法性能在不断更新：从 YOLO-v1 到 YOLO-v3 网络主框架在不断扩大，伴随而来的是在 VOC 和 COCO 数据集上精度的不断提升；然而值得称赞的是 YOLO 在扩大网络规模提升检测精度的同时，不断进行算法细节革新，最终在网络规模扩大近一倍的情

况下还将检测速度从 YOLO-v1 的 45FPS 提升到了 78FPS。而另一方面 R-CNN 的性能也在一次一次对细节的改进、对网络的提升中不断飞跃：R-CNN 是将深度卷积网络用于目标检测领域的开山之作，一提出便将目标检测算法在 VOC 数据集上的准确率大幅度提升了 30%，直至 53.3%，但是由于其检测过程需不断重复进行特征提取，因此速度非常慢，每张图像检测时间长达 13s；正如前文所述，Fast R-CNN 将 R-CNN 中最耗时的重复特征提取过程改进成一次特征提取，映射到候选框的方法在 R-CNN 的基础上提升了 26 倍的检测速度，达到了 0.5FPS，同时检测精度也进一步提升至 70%，这无疑是一次极为成功的改进；Fast R-CNN 在改进特征提取后，其检测过程中最耗时的部分则变成了使用选择性算法获取候选框的过程(选择性算法进行候选框提取约占 Fast R-CNN 整个流程 3/4 的时间)，Faster R-CNN 提出了 RPN 网络自动生成候选框替代选择性算法进行候选框提取，检测速度又提升了 14 倍，约为 7FPS，且在 VOC 和 COCO 数据集上的精度又有所提升。由此可见，整个 R-CNN 系列也是不断在改进中飞速发展，急速地提升性能。

一步式 YOLO 系列和二步式 R-CNN 系列算法都在改进中不断提升，但纵向来看，很明显 YOLO 系列在检测速度上有着极其明显的优势：YOLO-v1 即可达到 45FPS，而 R-CNN 系列则直到 Faster R-CNN 才有 7FPS。此外，在检测精度上，YOLO 系列相比于 R-CNN 系列也不遑多让。所谓他山之石可以攻玉，RefineDet 融合了一步式和二步式算法的精华，在速度和精度上都得到了极大的提升，虽然性能略输于后来更新的 YOLO-v3，但在当时也是重要的一步改进。

在上述算法不断改进的同时，对于网络特征使用方式的挖掘也一直在进行，FPN 的提出使得人们对于神经网络生成的特征的利用达到了极致，很快就流行于各大目标检测算法。如表 3-3 所示，FPN 与 Faster R-CNN 的结合在保持检测速度的同时将在 COCO 数据集上的检测精度由 42.7%提升至 59.1%；与 Mask R-CNN 的结合将性能提升到了 60.3%，足见 FPN 对于各大算法网络的提升效果。

表 3-3　各深度模型在 VOC/COCO 上的性能比较

模型	框架	mAP(VOC)	mAP(COCO)	FPS
YOLO-v1	24 层卷积	63.4	—	45
YOLO-v2	Darknet-19	76.8	44.0	67
YOLO-v3	Darknet-53	—	55.3	78
R-CNN	AlexNet	53.3	—	13
Fast R-CNN	VGG-16	70.0	35.9	0.5
Faster R-CNN	VGG-16	73.2	42.7	7
RefineDet320	VGG-16	80.8	49.2	40.3
Mask R-CNN+FPN	ResNet-101	—	60.3	5.2
Faster R-CNN +FPN	ResNet-101	—	59.1	6.7

由于目标检测算法都较为复杂，网络规模较大，因此本节仅展示 Faster R-CNN 算法的实现和检测效果。算法展示将基于 PASCAL VOC 数据集和 PyTorch 深度学习框架，分别以数据加载、模型定义和模型训练三部分进行。

1. 数据加载

PyTorch 在 torch 和 torchvision 库中封装了大量的类完成数据的导入与加载，因此首先导入必要的库：

```
import torch
import torchvision
import torchvision.transforms as transform
import torch.utils.data.DataLoader as DataLoader
```

导入了必要的包以后，便可以对训练中所需要的数据集进行读取和处理了。在目标检测中，对数据集的处理主要在于处理图像中的目标边界框，对图像进行处理得到数据集中图像的路径边界框和类别信息以待后续进行训练，因此需自行定义数据处理的类，代码如下所示：

```
class VOCBboxDataset:
    def __init__(self, data_dir, split='trainval',
                 use_difficult=False, return_difficult=False):
        id_list_file=os.path.join(data_dir,'train.txt'.format(split))
        self.ids = [id_.strip() for id_ in open(id_list_file)]
        self.data_dir = data_dir
        self.use_difficult = use_difficult
        self.return_difficult = return_difficult
        self.label_names = VOC_BBOX_LABEL_NAMES

    def __len__(self):
        return len(self.ids)                # 获得数据集中图像数量

    def get_example(self, i):
        id_ = self.ids[i]
        anno = ET.parse(os.path.join(self.data_dir, 'Annotations', id_
+ '.xml'))  #解析 xml 文件
        bbox = list(), label = list(), difficult = list()
        for obj in anno.findall('object'):     # 循环处理图像中所有目标对象
            if not self.use_difficult and int(obj.find('difficult').text) ==1:
                continue
            difficult.append(int(obj.find('difficult').text))
```

```
            bndbox_anno = obj.find('bndbox')
            bbox.append([int(bndbox_anno.find(tag).text) - 1
                for tag in ('ymin', 'xmin', 'ymax', 'xmax')])   # 获得每
个对象的边界框
            name = obj.find('name').text.lower().strip()
            label.append(VOC_BBOX_LABEL_NAMES.index(name)) # 获得每个对象
类别
        bbox = np.stack(bbox).astype(np.float32)
        label = np.stack(label).astype(np.int32)
        difficult = np.array(difficult, dtype=np.bool).astype(np.uint8)
        img_file=os.path.join(self.data_dir,'JPEGImages',id_+'.jpg')
# 获得图像路径
        img = read_image(img_file, color=True)
        return img, bbox, label, difficult  # 返回图像路径，边界框，类别标签
```

上述定义的图像处理类 VOCBboxDataset 有 3 个函数，__init__函数用来初始化程序所需的各项参数；get_example 则是对图像进行处理，对于每一个图像，获取其全部目标对象的边界框信息和类别信息；__len__函数则计算数据集图像总数，为后续加载图像打包提供参数。

由于模型的训练需要每次迭代输入一个 batch 的数据，因此需要用 DataLoader 函数将类 VOCBboxDataset 处理好的训练数据按 batch_size 的值分成一个一个的 batch，并可通过选择 shuffle 参数控制每次加载数据的过程中是否打乱图片的顺序。

```
dataloader = DataLoader (dataset, batch_size=opt.batch_size,
                         shuffle=True, num_workers=opt.n_cpu)
```

DataLoader 类将加载的图片数据进行打包，batch_size 参数为每个包中图片的数量，实验设置 batch_size 大小为 32，即每次输入网络的图片数据为 32。shuffle 参数为 True 表示每次训练都会将数据打乱顺序。num_workers 参数表示采用多少个线程进行数据的加载。

数据加载完毕后，训练时每次迭代可通过枚举方式向网络输入大小为一个 batch_size 的一批数据，代码如下所示：

```
for i, batch in enumerate(dataloader):
    img,bbox_,label_,scale=batch
    img,bbox,label=img.cuda().float(),bbox_.cuda(), label_.cuda()
```

网络每次迭代训练，都通过 enumerate 函数从打包好的 dataloader 获取一批数据。在新版的 PyTorch 中，数据无须再封装成 variable 形式，直接以 tensor 形式即可实现自动求导功能，因此，从 batch 中将图像、边界框、类别等信息解析出来传到 cuda 上即可进行训练。

2. 模型定义

数据加载成功后，需要将数据传到网络中进行训练，本节将介绍如何构建 Faster R-CNN 模型。Faster R-CNN 模型主要由卷积层、RPN 层和 Head 层构成，其中，卷积层主要用于特征提取，主要结构是 VGG16；RPN 网络则用于产生候选框；Head 层由 RoIAlign 层和 VGG 网络构成，用于图像分类和边界框回归，下面将分别对这几个模块进行分析。

(1) 卷积层。

```
def decom_vgg16():
    if opt.caffe_pretrain:
        model = vgg16(pretrained=False)
        if not opt.load_path:
            model.load_state_dict(t.load(opt.caffe_pretrain_path))

    else:
        model = vgg16(not opt.load_path)
    features = list(model.features)[:30]
    classifier = model.classifier
    classifier = list(classifier)
    del classifier[6]
    if not opt.use_drop:
        del classifier[5]
        del classifier[2]
    classifier = nn.Sequential(*classifier)
    for layer in features[:10]:
        for p in layer.parameters():
            p.requires_grad = False
    return nn.Sequential(*features), classifier
```

卷积层以函数形式定义，组成主网络的一部分，其主体由 VGG16 网络构成，用于特征提取，同时 VGG 网络还将产生一个分类器，用于后续对筛选出的候选框中的对象进行分类。关于 VGG 前面章节已有详细阐述，这里不再赘述。

(2) RPN 层。

```
class RegionProposalNetwork(nn.Module):
    def __init__(self, in_channels, mid_channels, ratios, 锚框_scales,
       feat_stride, proposal_creator_params ):
     super(RegionProposalNetwork, self).__init__()
     self.锚框_base = generate_锚框_base( 锚框_scales=锚框_scales,
```

```
ratios=ratios)
        self.proposal_layer=ProposalCreator(self,**proposal_creator_params)
        self.conv1 = nn.Conv2d(in_channels, mid_channels, 3, 1, 1)
        self.score = nn.Conv2d(mid_channels, n_锚框 * 2, 1, 1, 0)
        self.loc = nn.Conv2d(mid_channels, n_锚框 * 4, 1, 1, 0)

    def forward(self, x, img_size, scale=1.):
        n, _, hh, ww = x.shape
        锚框 = _enumerate_shifted_锚框(np.array(self.锚框_base), self.
                          feat_stride, hh,ww)
        h = F.ReLU(self.conv1(x))
        rpn_locs = self.loc(h)
        rpn_scores = self.score(h)
        rpn_softmax_scores = F.softmax(rpn_scores.view(n, hh, ww, n_锚
        框, 2), dim=4)
        rois = list(), roi_indices = list()
        for i in range(n):
              roi = self.proposal_layer(rpn_locs[i].cpu().data.numpy(),
                            rpn_fg_scores[i].cpu().data.numpy(), 锚框,
                            img_size, scale=scale)
              batch_index = i * np.ones((len(roi),), dtype=np.int32)
              rois.append(roi)
              roi_indices.append(batch_index)
        rois = np.concatenate(rois, axis=0)
        roi_indices = np.concatenate(roi_indices, axis=0)
        return rpn_locs, rpn_scores, rois, roi_indices, 锚框
```

RPN 网络主要由两部分组成，一部分网络对生成的锚框进行偏移量计算以便修正候选框，另一部分网络则判断每个锚框中是否含有目标对象从而进行筛选降低负样本数量。RPN 网络首先根据图像大小生成基本的锚框，经过一个 3×3 卷积后网络分别进行锚框修正和正负样本判断，根据每个锚框的得分和偏移量得到最后的候选框。

(3) Head 层。

```
class VGG16RoIHead(nn.Module):
    def __init__(self, n_class, roi_size, spatial_scale, classifier):
        super(VGG16RoIHead, self).__init__()
        self.classifier = classifier
```

```
        self.cls_loc = nn.Linear(4096, n_class * 4)
        self.score = nn.Linear(4096, n_class)
        self.roi = RoIPooling2D(self.roi_size, self.roi_size, self.spatial_
scale)
    def forward(self, x, rois, roi_indices):
        roi_indices = at.totensor(roi_indices).float()
        rois = at.totensor(rois).float()
        indices_and_rois = t.cat([roi_indices[:, None], rois], dim=1)
        xy_indices_and_rois = indices_and_rois[:, [0, 2, 1, 4, 3]]

        pool = self.roi(x, indices_and_rois)
        fc7 = self.classifier(pool)
        roi_cls_locs = self.cls_loc(fc7)
        roi_scores = self.score(fc7)
    return roi_cls_locs, roi_scores
```

头网络将不同尺度的候选框经过 RoIAlign 层转为统一大小，然后分别输入到分类器和回归器中进行目标对象分类和边界框的进一步修正。

3．模型训练

```
for epoch in range(opt.epoch):
    ii, batch in enumerate(dataloader):
    bbox_, label_, scale = batch  # 将batch数据解析出来

    # 输入上述卷积层提取特征
    features = self.faster_rcnn.extractor(imgs)
    # 将提取的特征输入 rpn 网络，生成候选框
    rpn_locs, rpn_scores, rois, roi_indices, 锚框 = self. rpn(features,
img_size, scale)
    # 将特征与候选框输入到头网络中进行分类和回归
    roi_cls_loc, roi_score = self.faster_rcnn.head(features, roi)
    # 计算 loss 进行网络更新
    rpn_loc_loss = _fast_rcnn_loc_loss(rpn_loc)
    rpn_cls_loss = F.cross_entropy(rpn_score, rpn_label)
    roi_loc_loss = _fast_rcnn_loc_loss(roi_loc)
    roi_cls_loss = nn.CrossEntropyLoss()(roi_score, gt_roi_label)
    losses = rpn_loc_loss+rpn_cls_loss+roi_loc_loss+ roi_cls_loss
    losses.backward()
    optimizer.step()
```

至此，我们完成了数据集加载、网络模型的搭建和训练。

图 3-26 展示了部分图像的检测结果，从图像可知经过 Faster R-CNN 可以很好地检测出大中小三个尺度的目标，各目标边界框与目标实际边界吻合，各目标的分类精度也很高。

图 3-26　Faster R-CNN 目标检测效果示意图

3.4　本 章 小 结

本章详细对基于深度学习的目标检测算法进行了较为全面的梳理，总结了各算法相比于先前算法的改进策略，以及其本身的创新点及不足之处，对于目标检测领域的研究人员具有重要的参考价值。

目标检测应用范围非常广，如在行人检测、车辆检测、卫星遥感对地监测、无人驾驶、交通安全等领域。目前，基于深度学习的目标检测已经取得了很多重要成果，但同时也面临着诸多挑战，如目标背景的多样性、动态场景的不断变化、对检测系统时效性和稳定性的要求也在逐渐提高。无论是在检测算法方面，还是硬件加速方面，目标检测都存在着许多难点和挑战，等待着我们进一步突破。

参 考 文 献

[1] Krizhevsky A, Sutskever I, Hinton G. ImageNet classification with deep convolutional neural networks[C]//Proceedings of the 25th International Conference on Neural Information Processing Systems, 2012:1097-1105.

[2] Viola P A, Jones M J. Rapid object detection using a boosted cascade of simple features[C]//

Proceedings of the IEEE Conference on Computer Vision and Pattern Recognition, 2001: 511-518.

[3] Viola P, Jones M J. Robust real-time face detection[C]//International Conference on Computer Vision, 2004, 57(2): 137-154.

[4] Dalal N, Triggs B. Histograms of oriented gradients for human detection[C]//Proceedings of the IEEE Conference on Computer Vision and Pattern Recognition, 2005: 886-893.

[5] Felzenszwalb P F, McAllester D A, Ramanan D, et al. A discriminatively trained, multiscale, deformable part model[C]//Proceedings of the IEEE Conference on Computer Vision and Pattern Recognition, 2008: 1-8.

[6] Girshick R, Donahue J, Darrell T, et al. Rich feature hierarchies for accurate object detection and semantic segmentation[C]//Proceedings of the IEEE Conference on Computer Vision and Pattern Recognition, 2014: 580-587.

[7] Redmon J, Divvala S K, Girshick R, et al, You only look once: Unified, real-time object detection[C]//Proceedings of the IEEE Conference on Computer Vision and Pattern Recognition, 2016: 779-788.

[8] Redmon J, Farhadi A. Yolo9000: Better, faster, stronger[C]//Proceedings of the IEEE Conference on Computer Vision and Pattern Recognition, 2017: 6517-6525.

[9] Redmon J, Farhadi A. Yolov3: An incremental improvement[J]. arXiv Preprint: 1804.02767, 2018.

[10] Everingham M, Gool L V, Williams C K I, et al. The Pascal visual object classes (VOC) challenge[J]. International Journal of Computer Vision, 2010, 88(2):303-338.

[11] Lin T Y, Maire M, Belongie S, et al. Microsoft COCO: Common objects in context[C]//European Conference on Computer Vision, 2014:740-755.

[12] Deng J, Dong W, Socher R, et al. ImageNet: A large-scale hierarchical image database[C]//Proceedings of the IEEE Conference on Computer Vision and Pattern Recognition, 2009: 248-255.

[13] Ren S, He K, Girshick R, et al. Faster R-CNN: Towards real-time object detection with region proposal networks[C]//Advances in neural information processing systems. 2015: 91-99.

[14] Liu W, Anguelov D, Erhan D, et al. SSD: Single shot multibox detector[C]//European Conference on Computer Vision, 2016: 21-37.

[15] Lin T Y, Dollár P, Girshick R, et al. Feature pyramid networks for object detection[C]//Proceedings of the IEEE Conference on Computer Vision and Pattern Recognition, 2017: 936-944.

[16] Zhang S, Wen L, Bian X, et al. Single-shot refinement neural network for object detection[C]//Proceedings of the IEEE Conference on Computer Vision and Pattern Recognition, 2018: 4203-4212.

[17] Zoph B, Vasudevan V, Shlens J, et al. Learning transferable architectures for scalable image recognition[C]//Proceedings of the IEEE Conference on Computer Vision and Pattern Recognition, 2018: 8697-8710.

[18] Ghiasi G, Lin T Y, Le Q V, et al. NAS-FPN: Learning scalable feature pyramid architecture for object detection[C]//Proceedings of the IEEE Conference on Computer Vision and Pattern Recognition, 2019: 7036-7045.

[19] Chen Y, Yang T, Zhang X, et al. DetNAS: Backbone search for object detection[C]//Neural Information Processing Systems, 2019: 6642-6652.

[20] He K, Zhang X, Ren S, et al. Spatial pyramid pooling in deep convolutional networks for visual recognition[J]. IEEE Transactions on Pattern Analysis & Machine Intelligence, 2015, 37(9): 1904-1916.

[21] Girshick R. Fast R-CNN[C]//International Conference on Computer Vision, 2015: 1440-1448.

[22] He K, Gkioxari G, Dollár P, et al. Mask R-CNN[C]//Proceedings of the IEEE International Conference on Computer Vision, 2017: 2961-2969.

[23] Szegedy C, Liu W, Jia Y, et al. Going deeper with convolutions[C]//Proceedings of the IEEE Conference on Computer Vision and Pattern Recognition, 2015: 1-9.

[24] Ioffe S, Szegedy C. Batch normalization: Accelerating deep network training by reducing internal covariate shift[J]. arXiv Preprint: 1502.03167, 2015.

[25] MacQueen J. Some methods for classification and analysis of multivariate observations[C]// Proceedings of the Fifth Berkeley Symposium on Mathematical Statistics and Probability, 1967, 1(14): 281-297.

[26] He K, Zhang X, Ren S, et al. Deep residual learning for image recognition[C]//Proceedings of the IEEE Conference on Computer Vision and Pattern Recognition, 2016: 770-778.

[27] Ma N, Zhang X, Zheng H T, et al. ShuffleNet-v2: Practical guidelines for efficient CNN architecture design[C]//European Conference on Computer Vision, 2018: 122-138.

[28] Chollet F. Xception: Deep learning with depthwise separable convolutions[C]//Proceedings of the IEEE Conference on Computer Vision and Pattern Recognition, 2017: 1800-1807.

[29] Lin T Y, Goyal P, Girshick R, et al. Focal loss for dense object detection[C]//International Conference on Computer Vision, 2017: 2999-3007.

[30] Zhao T, Wu X. Pyramid feature attention network for saliency detection[C]//Proceedings of the IEEE Conference on Computer Vision and Pattern Recognition, 2019: 3085-3094.

第 4 章　基于深度学习的语义分割算法的本质与革新

4.1　语义分割基础概念与原理

语义分割是计算机视觉领域内一个重要的分支，是一种较为典型的像素点标注问题，其通过特定的算法将原始图像数据转换为能够显示地表示出感兴趣区域的掩码。其相对于图像分类来说，不仅仅要解决“是什么”的问题，而且需要对该物体所在的图像区域进行精确的定位。如图 4-1 所示，原始图像为一幅街道场景下的图片，语义分割的目的便是将图像中的车辆、建筑物、道路以及树木等目标从图像中分割出来，并标以不同的掩码。

原始图像

语义分割结果

图 4-1　语义分割基本示例

作为一种高级计算机视觉任务，语义分割结合了传统的图像分割和目标识别，通过特定算法一步完成两个任务。其将图像分割成多组具有不同语义信息的区域，并识别出每个区域所属类别。语义分割一直活跃在多个领域，在自动驾驶领域，通过对摄像头观测区域内的场景进行解析可以精确定位车道线、行人、汽车、建筑物、路标等信息，辅助驾驶人员或自动进行车辆操作，从而在一定程度上提高驾驶安全性；在工业生产领域，通过语义分割技术可以检测出有缺陷的产品以及缺陷的具体位置；在医学领域，通过对 CT 等图像进行语义分割，检测出患者所患何种疾病、疾病位置以及严重程度，从而有效地帮助医务人员制定切实有效的治疗手段。

然而，语义分割是计算机视觉中一项极其具有挑战性的任务。其主要存在以下几方面的难点。

(1) 物体层次：受现实世界中光照和能见度、拍摄视觉和距离以及物体自身的移动导致拍摄到的图像会有很大的不同。如图 4-2(a)所示，角度、距离不同导致物体会产生一些不同的特征，从而给语义分割带来了很大的困难。

(2)类别层次：不同物种或物体之间会产生一些相似性，即类间相似性。这些相似性会给语义分割带来极大的挑战。如图 4-2(b)所示，图中的兔子与猫在外形上具有很多相似点，这在某种程度上会让语义分割算法认为这是相同的物种，尤其是在更为特殊的拍摄角度下。

(3)背景层次：在现实社会中，各场景中背景的复杂程度是不尽相同的。有的背景较为干净，这有助于语义分割；然而有的场景下，背景错综复杂，这无疑会导致算法很难将某些细节，特别是相似物体的边界给区分开来。如图 4-2(c)所示，上图中猫的背景非常干净，很容易便能将猫给分割出来，然而下图中街道中所含的物体很多，大大提升了语义分割的难度。

(a) 示例1　　(b) 示例2　　(c) 示例3

图 4-2　语义分割中具有挑战性的场景示例

传统的语义分割算法依赖于研究人员通过经验或已有的知识设计特征进行分割，这种方法不仅复杂且不具备较好的泛化性和鲁棒性。随着深度学习技术的发展与应用，基于卷积神经网络的语义分割算法在近几年得到了长足发展。基于 CNN 的语义分割算法首先利用现有的图像分类算法，如 VGGNet、ResNet 和 Inception 系列等作为特征提取网络，然后采用上采样方法恢复图像分辨率，最后通过 Softmax 函数得到语义分割结果。

下面，我们将带领读者对近几年具有代表性的语义分割算法进行详细的梳理和了解。

4.2　基于深度学习的语义分割算法的提出与改进

受深度学习卷积神经网络通过重复堆叠的卷积层、池化层和激活函数等能够自动提取并学习图像更本质特征的启发，自 Long 等[1]提出首个基于深度学习的语义分割模型 FCN 以来，基于深度学习的语义分割技术开始在该领域崭露头角，得益于深度学习强大的特征表示能力，这类技术全面领先了传统方法。这类端到端的可训练模型告别了依靠人为设计特征的时代，真正开启了图像语义分割技术的全自动化进程。至此，基于深度学习的语义分割技术诞生了许多性能优秀的模型，尤其是各种优化策略的提出，如编解码结构、金字塔池化、空洞卷积和各种注意力机制等。下面，从 FCN 开始到如今的 Auto-DeepLab，我们将对一些较为典型的网络进行详细的介绍。

4.2.1　首个基于深度学习的语义分割算法——FCN

2015 年，Long 等[1]受深度学习技术的启发，将图像语义分割技术的突破性方向放在了卷积神经网络上。他们开创性地提出了采用卷积神经网络代替手工设计特征，并设计出了第一个基于深度学习的语义分割模型 FCN。和此前最优秀的非端到端传统语义分割算法——同时检测与分割（simultaneous detection and segmentation，SDS）算法相比，FCN 取得了更好的性能。如图 4-3 所示，FCN 方法在一些边缘细节上具有更好的分割效果，这是传统方法无法企及的。

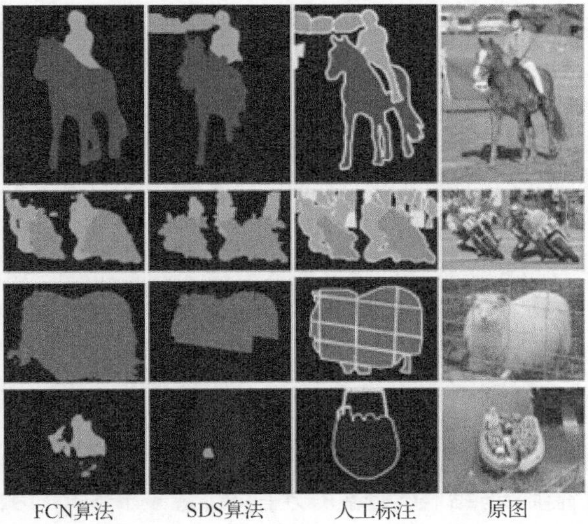

图 4-3　语义分割结果示例，最左边一列为 FCN 的分割结果；
左边第二列为 SDS 算法的分割结果；第三列为手工标记的标签；第四列为原图

FCN 采用图像分类算法中的卷积神经网络进行特征提取，但语义分割的目的是进行像素级别的标注，直接使用 CNN 肯定是无法实现这一目的的。因此，Long 等提出了全卷积的概念，即将 CNN 中的全连接层和分类去掉，仅留下卷积层和下采样部分来提取特征。如图 4-4 所示，FCN 以 VGG16 作为基础，通过 VGG16 提取得到不同层次的特征，然后通过双线性插值算法恢复特征图的分辨率。在恢复分辨率的过程当中，使用跳跃连接，逐步融合下采样端产生的不同层次的特征，从而优化分割结果。在传统的 VGG16 中，最后三层，即对应特征图数量为 4096、4096 和 21 的这三个层原本是全连接层，为实现像素级别的分类，将其进行卷积化，使得其最后输出的特征不再是一个个的向量，而是经下采样后的特征图。

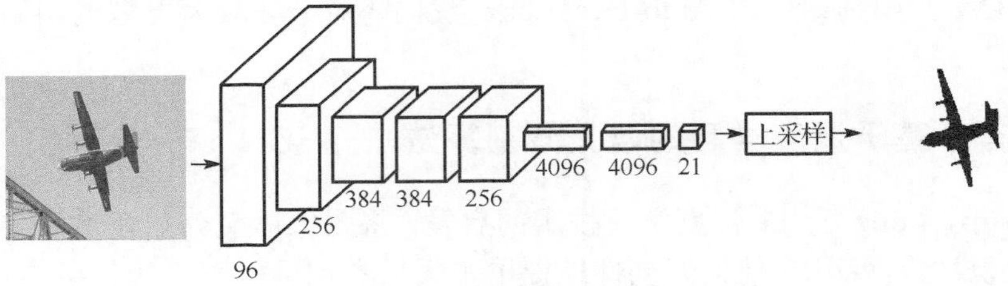

图 4-4　FCN 网络结构

从分类到密集的 FCN。Long 等经研究发现，VGG16、GoogLeNet 和 AlexNet 在语义分割任务上，VGG16 表现出了更好的性能。通过丢弃最后的分类层，并将全连接的密集连接结构替换为通道维 21 的 1×1 卷积层(以预测包括背景在内的 PASCAL 数据集)，从而得到仅提取图像特征的密集连接卷积神经网络。为了探索不同下采样步长对语义分割的影响，他们首先在 VGG16 的第四个池化层后添加全卷积结构，此时网络的输出分辨率为原图的 1/16。然后，在第五个池化层后添加全卷积结构，得到 FCN-32s。FCN-8s 结构首先将第四个池化层的输出 2 倍上采样并与第三个池化层的输出融合；然后，将该融合的特征 2 倍上采样并与第二个池化层的输出融合；最后，将融合后的特征上采样至原图像相同的分辨率，作为最后的语义分割结果。经实验发现，8 倍下采样取得了最好的结果，其平均交并比(mean IoU，mIoU)为 62.2%。

全卷积神经网络 FCN 的提出，实现了基于深度学习的图像语义分割，使得语义分割模型也能够进行端到端的训练。这具有跨时代的意义，很大程度上推动了语义分割技术的发展。然而，由于该网络结构相对比较简单，上采样过程中未能充分考虑底层特征对于空间细节信息的恢复，导致边缘分割结果粗糙。

4.2.2　基于深度编解码结构的语义分割算法——SegNet

FCN 的出现确实具有划时代的意义，但其必然会存在不少的问题。不断下采样操作导致特征图分辨率降低，从而高层特征信息不具备丰富的空间细节信息，这便是 FCN 算法未能解决的问题之一。为此，SegNet[2]采用完全对称的深度编解码结构进行图像的语义解析。该算法在 FCN 的基础之上，充分利用了底层特征具备丰富空间细节信息的优势，使得语义分割性能又上升了一个台阶。图 4-5 所示为从谷歌中随机采样的道路场景图像和从自然环境中随机采样的室内场景产生的一些示例测试结果。

图 4-5　SegNet 室内外场景分割结果

SegNet 的网络结构如图 4-6 所示，其主要由编码器和解码器组成。编码器采用 VGG16，并如同 VGG16 一样去掉全连接层。编码器一端总共执行了 5 次下采样，每次下采样的步长为 2，即最后一层输出特征图的大小为原图的$1/32$。解码端从编码端最后一层输出开始，不断地恢复特征的分辨率。为了解决空间细节信息的丢失问题，编码端通过跳跃连接的方式不断融合来自不同层次的特征。该过程可以表示为

$$\tilde{X}_i = [x_i^e, x_i^d] \tag{4-1}$$

其中，$\tilde{X}_i$表示解码端第i层特征融合编码端第i层特征以后的结果，x_i^e表示编码端第i层特征，x_i^d表示解码端第i层的特征，$[\cdots]$表示拼接。特征图经解码器恢复到原分辨率以后，采用 Softmax 实现分类从而产生最后的分割结果。

从图 4-6 可以看出，编码器不同层次的特征具有不同大小的感受野。从特征层次上来说，不同感受野意味着不同尺度上的上下文信息，越浅层的特征感受野越小，特征所具有的空间细节信息越丰富。越高层的特征感受野越大，所能表达的信息则越抽象，往往包含大尺度区域的关键信息。在解码过程中，频繁的跳跃连接使得网络能够融合不同层次的特征。高层特征具有的语义信息与底层特征具有的空间细节信息融合在一定程度上克服了语义分割结果粗糙、边界不连续的问题。

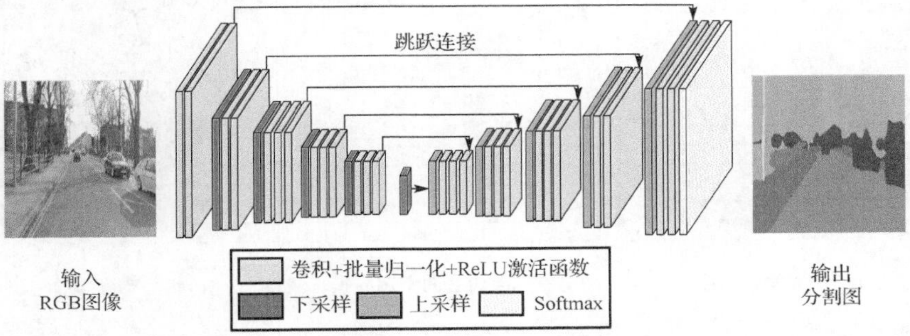

图 4-6　SegNet 网络结构，该网络主要由一个编码器和一个解码器构成

4.2.3 基于空洞卷积的语义分割算法——dilate convolution

上一节讲到，通过完全对称的编解码结构，能够融合来自编码器不同层次的特征，从而提升语义分割模型的分割能力。然而这种方法并没有从根本上解决分辨率下降导致空间细节信息丢失的问题。传统的卷积方式想要获得特征的全局预测，就必须不断地进行下采样，获得更大尺度上的上下文信息。因此，对于传统卷积方式来说，保留空间细节信息与获得全局上下文信息是相互矛盾的。

为此，Yu 等[3]引入空洞卷积(dilate convolution)来聚合多尺度上下文信息。与传统卷积无缝连接方式不同，空洞卷积通过在卷积核之间产生空洞，从而在不增加参数量的前提下，扩大了感受野。传统卷积与空洞卷积如图 4-7 所示。图 4-7(a)是传统的正常卷积，卷积核的参数之间是紧挨相邻的。此时，该卷积核能产生 3×3 的感受野，也可以将其理解为空洞率为 1 的特殊情况。图 4-7(b)为空洞率为 2 的空洞卷积，由于存在空洞，该卷积核的感受野不再是 3×3。下面从数学层上解释该问题，定义 F 是一个离散函数，离散滤波器 k，那么离散卷积为

$$F*k(p)=\sum_{s+t=p}F(s)k(p-s) \tag{4-2}$$

其中，p 为卷积结果的自变量，s 为自变量。将该离散卷积推广至空洞的情况，即空洞卷积：

$$F*k(p)=\sum_{s+lt=p}F(s)k(p-s) \tag{4-3}$$

其中，l 表示空洞率。根据空洞卷积感受野 r 的计算公式：

$$r=2^{\log_2 l+2}-1 \tag{4-4}$$

可得，空洞率 $l=2$，感受野为 7×7；空洞率 $l=4$，感受野为 15×15。

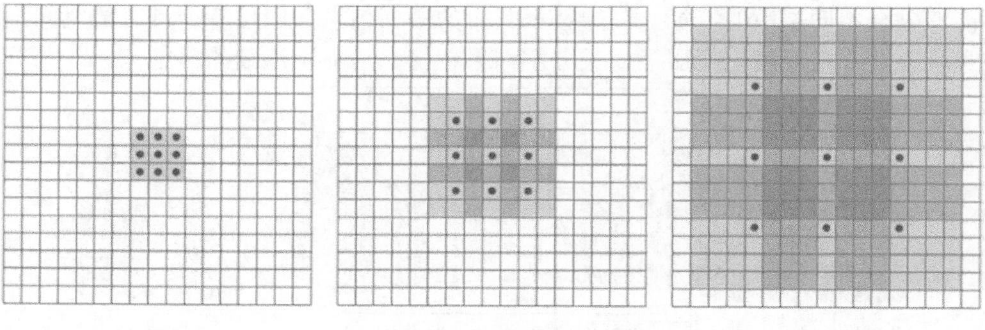

(a) 传统卷积　　(b) 空洞率为 2 的空洞卷积　　(c) 空洞率为 4 的空洞卷积

图 4-7　传统卷积与空洞卷积

dilate convolution 网络的特征提取部分总共包含 8 层，并通过不同的空洞率聚合了多尺度的上下文信息。其特征提取结构如表 4-1 所示，所有的层均采用 3×3 的卷积核和不同大小的空洞率，各层的空洞率分别为 1，1，2，4，8，16，1 和 1。通过这种方式，不需要进行多次的下采样也能得到较大的感受野，即大尺度的上下文信息。因此，可以通过减少下采样的次数以避免空间信息的损失，从而提升模型对空间细节信息的恢复能力。

表 4-1　dilate convolution 上下文结构

层	1	2	3	4	5	6	7	8
卷积	3×3	3×3	3×3	3×3	3×3	3×3	3×3	1×1
空洞率	1	1	2	4	8	16	1	1
感受野	3×3	5×5	9×9	17×17	33×33	65×65	67×67	67×67

dilate convolution 网络通过引入空洞卷积，从卷积方式的角度来减少下采样的次数，以减少空间细节信息的损失，并通过不同空洞率的空洞卷积来聚合不同尺度的上下文信息，从而提升了模型的分割能力。

4.2.4　基于金字塔池化聚合多尺度信息的语义分割算法——PSPNet

不受限制的开放词汇和多样化的场景对于场景解析任务十分具有挑战性。为了优化语义分割算法对于这类任务的效果，2016 年，Zhao 等结合图像金字塔提出了一种金字塔场景解析网络 PSPNet[4]。该网络通过全局先验表示能够有效生成高质量的场景解析结果，且 PSPNet 为像素级预测提供了一个优越的框架。该方法在 2016 年的 ImageNet 场景解析挑战赛中，获得了 PASCAL VOC2012 基准测试集和 Cityscapes 基准测试集的第一名。

场景解析任务与场景的标签密切相关，Zhao 等认为现有基于 FCN 框架的语义分割算法存在以下几个问题。

(1) 上下文关系错误匹配：上下文语义信息匹配对场景解析至关重要，如图 4-8 所示，在水面上的交通工具大概率是船而不是汽车。基于 FCN 框架的算法缺乏依据上下文推断的能力，错误地认为水面上的目标是车。

(2) 类间疑惑性：在场景中，许多标签之间存在相互关联，由目标的材质或光线的问题导致出现类间疑惑性。如图 4-8 第二行所示，由于摩天大厦外部材质的关系，算法错误地将部分区域认为是天空；如图 4-8 第三行所示，枕头与床的外观相同，可能导致算法无法正确地解析出枕头。

(3) 不显著的类：场景包含任意大小的物体，如街灯和招牌等微小的目标，很难找到，但它们可能很重要。

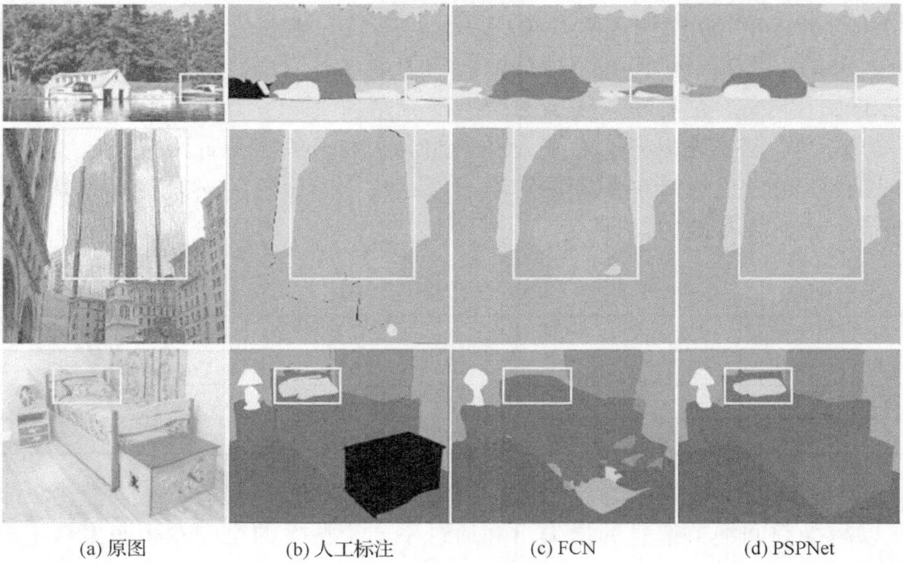

图 4-8　场景解析存在的挑战

PSPNet 最大的创新点在于金字塔池化模块(pyramid pooling module，PPM)的提出，通过语义先验知识达到优化语义分割结果的目的。其结构如图 4-9 所示，输入首先经 CNN 处理得到具有局部区域语义信息的高层特征。然后，经空间金字塔结构得到不同尺度上具有更大感受野的上下文信息。该模块具有 4 种不同金字塔尺度的特征：①第一行是经过全局平均池化得到的具有全局语义信息的单个特征输出；②后面三行分别是不同尺度的池化特征。为保证全局特征的权重，通过1×1卷积的降维作用将通道数降到原本的1/ N ，N 与金字塔的级别数相同。最后通过双线性插值上采样至未池化之前的大小，并拼接起来。

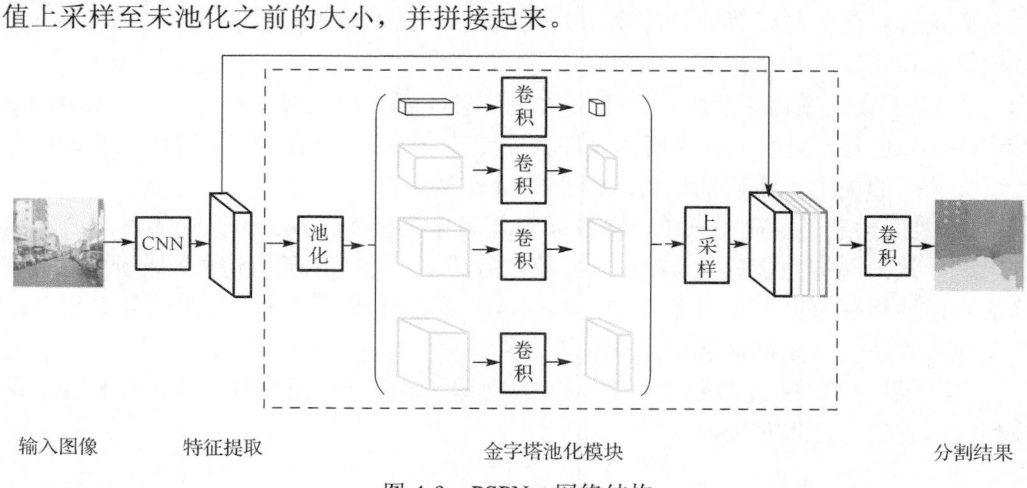

图 4-9　PSPNet 网络结构

此外，Zhao 等在 ResNet 特征提取网络的基础上，除了使用语义分割网络最后输出的结果计算损失，还在特征提取网络部分添加了一个辅助损失，两个损失一起作为最终的损失来更新网络的权重。如图 4-10 所示，每一个框代表一个残差块。辅助损失添加在 res4b22 处(res4b22 表示第 4 个残差块的第 22 个卷积层处)。通过该操作实现了优化参数，加快网络收敛的目的。

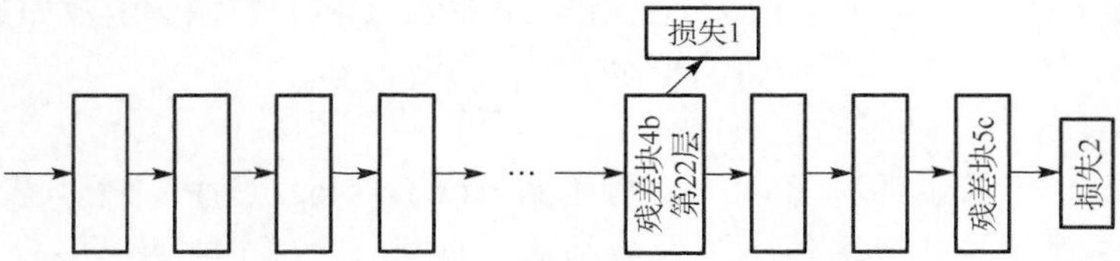

图 4-10　辅助损失

PSPNet 的空间金字塔池化模块利用全局空间池化特征提供了额外的语义信息，解决了因下采样次数限制导致模型无法捕获包含整幅图像感受野的上下文信息的问题。此外，PSPNet 还提出了一种深层监督优化策略，通过额外添加的辅助损失，大幅度提升了网络的收敛速度。最后，通过实际分割结果示例图(图 4-11)来直观地感受 PSPNet 对于场景分割任务的强大性能。

(a) 原图　(b) 人工标注　(c) PSPNet

图 4-11　PSPNet 实际分割结果示例

4.2.5　基于卷积神经网络与条件随机场的语义分割算法——DeepLab-v1

语义分割网络由于多次的下采样，导致空间信息丢失，从而使得分割结果边界模糊。并且深度卷积神经网络(deep convolutional neural network，DCNN)具有非常强的平移不变性，也导致了定位不够准确的问题。为了解决上述问题，Chen 等[5]引入条件随机场(conditional random fields，CRFs)对语义分割结果进行处理，从而使得目标边界的分割变得更为细腻与清晰。该网络在 PASCAL VOC2012 语义分割数据集上取得了 71.6%的 mIOU 精度。

CRFs 通常被用于噪声分割图的平滑，这些模型一般包含耦合相邻节点的能量项，有利于给在空间上相邻的节点分配相同的标签。CRFs 的能量函数如式(4-5)所示：

$$E(x)=\sum_{i}\theta_i(x_i)+\sum_{ij}\theta_{ij}(x_i,x_j) \tag{4-5}$$

其中，x 是每一个像素的标签，一元势函数 $\theta_i(x_i)=-\log P(x_i)$，$P(x_i)$ 表示深度学习网络为每个像素预测的概率值。二元势函数 $\theta_{ij}(x_i,x_j)$ 如式(4-6)所示：

$$\theta_{ij}(x_i,x_j)=\mu(x_i,x_j)\sum_{m=1}^{K}w_m\cdot k^m(f_i,f_j) \tag{4-6}$$

其中，当 $x_i\neq x_j$ 时，$\mu(x_i,x_j)=1$，否则为 0。k^m 表示高斯函数，DeepLab-v1 中高斯核函数的第一个核与像素位置和颜色强度有关，第二个核取决于像素位置。其数学表达式为

$$w_1\exp\left(-\frac{\left\|p_i-p_j\right\|^2}{2\sigma_\alpha^2}-\frac{\left\|I_i-I_j\right\|^2}{2\sigma_\beta^2}\right)+w_2\exp\left(-\frac{\left\|p_i-p_j\right\|^2}{2\sigma_\gamma^2}\right) \tag{4-7}$$

其中，p_i，p_j 分别表示像素 i 和像素 j 的位置，I_i 和 I_j 分别表示像素 i 和像素 j 的像素强度。超参数 σ_α、σ_β 和 σ_γ 用于控制高斯核的尺度。

DeepLab-v1 结合全连接条件随机场的网络结构如图 4-12 所示。该网络通过深度卷积神经网络进行特征提取，并且为了避免多次下采样导致空间信息的丢失。在特征提取部分，同样采用不同空洞率的卷积策略。经 DCNN 得到粗糙的分割结果，然后经由双线性插值得到原分辨率的特征图，由 DCNN 出来的特征图分割结果粗糙，边缘不够平滑，因此，采用全连接条件随机场进行后处理优化。

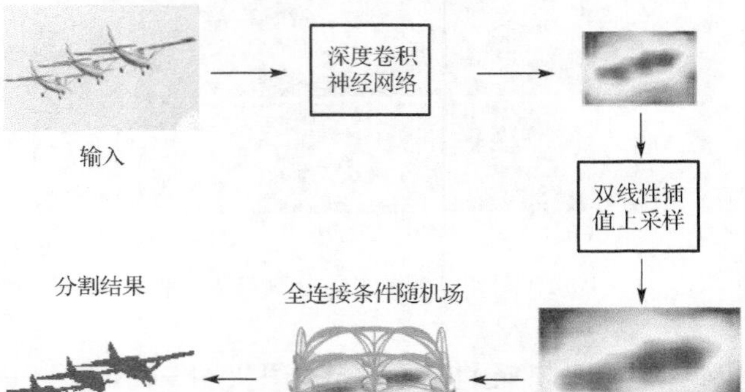

图 4-12　DeepLab-v1 网络结构；通过 DCNN 提取特征，然后由双线性插值进行上采样，最后采用全连接条件随机场进行后处理

不同迭代次数得到的语义分割结果如图 4-13 所示，从分割结果可以看出，DCNN 直接输出的结果比较粗糙，而经过 1 次 CRFs 迭代后，分割结果精确了很多。经过 10 次迭代以后，边缘已经变得较为平滑，轮廓分割也较 DCNN 的输出有了很大提升。

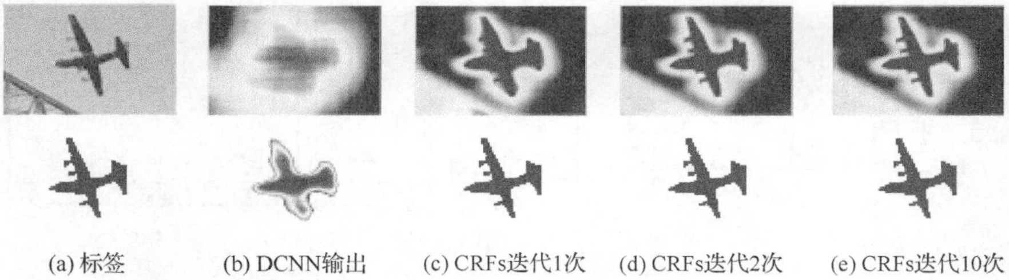

图 4-13　DCNN 分割结果与不同迭代次数的 CRF 后处理结果

4.2.6　基于空洞空间金字塔池化与条件随机场的语义分割算法——DeepLab-v2

2017 年，Chen 等[6]在 DeepLab-v1 的基础上提出了改进算法——DeepLab-v2。DeepLab-v2 采用了与 DeepLab-v1 同样的空洞卷积机制来控制特征响应的分辨率。此外，DeepLab-v2 提出了一种空洞空间金字塔池化模块用于鲁棒性地对多尺度的目标进行分割。该模型在 DeepLab-v1 的基础上将 mIOU 从 71.6%提升到了 79.7%。

图像金字塔是一种以多种分辨率来对图像进行解析的简单而有效的概念，是图像多尺度的一种表示方式。顾名思义，图像金字塔呈金字塔结构，即底端图像分辨率较高，而越往顶端，分辨率越低。这些不同分辨率的图像集合均来源于同一张图片，通过梯次下采样得到。其结构如图 4-14 所示，不同分辨率的图像共同组成了图像金字塔。

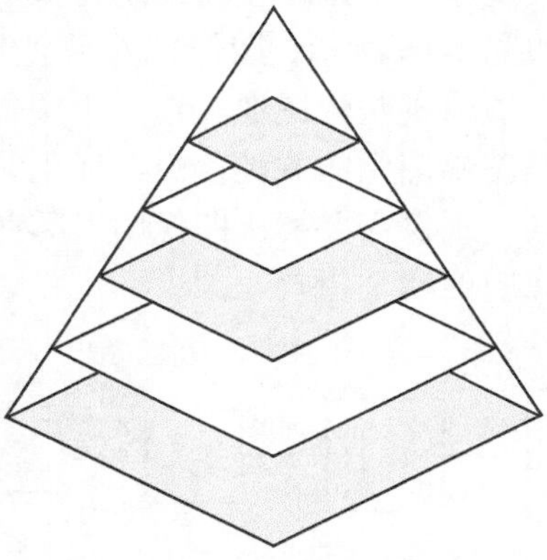

图 4-14　图像金字塔

受此启发，Chen 等结合空洞卷积提出了空洞空间金字塔结构，该结构如图 4-15

所示。在该结构中，使用了多个具有不同采样率的并行卷积层，对每个采样率提取的特征进行单独处理，融合得到最终结果。通过对单一尺度提出的卷积特征进行重采样，可以准确地对任意尺度区域进行采样。不同尺度的感受野代表了不同尺度区域的语义信息，从而增强了网络的表达能力。

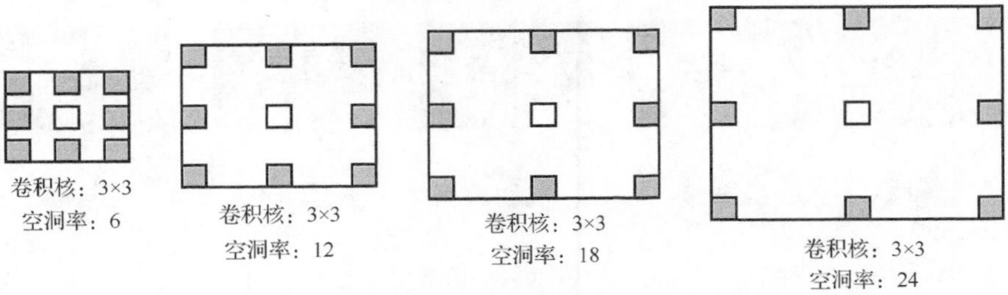

图 4-15 空洞空间金字塔结构

4.2.7 基于级联空洞卷积与并行多空洞率金字塔池化的语义分割算法——DeepLab-v3

上一节讲到，在 DeepLab-v1 网络的基础上，DeepLab-v2 网络将空洞卷积与图像金字塔结构相结合，一定程度上解决了常规语义分割网络因下采样次数限制导致的边界分割模糊的问题。然而，Chen 等[7]认为单一的并行化多尺度特征优化并未能完全挖掘出空洞卷积在语义分割任务中的潜力。因此，在并行卷积模块的基础上，他们设计了串行的空洞卷积模块，并利用多种不同的空洞率来进一步获取多尺度语义信息。在该工作的基础上，Chen 等[8]提出了 DeepLab-v3 网络。

在一般的特征提取网络中，最开始设计的目的是用于图像分类，其必然存在着多次下采样步骤。然而，这对于语义分割网络来说是矛盾的，多次的下采样会导致空间细节信息丢失太多，而过少的下采样使得高层特征的感受野不足以覆盖整幅图像。常规的特征提取网络如图 4-16 所示，图像输入后会经过多次下采样操作，最后输出的特征图的感受野正好覆盖了整张图像。这对于图像分类来说是极其有益的，因为我们最终需要获取的是整幅图像的关键信息，而无须关注该信息处于图像中的哪个位置。但语义分割不同，不仅需要解决图像中有哪些关键性的内容，并且要准确地表达出该内容处于图像中的哪个位置。

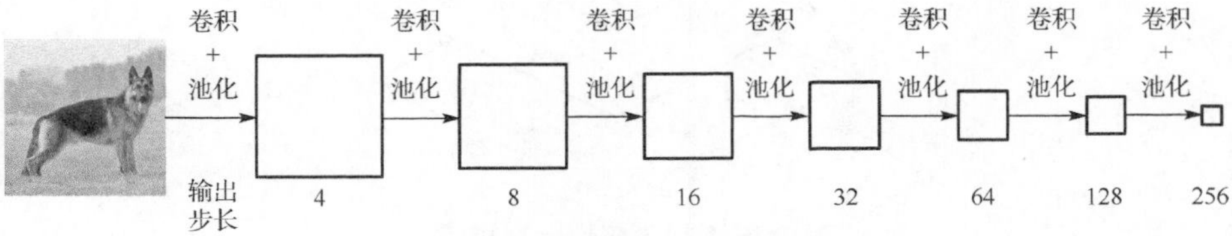

图 4-16 常规卷积特征提取网络

前面提到过，空洞卷积能够在不改变图像分辨率的前提下，通过控制空洞率的大小来获取更大尺度上的感受野。因此，在 DeepLab-v3 网络中，串行的空洞卷积被应用。他们将空洞卷积以串行的方式应用在特征提取网络的后几层，如图 4-17 所示。通过串行空洞卷积操作，特征提取网络的输出其下采样率仅为 16，即最后一层特征提取网络输出特征图的分辨率为原图的 1/16。并且，可以通过控制空洞率来达到全局感受野的效果。

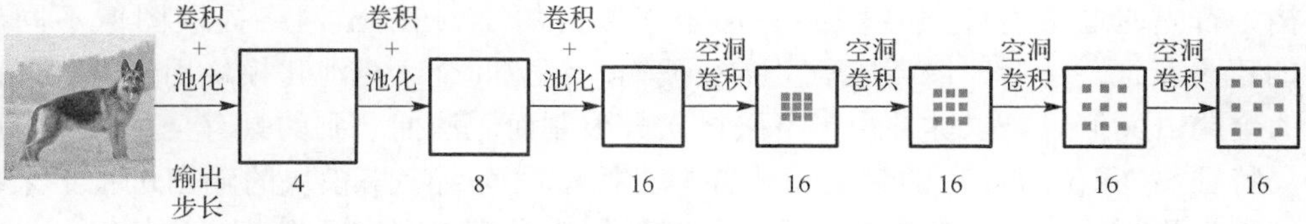

图 4-17　串行空洞卷积特征提取网络

此外，他们发现随着采样率的提高，有效滤波器权重却在减少。在极端情况下，该空洞卷积不能捕获整个图像的内容，而退化成了一个简单的1×1滤波器。这时候，只有滤波器中心的权重才是有效的。在 DeepLab-v3 中，采用图像级特征将全局内容信息整合进模型，得到图像级别的特征，该模块如图 4-18 所示。

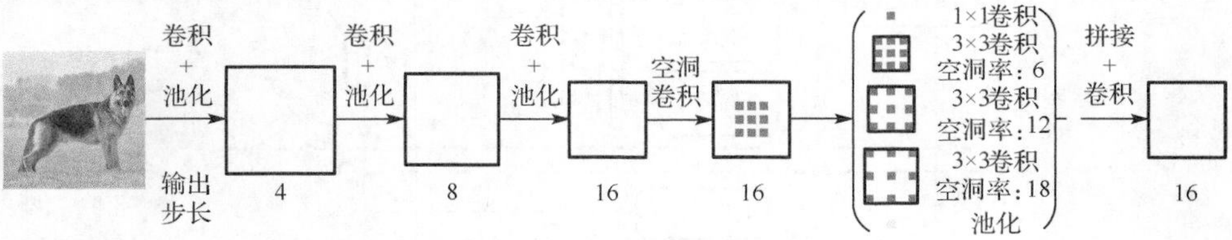

图 4-18　并行空洞卷积特征提取网络

该网络的解码部分相比于 DeepLab-v2 并无变化，本节不再赘述。DeepLab-v3 模型采用具有上采样结构的卷积来提取密集的特征图并捕获长范围的上下文。具体来说，为了对多尺度信息进行编码，所提出的级联模块逐步使传输速率翻倍，具有特征增强效果的空间金字塔汇聚模块则使用多个采样率滤波器来聚合多尺度信息。实验结果表明，所提出的模型与之前的 DeepLab 模型相比有了明显改进。

4.2.8　基于深度可分离卷积与并行多空洞率金字塔池化的语义分割算法——DeepLab-v3+

2018 年，Chen 等[8]提出了一种新的语义分割算法 DeepLab-v3+。该网络主要继承了 DeepLab-v3 的编码结构，在此基础上结合了空间金字塔聚合多尺度语义信息和编解码结构逐渐恢复信息来捕获清晰的目标边界的优点，并深入探索了深度可分离卷积在语义分割算法中的应用，最终得到了速度更快、性能更好的编解码网络。

在介绍 DeepLab-v3 的时候讲过，DeepLab-v3 编码器输出的特征图有非常丰富的语义信息，可以通过空洞卷积来节省计算资源，并配合解码器来逐渐恢复边界信息。在此编解码结构的基础上，DeepLab-v3+受 Xception 等工作的启发，尝试将深度可分离卷积应用到空间金字塔池化结构和解码模块中，以进一步加速网络的推理速度以及提升语义分割算法的精度。

DeepLab-v3+的网络结构如图 4-19 所示，编码器模块具有与 DeepLab-v3 相同的结构。首先通过带有空洞卷积并去掉全连接层的 Xception 网络提取图像不同层次的语义特征。然后，最高层语义特征被输入到空间金字塔池化模块用于得到多尺度的全局语义信息，以弥补由于下采样次数限制而无法捕获到的具有全局感受野的全局特征。DeepLab-v3+的解码模块并非直接将空间金字塔模块的输出进行上采样得到语义分割的输出，而是融合了一部分低层次具有丰富空间细节信息的特征。

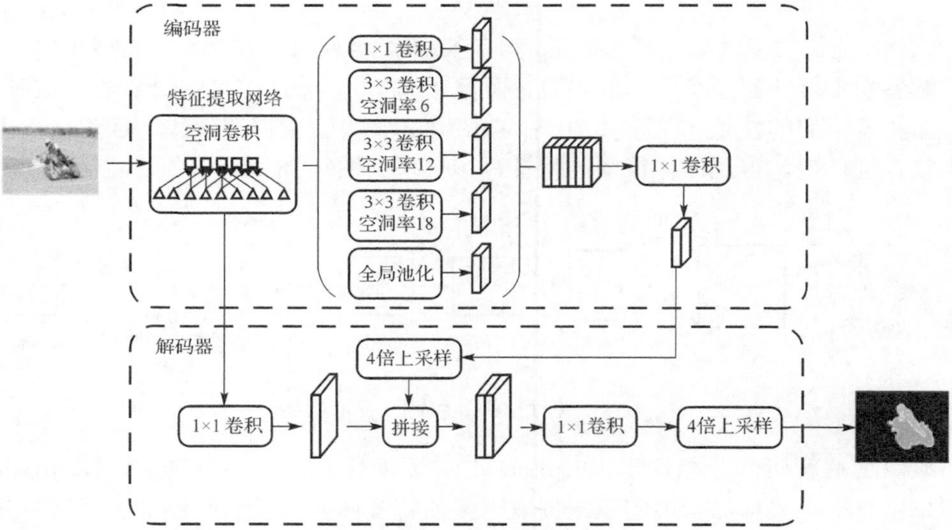

图 4-19　DeepLab-v3+网络结构

DeepLab-v3+另一个最大的创新点在于将空洞卷积与深度可分离卷积结合在一起，即空洞分离卷积。该结构能够显著地减少模型的计算复杂度并保持近似的精度。深度可分离卷积已经在第 2 章详细进行了介绍，在此不再赘述，感兴趣的读者可以回到第 2 章再详细地阅读。经改进后的 Xception 结构如图 4-20 所示，该结构具有更深的网络层，且所有的池化操作均被深度可分离卷积所取代，这使得算法能够以任意分辨率的形式去提取特征。通过这样的操作，不仅降低了网络计算复杂度，并且使得网络能够达到更深的深度，增强了特征提取能力。

尽管 DeepLab-v3+在 DeepLab-v3 的基础上并未有太大的结构变化，但其将深度可分离卷积和空洞卷积结合，并对简单的解码模块进行改进，最终取得了更好的结果。

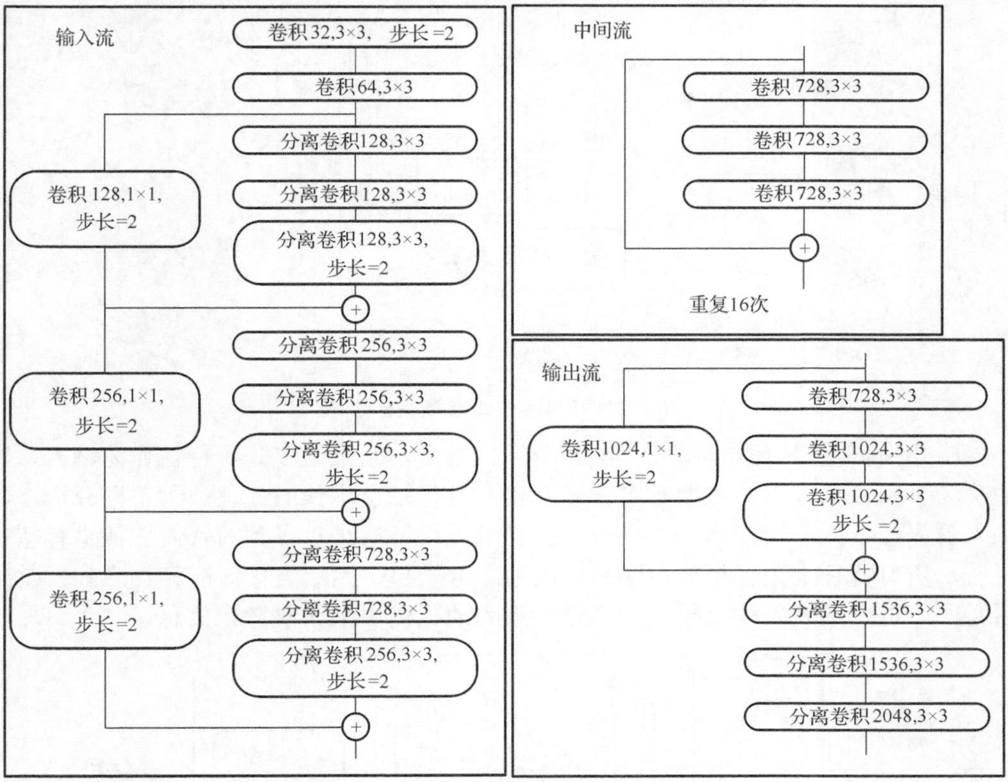

图 4-20　深度可分离卷积结合空洞卷积后的 Xception 结构

4.2.9　基于多路径优化的语义分割算法——RefineNet

通常情况下，语义分割网络的输入都是单一路径，即只输入一种分辨率的图像。这种模式下，需要对输入图像进行多次的下采样以获得大尺度上的上下文信息。然而，这些下采样操作会大幅度降低图像的分辨率，这对语义分割来说是不利的。针对这个问题，Lin 等[9]提出了一种通用的多路径优化语义分割网络。该网络通过远距离的残差连接有效利用了不同分辨率的图像信息。通过这种方式，捕获高级语义特性的更深层可以直接使用来自早期卷积的细粒度特性进行细化。

首先，我们来看一下 RefineNet 的整体结构，如图 4-21 所示。网络整体依然是采用逐步提取语义特征，然后逐步恢复图像分辨率这样一个结构。语义特征提取阶段采用 ResNet 作为骨干网络，主要的不同点在于上采样过程应用了 Lin 等提出的 RefineNet 网络。通过对不同层次特征进行多路径的优化，起到了优化语义分割结果的作用。

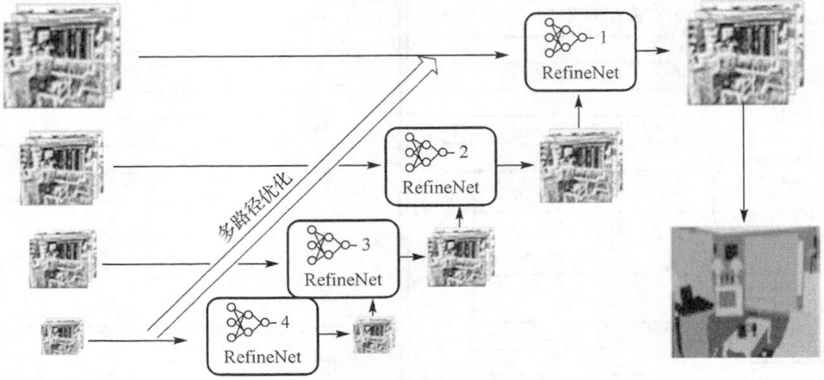

图 4-21　RefineNet 网络整体架构

RefineNet 的具体结构如图 4-22 所示。首先，它采用多分辨特征作为输入，文中称为多路径输入。其主要对多分辨率输入进行三个步骤的处理：①不同分辨率的输入首先经过两层残差网络的处理，得到残差特征；②对得到的残差特征进行特征融合，所有特征上采样至当前输入中的最大分辨率，然后直接对应相加求和；③最后是一个链式的残差池化模块，通过一系列池化模块来获取背景信息。

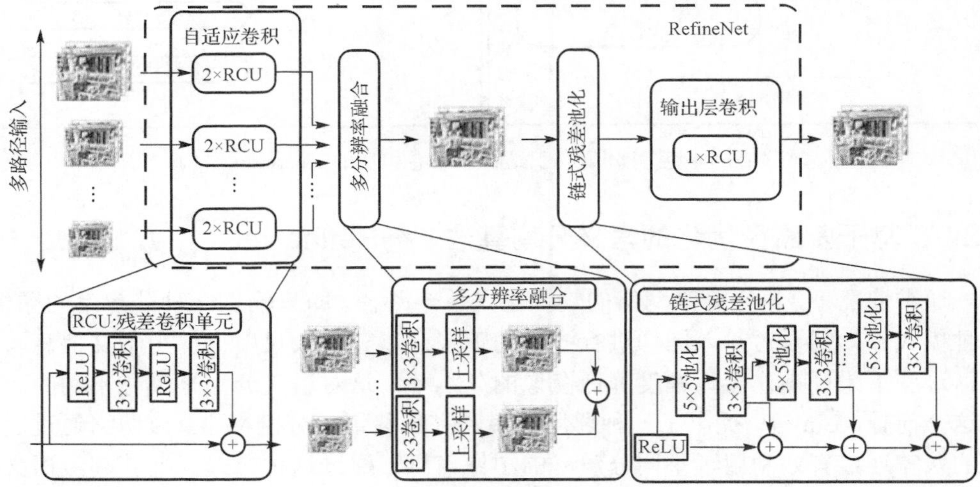

图 4-22　RefineNet 框架

在该网络中，既有短距离残差连接，同时又包含长距离残差连接。短距离残差连接发生在特征提取网络的 ResNet 结构中。长距离残差连接发生在 RefineNet 模块和 ResNet 结构之间。通过长距离残差连接，梯度可以直接传播到 ResNet 的早期卷积层，从而实现对所有网络组件端到端的训练。这种设计遵循的是 ResNet 中提到的特征映射原理，因此，在梯度传导的过程中，不会产生梯度消失或梯度爆炸问题。

RefineNet 的级联架构能够有效地结合高级语义和低级特征来生成高分辨率的分割

图。这种多路径的优化网络，在特征上采样过程当中能够有效利用多尺度的图像信息。这种方式是另外一种层面上的多尺度特征融合方法，都达到了优化语义分割结果的目的。

4.2.10　基于注意力优化与特征融合的语义分割算法——BiSeNet

语义分割需要丰富的空间细节信息和足够大的感受野。然而现有的方法通常依靠压缩输入图像的空间分辨率来提高实时推理速度，这导致了比较差的性能。为解决这样的问题，Yu 等[10]提出了一种新颖的双通道语义分割网络(bilateral segmentation network，BiSeNet)。BiSeNet 由“空间路径”和“上下文语义路径”构成。空间路径具有较小的下采样步长，以保留空间细节信息和高分辨率特征；上下文语义路径采用快速下采样策略以获得足够的感受野，并通过特殊的特征融合模块去聚合这两个路径的特征。

BiSeNet 的网络结构如图 4-23 所示，该网络主要由 5 部分组成：空间路径、上下文语义信息路径、注意力优化模块、特征聚合模块以及上采样模块。空间路径共包含三个卷积层，以及对应的批归一化层和非线性函数映射层，输出图像为原图的 1/8。空间路径结构较为简单，为了最大限度地保留图像的空间细节信息，输出特征图的尺寸仍然较大。相反地，上下文语义路径具有较深的网络结构，通过多次的下采样能够保证输出的特征图具有足够大的感受野，从而获得全局的上下文语义信息。上下文语义路径利用轻量级的模型和全局平均池化来达到该目的。

上下文语义信息路径下还包含了一个注意力优化模块(ARM)，如图 4-23(b)所示。ARM 通过全局平均池化去捕获全局语义信息并计算一个注意力向量去指导特征学习。这样的设计能够优化语义路径每一步的输出特征，且该模块不需要任何上采样操作就能够轻易地聚合全局语义信息。

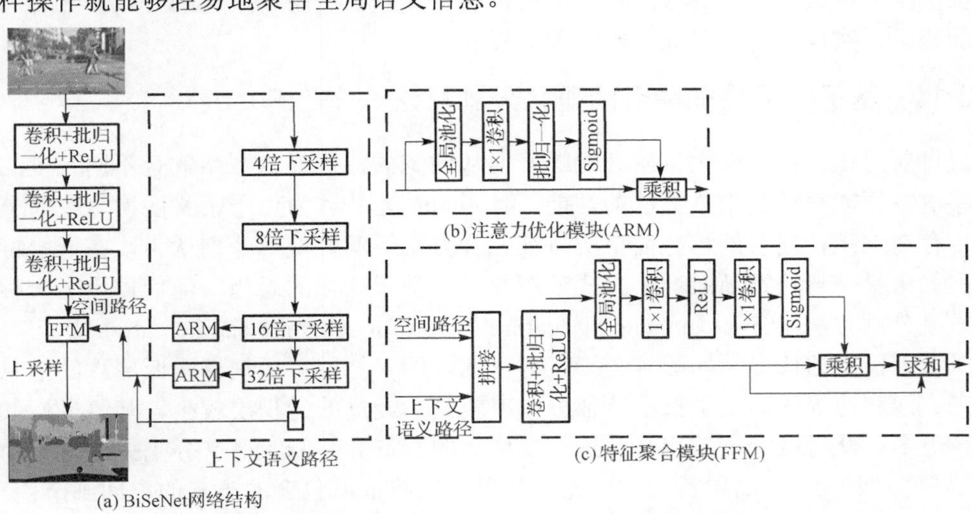

图 4-23　双通路语义分割网络(BiSeNet)整体架构

空间路径捕获的空间信息反映了绝大多数丰富的细节信息，如边缘、角等高层特征不具备的细节。上下文语义路径的输出主要包含了大尺度下的全局语义信息。两条支路的特征并不相同，因此不能进行简单的加权求和。BiSeNet 设计了一个独特的特征聚合模块，让网络自己学习如何去聚合这两条支路的信息。通过学习的方式能够最大化地让网络有权重的去平衡来自两个支路的信息，从而优化语义分割结果。从实际分割结果能够更加客观地感受这种思路带来的性能上的提升。如图 4-24 所示，添加空间路径以后，算法对道路目标的分割更加完整。从第四行的分割结果可以看出，基线模型对道路的分割出现了断点，使得分割结果不完整。这是由基线缺乏细腻的空间细节部分的特征而导致光线阴暗部分分割错误。而采用空间路径后，算法在恢复分辨率的过程中，融合了丰富的空间细节信息，从而分割结果更为完整。

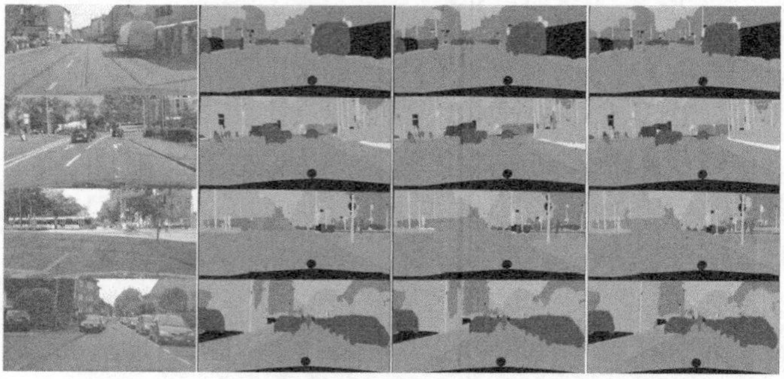

(a) 原图　　(b) U型网络　　(c) BiSeNet　　(d) 人工标注

图 4-24　添加空间路径后与未添加之前的实际分割结果；U 型网络为 BiSeNet 使用的 Baseline 模型

BiSeNet 别出心裁地采用双支路的方法分别捕获输入图像的空间细节信息和大尺度上下文语义信息，并经过特殊的特征聚合模块让网络以学习的方式去融合两部分的特征，实现了优化语义分割结果的目的。

4.2.11　基于增强特征融合的语义分割算法——ExFuse

目前为止，已经有大量研究能够表明从训练的特征提取网络融合不同尺度的高低层次特征能够有效增强算法的性能。但 Zhang 等[11]认为由于语义层次与空间分辨率上存在差距，现有的这些简单的特征融合方法效率较低。他们认为，在低层特征中引入语义信息比逐渐融合的方式效率更高。基于这样的思想，他们提出了一种新的语义分割方法 ExFuse(enhancing feature fusion for semantic segmentation)。

考虑极端的情况，如图 4-25 所示，“纯粹的”低层特征仅编码低层次的信息，如点、线和边缘等。由于低层特征分辨率较高，经过的卷积层较少，其语义性低、噪声更多，此时融合高层特征和这种低层次的特征并不能为语义分割提供较大的帮助。同理，“纯粹的”高层特征难以充分利用低层特征所包含的丰富的空间细节信息。然而，额外的低层特征嵌入能够帮助高层特征去优化自身对于当前任务的分割性能。

因此，通过在低层特征中引入高层语义信息或者在高层语义信息中引入低层丰富的空间细节信息能够有效增强特征融合的过程。

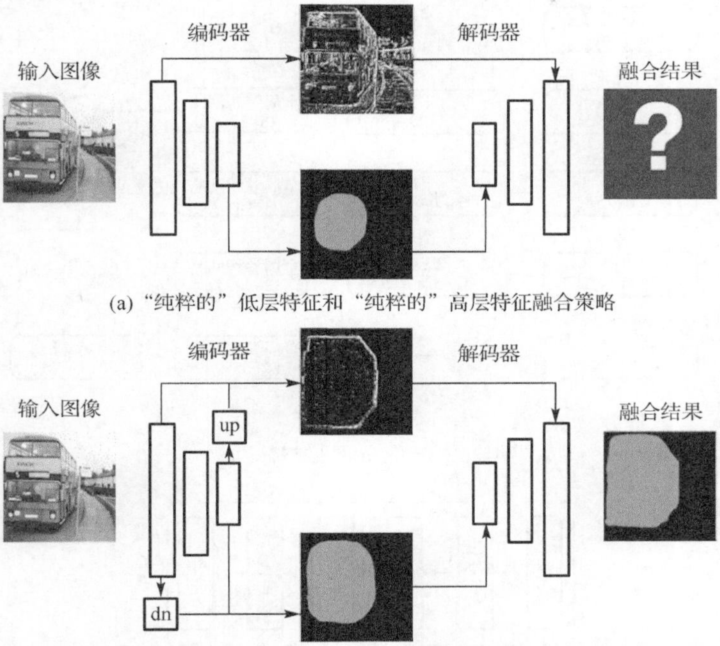

(a)“纯粹的”低层特征和“纯粹的”高层特征融合策略

(b) 在低层特征中引入高层语义信息或在高层语义信息中引入低层空间细节信息

图 4-25　高低特征融合方式

ExFuse 的网络结构如图 4-26 所示，网络结构依然采用的编解码结构，且可以看出，编码部分采用的是残差网络。为了增加低层特征的语义信息进行了三点改进：①网络结构重排，构建更适合于分割的训练模型；②语义深层监督(semantic supervision，SS)；③语义嵌入支路(semantic embedding branch，SEB)。

(1) 网络结构重排。在 ResNetXt 网络中，各级的网络单元所包含的残差单元个数为 {3,4,23,3}。为增强低层特征的语义性，其中一个做法便是增加低层的两级网络拥有更多的残差单元数。因此，ExFuse 将编码器中的残差单元数重排为 {8,8,9,8}，并重新在 ImageNet 数据集上进行预训练。这种重排方式使得语义分割性能提升了 0.8 个百分点。

(2) 语义深层监督。在一些分类网络中，会在网络的中间添加支路产生分类结果，以增强网络的深层监督能力，从而促使网络收敛。基于这种思想，ExFuse 在编码器的四个网络层均增加了深层监督支路，该结构如图 4-27 所示。该结构包含两个 3×3 的卷积层、一个全局池化层和两个全连接层。

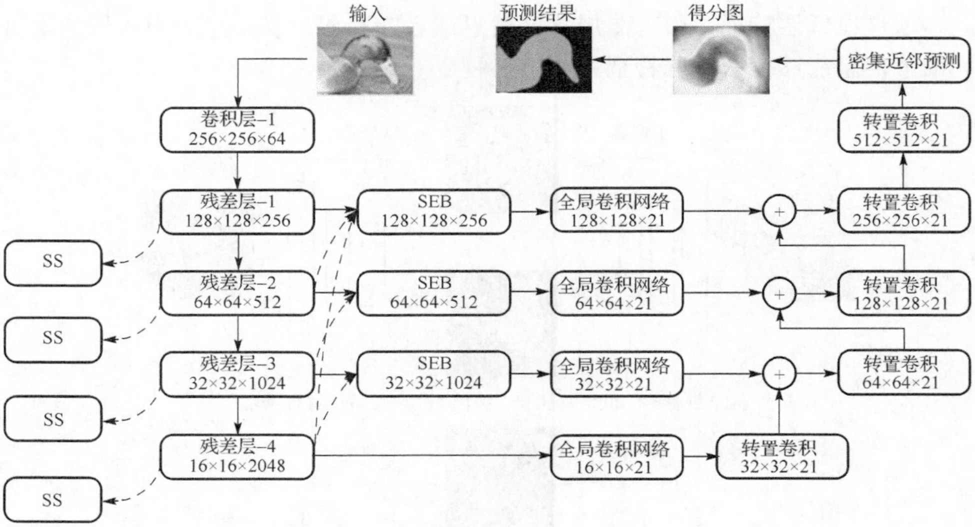

图 4-26　ExFuse 网络整体框架

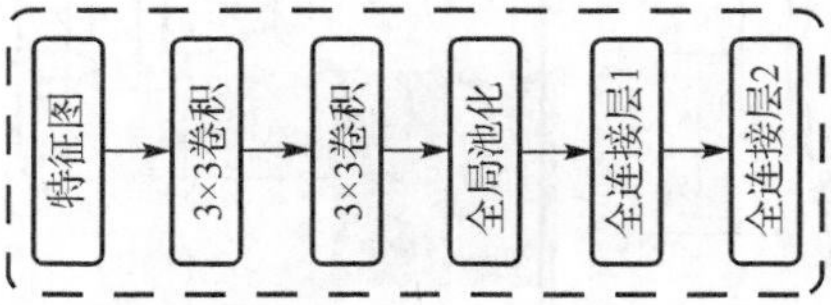

图 4-27　语义深层监督结构

(3)语义嵌入支路。上面提到，为了在底层空间特征中引入高层语义信息，ExFuse 构建了语义嵌入支路，该结构如图 4-28 所示。从图中可以很容易看出，该结构较为简单，其主要通过将分辨率较低的高层特征上采样至与低层特征相同的分辨率，然后逐像素点相乘，从而得到与高层语义信息高度耦合的新特征。该特征经高层特征重新调整后，不仅包含丰富的空间细节信息，并且具有足够的语义级别的信息。

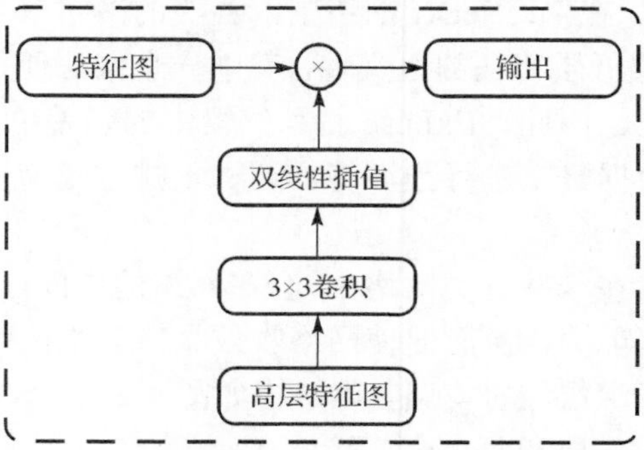

图 4-28　语义嵌入支路

ExFuse 框架通过弥补高级的低分辨率特征与低级的高分辨特征之间的差距以克服当前架构普遍存在的特征融合低效的问题。实验结果表明，该框架能够有效提升语义分割的性能。

4.2.12　基于双路注意力机制的语义分割算法——DANet

Fu 等[12]认为目前采用多尺度特征聚合及编解码结构融合低层和高层语义特征的语义分割方法没有综合考虑特征之间空间的位置关系。这是由于基于卷积神经网络方法提取的特征仅代表了局部上下文信息，相同标签的像素点在最终特征图上的表达也可能不同，这就导致了分割的类内不一致。另外，每个通道的特征图相当于每一类的响应，因此通道间的相关性也应着重考虑。

为解决该问题，他们提出了 DANet(dual attention network for scene segmentation)通过自注意力机制捕获丰富的上下文依赖关系来解决场景分割任务。该网络在带空洞卷积的 FCN 的基础上添加了两个注意力机制模块，分别在空间维度和通道维度上对所有位置的特征进行加权和，有选择地在每个位置聚合特征。其网络结构如图 4-29 所示，他们设计了两种类型的自注意力模块，通过扩展的残差网络产生的局部特征来提取全局上下文，从而获得更好的像素级别的预测表示。在 DANet 中，采用带有扩张卷积的残差网络作为特征提取的基本骨架。然后将这些特征输入到位置注意力模块中，通过以下三个步骤生成具有空间远程上下文信息的新特征。

(1) 生成一个空间注意矩阵，该矩阵对特征任意两个像素点之间的空间关系进行建模；

(2) 在注意力矩阵和原始特征之间执行一个对应位置相乘操作；

(3) 对上述相乘的结果矩阵和原始特征进行元素之间的求和操作，以获得反映长距离上下文的最终表示。

同时，长距离的语义信息在通道维计算通道注意力信息，其计算过程与位置注意力模块相似。

位置注意力模块将更广泛的上下文信息编码为局部特征，从而增强了它们的表示能力。接下来，本节将详细阐述如何自适应地聚合空间上下文的过程。给定局部特征表示 $\boldsymbol{A} \in \mathbf{R}^{C \times H \times W}$ ，首先将其输入至一个卷积层，生成两个新的特征图 $\boldsymbol{B}$ 和 $\boldsymbol{C}$ ，其中， $\{\boldsymbol{B}, \boldsymbol{C}\} \in \mathbf{R}^{C \times H \times W}$ 。然后将它们转换至 $\mathbf{R}^{C \times N}$ ，其中， $N = H \times W$ 。接着进行如下操作：

$$s_{ji} = \frac{\exp(\boldsymbol{B}_i \cdot \boldsymbol{C}_j)}{\sum_{i=1}^{N} \boldsymbol{B}_i \cdot \boldsymbol{C}_j} \tag{4-8}$$

其中， s_{ji} 衡量了 i^{th} 对 j^{th} 的影响。同时，把 $\boldsymbol{A}$ 输入至另外一个卷积层生成一个特征

矩阵 $\boldsymbol{D} \in \mathbf{R}^{C\times N}$ 。然后，在 $\boldsymbol{D}$ 和 $\boldsymbol{S}$ 之间执行矩阵相乘操作并将其转换至 $\mathbf{R}^{C\times H\times W}$ 。最终，通过尺度因子 α 和加权求和操作得到位置注意力模块的输出，其数学表达式如下所示：

$$\boldsymbol{E}_j = \alpha \sum_{i=1}^{N}(s_{ji}D_i) + \boldsymbol{A}_j \tag{4-9}$$

其中，$\boldsymbol{E}_j$ 表示注意力模块的输出。与位置注意模块不同，通道注意力模块直接从特征 $\boldsymbol{A} \in \mathbf{R}^{C\times H\times W}$ 计算通道注意力图 $\boldsymbol{X} \in \mathbf{R}^{C\times C}$ ，其具体操作如下：

$$x_{ji} = \frac{\exp(\boldsymbol{A}_i \cdot \boldsymbol{A}_j)}{\sum_{i=1}^{N}\boldsymbol{A}_i \cdot \boldsymbol{A}_j} \tag{4-10}$$

其中，x_{ji} 度量了第 i 个通道对于第 j 个通道的影响。然后，在 $\boldsymbol{X}$ 和 $\boldsymbol{A}$ 之间执行矩阵乘法，并将其转换至 $\mathbf{R}^{C\times H\times W}$ 。最后，通过尺度因子 β 和对应元素相加操作得到通道注意力模块的输出 $\boldsymbol{G} \in \mathbf{R}^{C\times H\times W}$ ：

$$\boldsymbol{G}_j = \beta \sum_{i=1}^{C}(x_{ji}\boldsymbol{A}_i) + \boldsymbol{A}_j \tag{4-11}$$

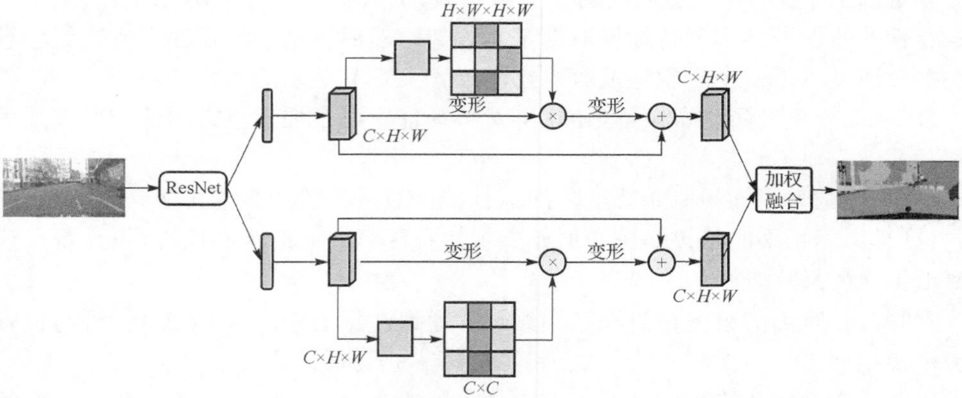

图 4-29　DANet 网络框架

通过上述两个自注意力机制对特征图进行进一步的调整，充分利用长期的语义信息，达到了优化语义分割结果的目的。下面，从分割示例实际感受一下 DANet 提出的自注意力机制对语义分割性能提升。如图 4-30 所示，在位置注意力模块中，一些细节和物体边界更加清晰，如第一排的“杆”和第二排的“人行道”。局部特征的选择性融合增强了对细节的区分。如图 4-31 所示，在通道注意力模块中，一些错误分类的类别被正确分类了，如第一行和第三行的“公共汽车”。通道映射之间的选择性集成有助于捕获上下文信息，语义一致性明显提高。

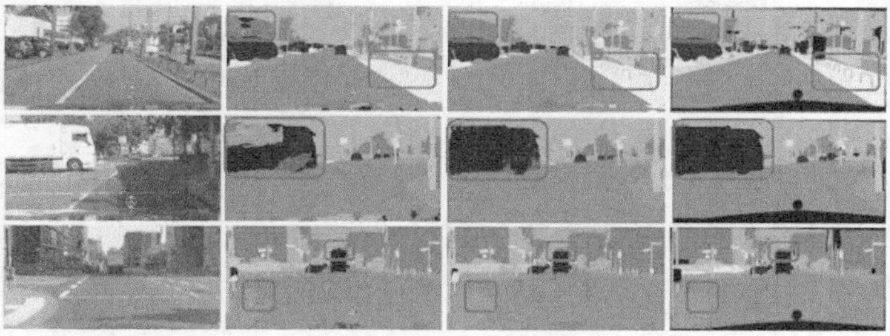

(a) 原图　(b) 通道注意力机制　(c) 无通道注意力机制　(d) 人工标注

图 4-30　位置注意力模块的可视化结果

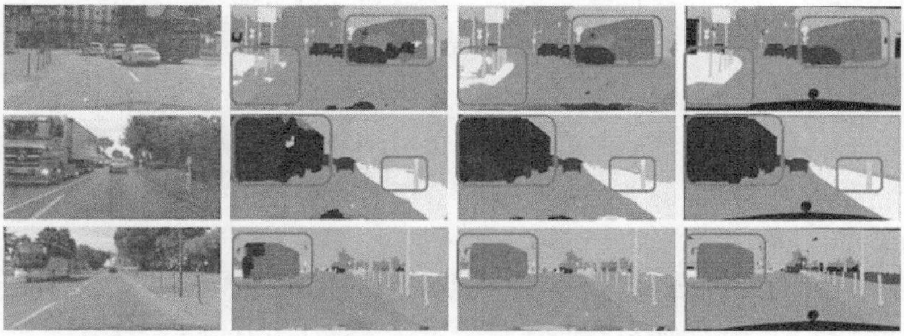

(a) 原图　(b) 通道注意力机制　(c) 无通道注意力机制　(d) 人工标注

图 4-31　通道注意力模块的可视化结果

4.3　算法评价与性能比较

自 FCN 诞生以来，基于卷积神经网络的语义分割算法取得了许多优异的成果。为了进一步了解上述算法在语义分割领域所取得的成就，本节将对 4.2 节提到的所有算法的性能进行比较，从而更清晰地为读者展现出各算法孰优孰劣。首先，本节将对语义分割领域常用的数据集进行介绍，然后介绍常用的评价指标，最后对各算法的性能进行分析。

4.3.1　常用数据集介绍

目前，学术界常用的语义分割数据集主要有三个，PASCAL VOC 系列，Microsoft COCO 和 Cityscapes。

PASCAL VOC 系列以 VOC2012 最为常用。标准的 VOC2012 包含 21 个类别(含背景)，如飞机、自行车、人、船和汽车等。其中，训练集包含 1464 张图片，验证集包含 1449 张图片，测试集有 1456 张图片。

COCO 数据集是一个较新的语义分割数据集，该数据集由微软赞助。该数据集中的图像标注信息不仅有类别和位置信息，还有对图像的语义文本描述。COCO 数据集是一个大规模的语义分割数据集，其提供了 118287 张训练图片、5000 张验证图片和 40670 张测试图片。由于其规模较大和丰富度较高，COCO 数据集近几年在语义分割领域占据了非常重要的位置。

Cityscapes 数据集由奔驰公司主推，目的是解决无人驾驶问题。该数据集包含了 50 个欧洲不同城市的道路实况，并包括不同场景、不同背景和不同季节的街道信息，共标注了 33 类物体。但实际评估时，一般仅用到了其中的 19 个类别。Cityscapes 分为精细化标注集和粗糙集，前者提供了 5000 张精细化标注的图像，后者除了这 5000 张精细化标注外，还额外提供了 20000 张粗糙标注的图像。

4.3.2 评价指标

语义分割算法的主要目的是解决像素点分类的问题，因此，需要判断每一个像素点是否分类正确。常用的评价指标包括三个：像素级精度(pixel accuracy，PA)、IoU 以及 mIoU。

PA 是指语义分割算法对输入图像分类正确的像素点与全部像素点的比值，该值衡量了语义分割算法的整体性能，其数学表达式如下式所示：

$$\mathrm{PA} = \frac{m}{M} \tag{4-12}$$

其中，m 表示分类正确的像素点数量，M 表示输入图像总的像素点数量。

IoU 是指交并比，在语义分割领域一直被作为标准度量使用，其衡量的是某一类目标被分割的准确程度，其计算公式如下所示：

$$\mathrm{IoU} = \frac{\mathrm{target} \cap \mathrm{prediction}}{\mathrm{target} \cup \mathrm{prediction}} \tag{4-13}$$

其中，target 表示掩模标注信息中像素点的数量，prediction 是语义分割算法分割出的该类的像素点数量。

mIoU 指所有目标的 IoU 的平均(背景除外)，即首先求出每一类的 IoU，然后根据总的类别数求解平均值，其数学表达式如下：

$$\mathrm{mIoU} = \frac{1}{k}\sum_{i=1}^{k}\mathrm{IoU}_i \tag{4-14}$$

其中，k 表示除背景外总的类别数，IoU_i 是第 i 类目标的 IoU。

4.3.3　性能比较与算法评价

4.3.1 节介绍了现有的常用数据集，受公开数据的限制，本节仅讨论了各算法在 PASCAL VOC2012 测试数据集上的表现。从表 4-2 可以看出，首个基于卷积神经网络的语义分割算法 FCN 已经取得了 62.2%的 mIoU，这是传统方法难以企及的。dilate convolution 仅在 FCN 的基础上应用空洞卷积就将算法的性能增强到了 72.5%。这说明，在不改变结构的情况下，运用一些特殊的技巧便能够解决因下采样次数限制所带来的问题。PSPNet 探索了图像金字塔的原理并将其引入至语义分割算法，以捕获全局上下文信息，将语义分割结果提升到了 85.4%。RefineNet 的多路径优化框架在输入端利用多分辨率图像来表示不同尺度的图像信息，这是图像金字塔结构的另一种应用，同样起到了增强语义分割算法性能的作用。DANet 通过双注意力机制增强了图像特征空间节点和通道之间的关联关系，增强了类内一致性，并在 PASCAL VOC2012 测试数据集上取得了 82.6%的成绩。BiSeNet 通过网络结构重排、语义深层监督和注意力机制等策略将 mIoU 提升到了 87.9%。DeepLab 系列网络在 FCN 的框架下，通过引入条件随机场、空洞卷积、空洞空间金字塔等模块，不断地改善算法的性能，尤其 DeepLab-v3+结合编解码结构、空洞卷积、深度可分离卷积和空洞空间金字塔等技术，并合理设计语义分割算法，取得了当前最优水平。

表 4-2　各语义分割算法在 PASCAL VOC2012 测试数据集上的性能

算法	mIoU/%
FCN	62.2
dilate convolution	72.5
PSPNet	85.4
DeepLab-v1	72.7
DeepLab-v2	79.7
DeepLab-v3	86.9
DeepLab-v3+	89.0
RefineNet	83.4
DANet	82.6
BiSeNet	87.9

4.4　本 章 小 结

本章首先对语义分割的基本概念进行了详细的介绍，并对语义分割领域目前所面临的困难以及挑战进行了分析。从语义分割算法的基本框架 FCN 开始，对现有一些性能较为优秀的语义分割算法进行了较为细致的介绍。着重概括了每类方法的技术特点以及该技术从哪些方面解决了当前语义分割算法面临的问题。

场景解析任务需要解决的基本问题是如何将图像中的关键信息转化为计算机能够识别的信息，并通过这些信息解决图像中含有哪些关键信息以及这些的准确位置，从而通过计算机将其在图像中标注出来。基于卷积神经网络的语义分割算法首先需要利用卷积神经网络提取特征，这必然会面临多次下采样会导致细节信息丢失太多，而过少的下采样会导致无法捕获足够感受野的上下文信息。因此，诸如编解码结构、金字塔池化、空洞卷积、自注意力机制和条件随机场等技术的引入不断地改善着算法的性能。编解码结构能够融合不同尺度的高低层次特征，从而使得语义分割算法在恢复分辨率的过程当中有效利用了不同层次的特征；金字塔池化成功解决了高层特征无法捕获全局语义信息的问题；空洞卷积能够在有限下采样次数的情况下，扩大编码端的感受野，捕获足够尺度上的上下文信息；自注意力机制能够增强特征点之间的空间关联关系以及通道间的一致性，从而达到优化语义分割结果的目的。

语义分割算法的设计不仅需要高的精度，同时要兼顾模型的推理速度，这是决定算法能否落地的关键，但目前还仍然无法解决这方面的问题，因此，如何兼顾准确率和速度是未来的主要研究方向。

参 考 文 献

[1] Long J, Shelhamer E, Darrell T. Fully convolutional networks for semantic segmentation[C]//Proceedings of IEEE Conference on Computer Vision and Pattern Recognition, 2015: 3431-3440.

[2] Badrinarayanan V, Kendall A, Cipolla R. SegNet: A deep convolutional encoder-decoder architecture for image segmentation[J]. IEEE Transactions on Pattern Analysis and Machine Intelligence, 2017, 39(12): 2481-2495.

[3] Yu F, Koltun V. Multi-scale context aggregation by dilated convolutions[J]. arXiv Preprint: 1511.07122, 2015.

[4] Zhao H, Shi J, Qi X, et al. Pyramid scene parsing network[C]//Proceedings of IEEE Conference on Computer Vision and Pattern Recognition, 2017: 6230-6239.

[5] Chen L C, Papandreou G, Kokkinos I, et al. Semantic image segmentation with deep convolutional nets and fully connected CRFs[J]. arXiv Preprint: 1412.7062, 2014.

[6] Chen L C, Papandreou G, Kokkinos I, et al. DeepLab: Semantic image segmentation with deep convolutional nets, atrous convolution, and fully connected CRFs[J]. IEEE Transactions on Pattern Analysis and Machine Intelligence, 2017, 40(4): 834-848.

[7] Chen L C, Papandreou G, Schroff F, et al. Rethinking atrous convolution for semantic image

segmentation[J]. arXiv Preprint: 1706.05587, 2017.

[8] Chen L C, Zhu Y, Papandreou G, et al. Encoder-decoder with atrous separable convolution for semantic image segmentation[C]//European Conference on Computer Vision, 2018: 833-851.

[9] Lin G, Milan A, Shen C, et al. RefineNet: Multi-path refinement networks for high-resolution semantic segmentation[C]//Proceedings of IEEE Conference on Computer Vision and Pattern Recognition, 2017: 5168-5177.

[10] Yu C, Wang J, Peng C, et al. BiSeNet: Bilateral segmentation network for real-time semantic segmentation[C]//European Conference on Computer Vision, 2018: 334-359.

[11] Zhang Z, Zhang X, Peng C, et al. Exfuse: Enhancing feature fusion for semantic segmentation[C]//European Conference on Computer Vision, 2018: 273-288.

[12] Fu J, Liu J, Tian H, et al. Dual attention network for scene segmentation[C]//Proceedings of IEEE Conference on Computer Vision and Pattern Recognition, 2019: 3146-3154.

第 5 章　基于深度学习的图像生成算法原理及发展

理查德·费曼曾经说过“那些我无法创造的，我也没有真正理解它”。图像生成的设计也来源于这样的思想。自编码器和生成对抗网络是现在图像生成的主流算法，它们的目标都是希望从一个隐变量 Z 生成目标数据 X 的分布模型。不依赖任何先验的数据分布假设，便可以生成接近真实的图片。相比于自编码器，近几年多种改版的生成对抗网络在图像处理各领域已经取得了众多成果。下面将以生成对抗网络为主，介绍图像生成算法的原理和发展脉络，并基于 PyTorch 深度学习框架讲述算法的实现。

5.1　图像生成基础

自编码器作为深度学习在图像生成领域的最初尝试，对深度学习在图像生成上的应用有很大的影响。自编码器结构如图 5-1 所示，其由两部分组成：编码器和解码器。编码器将输入映射至特征空间，解码器再将这特征映射至期望输出。这个编码解码的过程造成很多的信息损失，因此自编码器的生成效果并不理想。

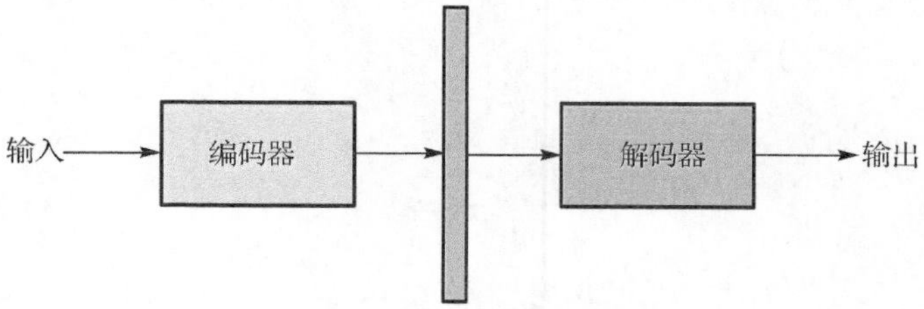

图 5-1　自编码器结构

基于自编码器，Kingma 等[1]提出了变分自编码器结构，变分自编码器生成过程主要分为四步：①在训练集中抽样，得到样本 X_i，样本经过编码器得到正态分布 $N(\mu_i,\sigma_i^2)$ 的充分统计量：均值和方差；②从正态分布 N 中抽样得到样本 Z_i；③样本 Z_i 经过解码器得到解码输出 $\overline{X_i}$；④计算损失函数 $L=\left\|\overline{X_i}-X_i\right\|$，反向传播迭代求解最小值。变分自编码器结构如图 5-2 所示，其中，m 表示样本均值，σ 表示样本标准差，e 为一正态分布的抽样，e 的引入是为了保证输入样本的随机化，$c=\exp(\sigma)*e+m$。

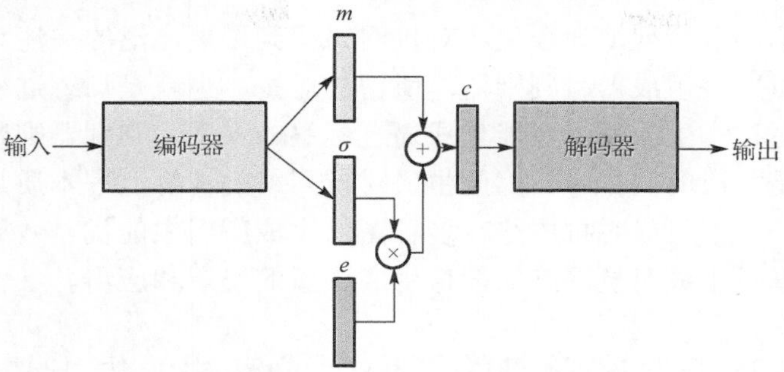

图 5-2　变分自编码器结构

基于 mnist 数据集的变分自编码器网络结构如图 5-3 所示，其中，前三层全连接层对应图 5-2 中的编码器，将 28×28 维输入映射至两个 16 维向量，第四层对应图 5-2 中 m,σ,e 到 c 的乘加操作，最后两层全连接层为解码器。

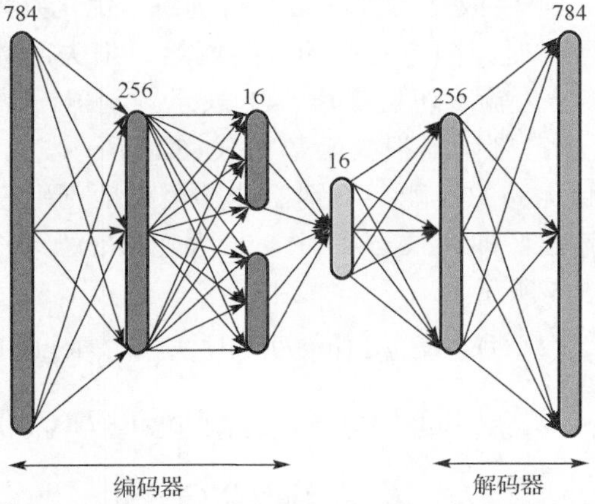

图 5-3　以 mnist 数据集为例，实现变分自编码器网络

变分自编码器训练 150 个周期后，生成效果如图 5-4 所示。

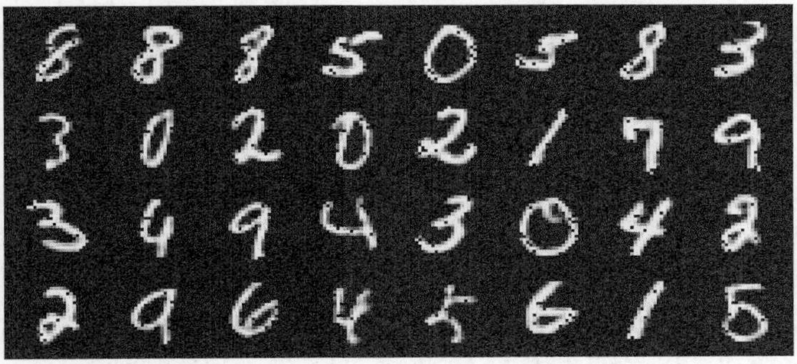

图 5-4　变分自编码器生成手写数字

相比于自编码器系列，如今生成对抗网络得到了更广泛的关注。生成对抗网络主要由两部分组成：生成器、判别器。所谓的对抗，也就是训练过程中生成器和判别器间的互相对抗。生成器尽可能生成逼近标签的样本，判别器则判别输入样本来自真实标签还是生成的假样本。因此生成对抗网络的训练过程本质是生成器和判别器两者的博弈。由于生成对抗网络在多种图像生成应用中的优良效果，本章余下部分将主要讲述基于生成对抗网络的图像生成领域的发展和应用。

5.2　基于深度学习的图像生成算法的提出与发展

5.2.1　生成对抗网络的提出——GAN

2014 年，Goodfellow 等首次提出了生成对抗网络（generative adversarial networks，GAN）结构[2]。训练过程中生成器与判别器交替训练。优化判别网络时，固定此时的生成网络，优化生成网络时，固定此时的判别网络。损失函数定义如式(5-1)所示，其中，x 为真实数据，z 为输入随机噪声，D 表示判别器，G 表示生成器。生成器损失函数如式(5-2)所示，判别器损失函数如式(5-3)所示。生成对抗网络的目标为生成器和判别器都达到优秀的性能，判别器能够很好地判别真假图片，生成器能够生成逼近真实数据的输出，即在式(5-1)中，最大化 $D(x)$，最小化 $(1-D(G(z)))$。生成对抗网络流程图如 5-5 所示。

$$\min_G \max_D V(D,G) = E_{x\sim P(x)}[\log D(x)] + E_{z\sim P_z(z)}[\log(1-D(G(z)))] \tag{5-1}$$

$$L_D = E_{x\sim P(x)}[\log D(x)] + E_{z\sim P_z(z)}[\log(1-D(G(z)))] \tag{5-2}$$

$$L_G = E_{z\sim P_z(z)}[\log(D(G(z)))] \tag{5-3}$$

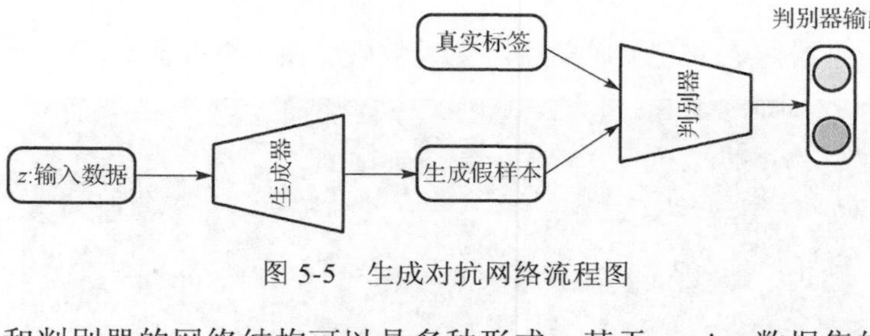

图 5-5　生成对抗网络流程图

生成器和判别器的网络结构可以是多种形式，基于 mnist 数据集的生成对抗网络详细结构如图 5-6 所示。生成器由 5 个全连接层和 4 个批量标准化层组成，输入为 1×100 的随机噪声，通过 4 个全连接层将输入依次映射至 128，256，512，1024，最后通过一个全连接层将第 4 层 1×1024 的向量映射至 1×28×28 大小，生成预期逼近 mnist 数据集的图片。判别器由 3 个全连接层组成，依次将生成器输出的 1×28×28 大小的向量映射至 512，256，1。判别器最终的输出经过 Sigmoid 函数即得到生成图片真假的判别结果。每一个全连接层后使用带泄露单元的 ReLU 作为激活函数。

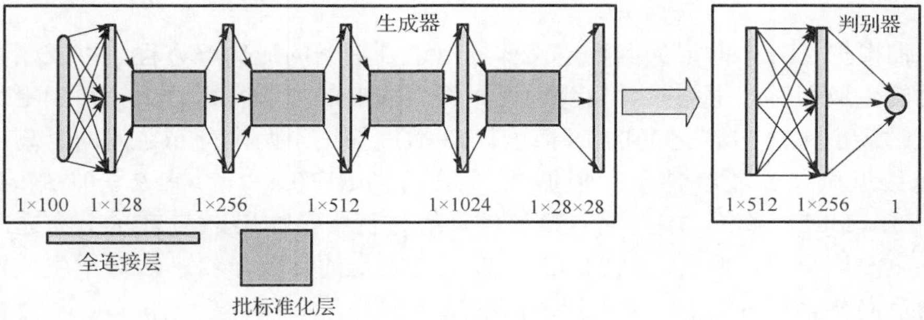

图 5-6　基于 mnist 数据集的生成对抗网络结构图

作为生成对抗网络的开创者，文章 *Generative Adversarial Networks* 提出了无监督图像生成的新方向。自 2014 年起，对抗学习思想已经应用到多种视觉任务之中。初代生成对抗网络训练难度大，难以生成复杂图像。在近几年的发展过程中多种生成对抗网络在逐渐弥补这些缺点，主要优化方向可分为两类：优化损失函数和优化网络结构。

那么，GAN 的训练难度体现在哪里呢？此处从损失函数的角度进行推导说明。当生成器固定时，将式(5-2)转换为与生成器无关的方程，即式(5-4)。令其对 $D(x)$ 求导等于 0，则得到当生成器固定时的最优判别器 $D'(x)$，如式(5-5)所示。此时我们假设在训练过程中判别器已达到最优，则判别器固定，给生成器的损失函数添加一个不依赖于生成器的项后变成式(5-6)。

$$L_D = E_{x\sim P_r}[\log D(x)] + E_{x\sim P_g}[\log(1-D(x))] \tag{5-4}$$

$$D'(x) = P_r(x)/(P_r(x)+P_g(x)) \tag{5-5}$$

$$L_G = E_{x\sim P_r}[\log D(x)] + E_{x\sim P_g}[\log(1-D(x))] \tag{5-6}$$

最小化式(5-6)等价于最小化式(5-2)，将式(5-5)代入得到生成器的最优解如式(5-7)所示。

$$\begin{aligned}&E_{x-P_r}[\log(P_r(x)/1/2\times(P_r(x)+P_g(X)))]+\\&E_{x-P_g}[\log(P_g(x)/1/2\times(P_r(x)+P_g(X)))]-2\log 2\end{aligned} \tag{5-7}$$

使用 JS 散度(Jensen-Shannon divergence)对式(5-7)做变换得式(5-9)。JS 散度计算如式(5-8)所示。其中，$\mathrm{KL}(P_1\|P_2)=E_{x\sim P_1}\log\left(\dfrac{P_1}{P_2}\right)$。

$$2\text{JS}(P_1||P_2)=\frac{1}{2}\times \text{KL}\left(P_1\middle\|\frac{P_1+P_2}{2}\right)+\frac{1}{2}\times \text{KL}\left(P_2\middle\|\frac{P_1+P_2}{2}\right) \tag{5-8}$$

$$2\text{JS}(P_r||P_g)-2\log 2 \tag{5-9}$$

我们根据 GAN 的损失函数定义推导出了判别器的最优解方程，以及在固定判别器时的生成器解，根据推导，我们可以将 GAN 的训练目标总结为得到更优判别器的同时最小化 P_r 与 P_g 之间的 JS 散度。JS 散度描述了两个分布之间的距离，两个分布越接近则 JS 散度越小。根据式(5-8)，当 $P_1=0$，$P_2\neq 0$ 或 $P_2=0$，$P_1\neq 0$ 时，$\text{JS}(P_1||P_2)=\log 2$。简而言之，在 GAN 的训练过程中，如果 P_r 与 P_g 的分布之间距离很远甚至没有交集，两者之间的 JS 散度就是固定的常数 $\log 2$，这对于生成器来说意味着反向传播梯度为 0，学不到任何信息。

至此已经简单的推导出 GAN 难以训练的根源：损失函数的设计问题或者说 JS 散度在 GAN 的任务中不是很合适。

5.2.2 基于条件约束的生成对抗网络——CGAN

生成对抗网络与其他生成模型相比最大的优点是不再需要先验假设数据的分布，然而这种无须先验假设的方式导致训练过程中数据过高的自由度，在生成大图即多像素的情况下，生成效果难以达到预期。为了解决这个问题，一种很自然的想法便是添加约束限制输入数据的自由度。这便是基于条件约束的生成对抗网络的工作内容，其流程图如图 5-7 所示。其本质上是生成对抗网络由无监督学习向有监督学习的一个转变，将无先验假设的数据分布转化为已知一定条件的条件分布。目标函数如式(5-10)所示。

$$\min_G \max_D V(D,G)=E_{x\sim P(x)}[\log D(x|y)]+E_{z\sim P_z(z)}[\log(1-D(G(z|y)))] \tag{5-10}$$

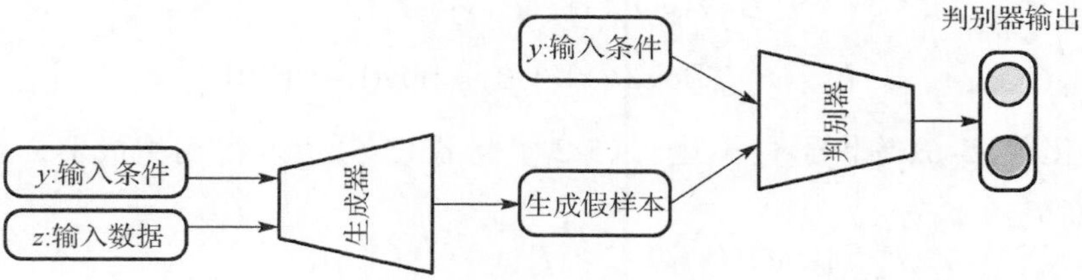

图 5-7　条件生成对抗网络流程图

类似于初始的 GAN 结构，基于 mnist 数据集的 CGAN(conditional GAN)[3]网络结构如图 5-8 所示。生成器输入为 1×100 和 1×10 的向量拼接，判别器输入为条件 y 与生成器输出的拼接。

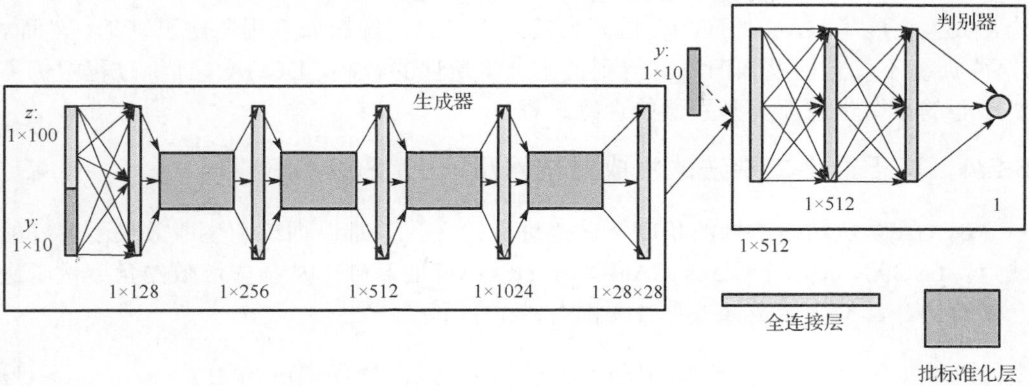

图 5-8　基于 mnist 数据集的条件生成对抗网络结构图

CGAN 的本质是将 GAN 的思想从无监督学习引导至有监督学习，看似简单的改变具有很强的实用性，对后续多种有监督 GAN 的结构产生了很大的影响。然而，GAN 难以训练即图像生成质量问题依旧存在。

5.2.3　基于深度卷积的生成对抗网络——DCGAN

GAN 和 CGAN 的多层感知机结构难以学习复杂图像的分布，卷积相比于多层感知机的优点之一便是对图像结构信息的学习能力。DCGAN(deep convolutional GAN)[4]提出使用卷积层替代全连接层来稳定 GAN 的训练并且达到更好的生成效果，其生成器网络结构如图 5-9 所示。判别器卷积层网络结构与生成器完全对称，最后添加一层全连接将 1024×4×4 大小的特征映射至 1 个值，表示判别结果。

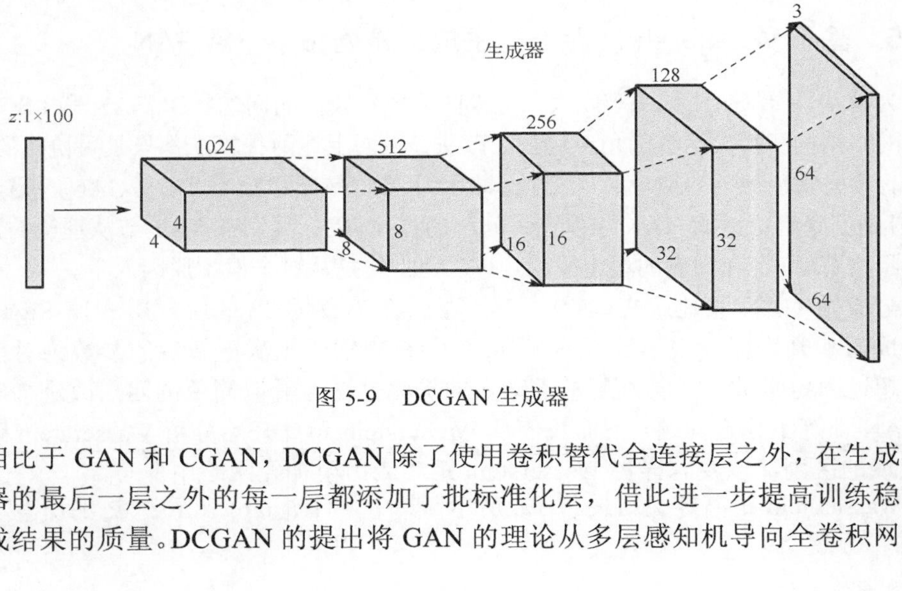

图 5-9　DCGAN 生成器

相比于 GAN 和 CGAN，DCGAN 除了使用卷积替代全连接层之外，在生成器和判别器的最后一层之外的每一层都添加了批标准化层，借此进一步提高训练稳定度和生成结果的质量。DCGAN 的提出将 GAN 的理论从多层感知机导向全卷积网络结构，大大拓展了 GAN 的应用范围，为后续更多的图像领域应用奠定了基础。然而，GAN 训练不稳定问题依旧没有得到理论上本质性的解决，DCGAN 训练过程中仍需要小心的平衡生成器与判别器的训练进程。

5.2.4 基于最小二乘法的生成对抗网络——LSGAN

DCGAN 从网络结构的角度尝试改进原始 GAN 难以训练和生成效果不够好的缺点，LSGAN (least squares GAN)[5]在 DCGAN 的基础上从损失函数的角度做了进一步改进。其损失函数如式(5-11)和式(5-12)所示。

$$L_D = \frac{1}{2}(E_{x\sim P(x)}[(D(x)-a)^2] + E_{z\sim P_z(z)}[(D(G(z))-b)^2]) \tag{5-11}$$

$$L_G = \frac{1}{2}E_{z\sim P_z(z)}[(D(G(z))-c)^2] \tag{5-12}$$

那么为什么相比交叉熵损失函数，最小二乘法损失函数更有利于生成高质量图片呢？在此我们从 GAN 的基本理论进行推理。GAN 分为生成器和判别器，其中，生成器用于生成尽可能逼近真样本的数据，并且从损失函数的角度来看，其目标为尽可能地混淆判别器的判断。在 GAN 的训练过程中存在这样一种情况：当生成的假样本质量不高但是骗过了判别器时，这时的原始 GAN 交叉熵损失函数便已经很小，这意味着生成器学不到更多的信息进行优化。

LSGAN 便是基于以上的分析使用最小二乘损失函数替代交叉熵损失。相比于交叉熵损失函数，在生成器生成足以混淆判别器但质量图片较低的情况下，基于最小二乘的损失函数依旧足够大。

5.2.5 基于 Wasserstein 距离的生成对抗网络——WGAN

为解决原始 GAN 训练难度大，生成图片质量较低的问题，DCGAN 和 LSGAN 分别从网络结构和损失函数的角度进行了改进，然而上述两种算法都只是妥协式的优化，并没有彻底解决原始 GAN 存在的问题。相比于 DCGAN 和 LSGAN，WGAN (Wasserstein GAN) 是彻底解决原始 GAN 难以训练问题的经典算法。我们在 5.2.1 节从理论的角度推导了原始 GAN 存在问题的根本原因，WGAN[6]便是从这个根本原因入手。

与原始 GAN 相比，WGAN 只改了四点：①判别器最后一层去掉 Sigmoid；②生成器和判别器损失函数不添加 log；③将判别器每次更新后的参数绝对值截断到不超过固定常数 c；④不用基于动量的优化算法。看似简单的四点改进彻底解决了 GAN 训练不稳定问题，下面我们从 Wasserstein 距离开始分析 Wasserstein 距离与 JS 散度的区别，以及怎样将 Wasserstein 距离应用至神经网络中。

Wasserstein 距离定义如式(5-13)所示。其中，$\Pi(P_r,P_g)$ 表示 P_r,P_g 的所有可能联

合分布的集合，γ 表示集合 Π 中的一个分布。从 γ 中采样 (x,y)，即得到一个真样本 x 和一个生成假样本 y，通过计算这对样本的距离 $\|x-y\|$ 则可以计算出 $E_{(x,y)\sim\gamma}\left[\|x-y\|\right]$。$W(P_r,P_g)$ 为所有可能联合分布中期望值 $E_{(x,y)}$ 的下界。

$$\mathrm{W}(P_r,P_g)=\inf_{\gamma\sim\Pi(P_r,P_g)}E_{(x,y)\sim\gamma}\left[\|x-y\|\right] \tag{5-13}$$

相比于 5.2.1 节提到的 JS 散度和 KL 散度(Kullback-Leibler divergence)，Wasserstein 距离的不同在于即使两个分布没有重叠，Wasserstein 距离依旧能够反映两分布的距离，而不是 JS 散度的常数。正是这个性质使得 Wasserstein 距离解决 GAN 的训练问题成为可能。然而，式(5-13)中，$\inf_{\gamma\sim\Pi(P_r,P_g)}$ 无法直接求解，通过已知定理将其变换为式(5-14)的形式，其中，f 和 K 满足 $|f(x_1)-f(x_2)|\leqslant K|x_1-x_2|$。当用一组参数 ω 来定义一系列可能的函数 f_ω，则式(5-14)可转换为式(5-15)的形式。

$$\mathrm{W}(P_r,P_g)=\frac{1}{K}\mathrm{SUP}_{\|f\|\leqslant K}E_{x\sim P_r}[f(x)]-E_{x\sim P_g}[f(x)] \tag{5-14}$$

$$K\times W(P_r,P_g)\approx\max_{\omega:|f_\omega|\leqslant K}E_{x\sim P_r}[f_\omega(x)]-E_{x\sim P_g}[f_\omega(x)] \tag{5-15}$$

至此，我们描述了 Wasserstein 距离及其可求解的近似形式。因为神经网络强大的非线性拟合能力，所以如果用带参数 ω 的神经网络来拟合式(5-15)中的函数 f 便是可能且合理的。我们再根据方程为参数添加限制：$\|f_\omega\|_L\leqslant K$。这里 K 不是正无穷即可，因为 K 并不改变梯度方向，在文献[6]中的处理便是限制网络的所有参数不超过一个特定范围。在满足限定条件的情况下，式(5-15)便可转换为式(5-16)的形式，其中，L 便是 P_r 与 P_g 两个分布的近似 Wasserstein 距离。

$$L=E_{x\sim P_r}[f_\omega(x)]-E_{x\sim P_g}[f_\omega(x)] \tag{5-16}$$

根据式(5-16)，基于 Wasserstein 距离的损失函数如式(5-17)和式(5-18)所示。

$$L_G=-E_{x\sim P_g}[f_\omega(x)] \tag{5-17}$$

$$L_D=-E_{x\sim P_r}[f_\omega(x)]+E_{x\sim P_g}[f_\omega(x)] \tag{5-18}$$

5.2.6　从能量的角度理解 GAN——EBGAN

EBGAN(energy-based GAN)[7]之前，人们都是从数据分布的角度理解 GAN 的有效性和合理性，EBGAN 提供了一个新的视角，即从能量的角度重新认识 GAN 并推导出合适的目标函数。从网络结构上来说，能量角度的 GAN 与概率角度的 GAN 差别在于判别器。EBGAN 判别器结构如图 5-10 所示，可以看到判别器内部有编码-

解码结构。EBGAN 就是将判别器的输入输出求重构损失，也就是所谓能量的概念。EBGAN 的损失函数设计如式(5-19)和式(5-20)所示。

$$L_D = D(x) + \max(0, m - D(G(z))) \tag{5-19}$$

$$L_G = D(G(z)) \tag{5-20}$$

我们希望对于真样本的判别器输出重构误差小，对于生成器生成假样本判别器输出重构误差大，即在式(5-19)中最大化 $D(G(z))$、最小化 $D(x)$，m 作为一个阈值是为了防止 $D(G(z))$ 无限增大导致训练无法收敛。

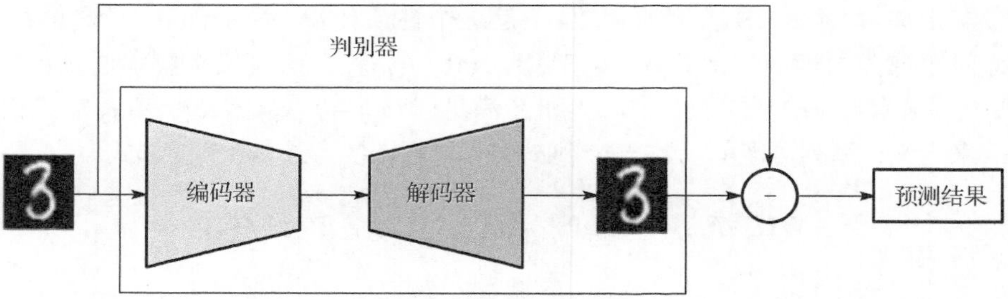

图 5-10　EBGAN 的判别器结构

与原始 GAN 相比，看似简单的损失函数和判别器的修改背后，是对如何理解 GAN 理论的一种推广。对于基于概率模型的 GAN 而言，生成器是网络结构的核心，判别器作为辅助结构学习真样本与假样本之间的散度，辅助生成器生成逼真的假样本。基于概率模型的 GAN 结构如图 5-11 所示，其目的在于通过生成器使输入数据分布逼近真实数据分布。然而在 EBGAN 中，判别器为网络结构的核心，生成器作为辅助结构生成假样本来辅助判别器。

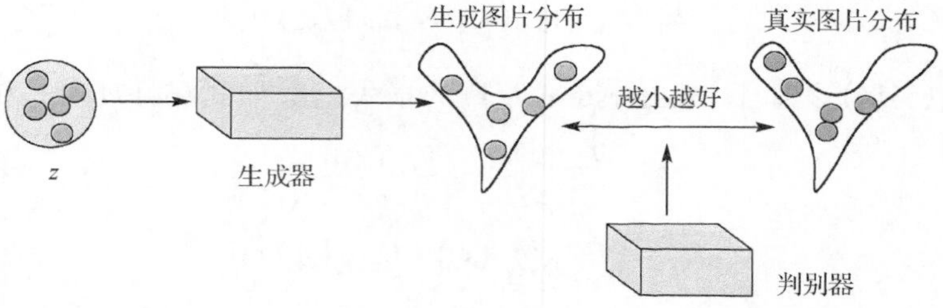

图 5-11　基于概率模型的生成对抗网络

EBGAN 提供了一个理论 GAN 的新角度，相比于传统 GAN，EBGAN 更容易在短时间内训练出较好的生成器，加快训练速度。

5.2.7　实现图像到图像翻译的生成对抗网络——PIX2PIX

原始 GAN 属于无监督领域的图像生成，CGAN 将原始 GAN 理论引入有监督领域。图像处理的很多问题是将一张图片的类型转换至另一种图片样式，如将实物图转换为素描等。PIX2PIX[8]算法便是为解决这类问题而设计的，需要成对的数据集进行训练, 其可以看作是 CGAN 算法的延伸。

PIX2PIX 结构如图 5-12 所示，不同于 CGAN 的二分类输出，PIX2PIX 的判别器为一个编码器结构输出补丁(patch)尺寸的范围在[0,1]间的置信度值。为了生成图像更贴近目标输出，生成器使用 L_1 范数作为像素损失。PIX2PIX 损失函数如式 (5-21)～式(5-24)所示。

$$L_{\text{adv}} = -E_{A\sim P_{\text{data}}(A)}[\log D(G(A),A)] \tag{5-21}$$

$$L_{\text{pix}} = -E_{A\sim P_{\text{data}}(A),B\sim P_{\text{data}}(B)}[B-G(A)_1] \tag{5-22}$$

$$L_G = L_{\text{adv}} + \lambda \times L_{\text{pix}} \tag{5-23}$$

$$L_{\text{adv}} = E_{A\sim P_{\text{data}}(A),B\sim P_{\text{data}}(B)}[\log D(A,B)] + E_{A\sim P_{\text{data}}(A)}[\log(1-D(G(A),A))] \tag{5-24}$$

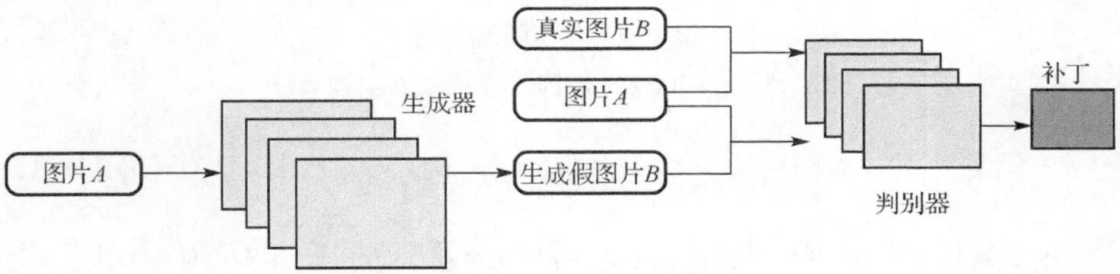

图 5-12　PIX2PIX 流程图

5.2.8　基于两领域图像风格转换的生成对抗网络——CycleGAN

CycleGAN[9]同 PIX2PIX 一样为解决两领域图像分割转换问题。PIX2PIX 存在的一个问题是训练需要成对的数据集，这对于很多现实中并不存在互相对应的真实图片的类型，PIX2PIX 便难以发挥作用。CycleGAN 算法便是解决了这个问题，从领域 A 生成领域 B 的结构流程如图 5-13 所示。CycleGAN 包含两个生成器和两个判别器，CycleGAN 循环的概念还体现在两领域的互相转换，由领域 B 生成领域 A 时，两生成器共用，会新增一个类似判别器 D_B 的判别器 D_A。CycleGAN 的整体结构是对偶的形式。

生成器 G_AB 类似于 PIX2PIX 中生成器的作用，将输入领域 A 图片转换至领域 B。由于 CycleGAN 的训练集不是一一对应的，生成器 G_AB 和判别器 D_B 会直接忽略输入，产生随机输出。这个问题类似 GAN 与 CGAN 间的差异，此处自然的想法便是添加约束。*G_BA* 便是起到这个约束的作用，其将 *G_AB* 的输出重建回 *G_AB* 的输入。CycleGAN 的损失函数也是对偶的，如式(5-25)～式(5-29)所示。

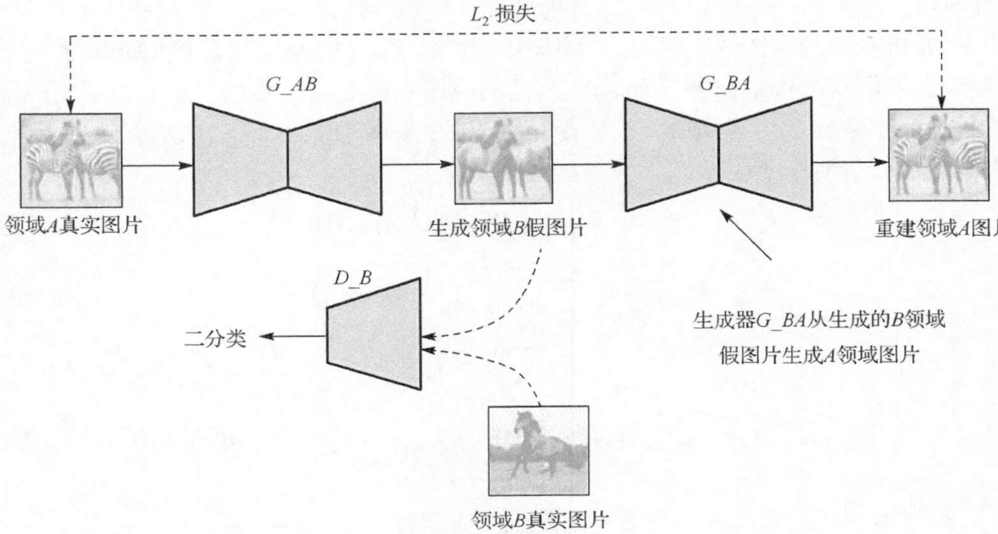

图 5-13　CycleGAN 流程图，领域 *B* 至领域 *A*

$$L_{\text{GAN}}(G,D_A,A,B)=E_{A\sim P_{\text{data}}(A)}[\log D_A(A)]+E_{B\sim P_{\text{data}}(B)}[1-\log D_A(G(B))] \tag{5-25}$$

$$L_{\text{GAN}}(G,D_B,A,B)=E_{B\sim P_{\text{data}}(B)}[\log D_B(B)]+E_{A\sim P_{\text{data}}(A)}[1-\log D_B(G(A))] \tag{5-26}$$

CycleGAN 除了对抗损失，还有循环损失函数即重构损失。两领域图像的相互生成如式(5-27)和式(5-28)所示。

$$x\to G_{AB}(x)\to G_{BA}(G_{AB}(x))\approx x \tag{5-27}$$

$$y\to G_{BA}(y)\to G_{AB}(G_{BA}(y))\approx y \tag{5-28}$$

当采用 L_1 范数衡量循环损失时：

$$L_{\text{cyc}}(G_{AB},G_{BA})=E_{x\sim P_{\text{data}}(x)}[\|G_{BA}(G_{AB}(x))-x\|_1]+E_{y\sim P_{\text{data}}(y)}[\|G_{AB}(G_{BA}(y))-y\|_1] \tag{5-29}$$

最终的损失函数为

$$L(G_{AB},G_{BA},D_A,D_B)=L_{\text{GAN}}(G,D_A,A,B)+L_{\text{GAN}}(G,D_B,A,B)+\lambda L_{\text{cyc}}(G_{AB},G_{BA}) \tag{5-30}$$

5.2.9　基于多领域图像生成的生成对抗网络——StarGAN

CycleGAN 只能用来实现两个领域间的图像转换，如果要用 CycleGAN 来实现 *N*

个领域的图像转换，则需要训练 $N(N-1)$ 个模型，显然时间成本太高。StarGAN[10] 的提出便是为了解决这一问题，目标为用一个网络实现有效的多领域图像转换。其结构如图 5-14 所示，其中生成器的输入域与目标域的相互转换与 CycleGAN 类似，不同的是 StarGAN 中的两个生成器为同一个生成器，整个 StarGAN 结构中只有一个生成器、一个判别器。

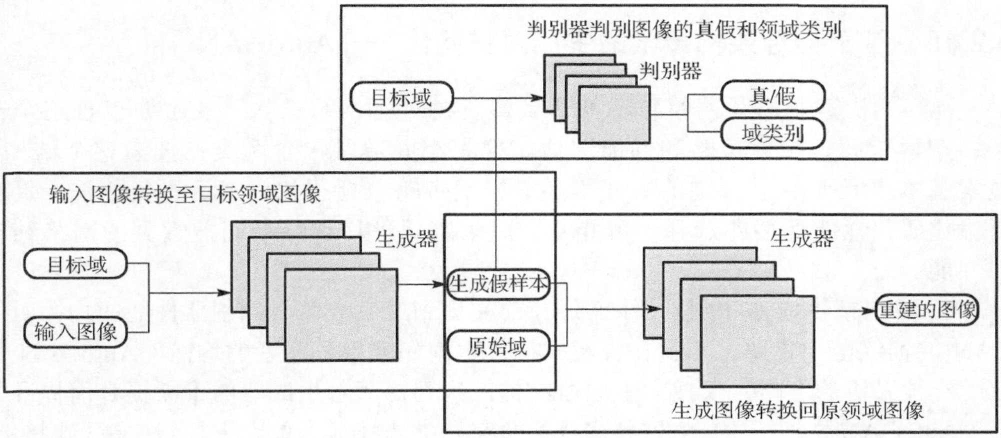

图 5-14　StarGAN 流程图

StarGAN 中，生成器的输入包括输入图片和目标域标签，判别器的输入包括输入的图像和类别标签，判别器判别输入图片的真假和类别。StarGAN 涉及的损失函数如式(5-31)～式(5-34)所示。式(5-31)是常规的 GAN 对抗损失。

$$L_{\text{adv}} = E[\log D_{\text{src}}(x)] + E_{c,x}[\log(1 - D_{\text{src}}(G(x,c)))] \tag{5-31}$$

对于判别器，需要将真实图片分类为其所属的正确类别 $\overline{c}$,目标为最小化损失 L_{cls}^{r}。对于生成器，其目标为使得生成的图片被判别器分类为目标类别 c，即最小化损失 L_{cls}^{f}。

$$L_{\text{cls}}^{r} = E_{x,\overline{c}}[-\log D_{\text{cls}}(\overline{c} \mid x)] \tag{5-32}$$

$$L_{\text{cls}}^{f} = E_{x,c}[-\log D_{\text{cls}}(c \mid G(x,c))] \tag{5-33}$$

同 CycleGAN 的思路一样，为了确保生成图片能够重建回原领域，将生成器输出图片再次输入生成器，并以 L_1 范数衡量生成器第一次的输入与第二次输出的距离。

$$L_{\text{rec}} = E_{x,c,\overline{c}}[\| x - G(G(x,c),\overline{c}) \|_1] \tag{5-34}$$

最终，StarGAN 生成器和判别器的损失函数分别如式(5-35)和式(5-36)所示。其中，λ_{cls} 和 λ_{rec} 为损失权重。

$$L_G = -L_{\text{adv}} + \lambda_{\text{cls}} L_{\text{cls}}^f + \lambda_{\text{rec}} L_{\text{rec}} \tag{5-35}$$

$$L_D = -L_{\text{adv}} + \lambda_{\text{cls}} L_{\text{cls}}^r \tag{5-36}$$

5.2.10　基于神经架构搜索的生成对抗网络——AutoGAN

神经架构搜索即让网络自己搜索到最优的神经网络结构，其主要包含三个部分：搜索空间、搜索策略和性能评估。搜索空间通常包含两类：搜索整个结构；搜索基本单元而后以预定的方式堆叠。搜索策略包括强化学习、进化算法、贝叶斯优化等。性能评估即选择一种指标，用来有效评估训练期间搜索到的网络结构的性能。

GAN 包括生成器和判别器两部分，前文提到过生成器与判别器性能的均衡对于 GAN 的训练至关重要，那么在神经架构搜索中如何保证两者的均衡？AutoGAN 采取了一种妥协的策略，仅搜索生成器结构，判别器随着生成器的不断提升而提升。

AutoGAN[11]基于 RNN 控制器从搜索空间中选择基本单元来构建生成器网络。RNN 控制器运行如图 5-15 所示，其每次输出一个隐藏向量，经过 Softmax 函数解码后作为基本单元的选择依据。每个单元的搜索使用不同的控制器，一个单元搜索完成后，控制器从中采样 M 个候选结构，然后挑出前 K 个。

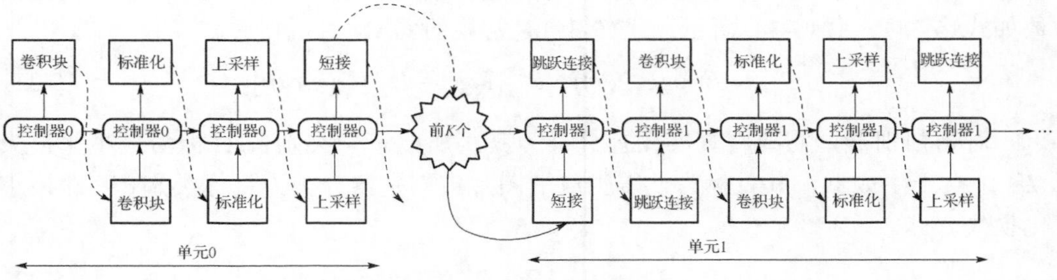

图 5-15　AutoGAN 搜索策略

AutoGAN 的生成器由多级单元组成，属于多级搜索策略。AutoGAN 生成器的搜索空间如图 5-16 所示。

以 mnist 数据集为例，实验搜索出的结构如图 5-17 所示，可以看到生成器网络由 3 个单元组成，每个单元固定上采样和卷积块顺序。

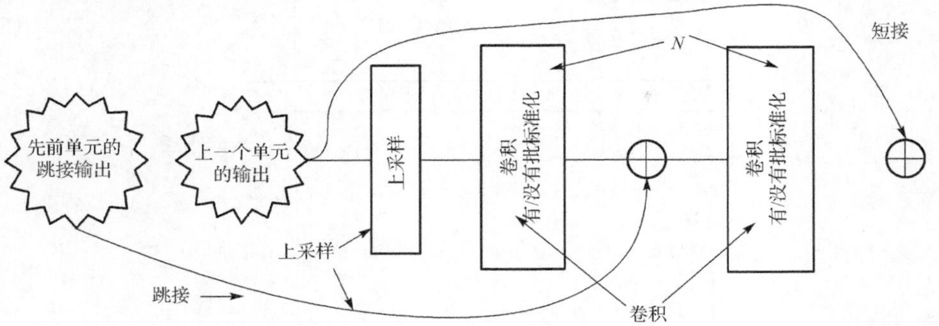

图 5-16　AutoGAN 搜索空间

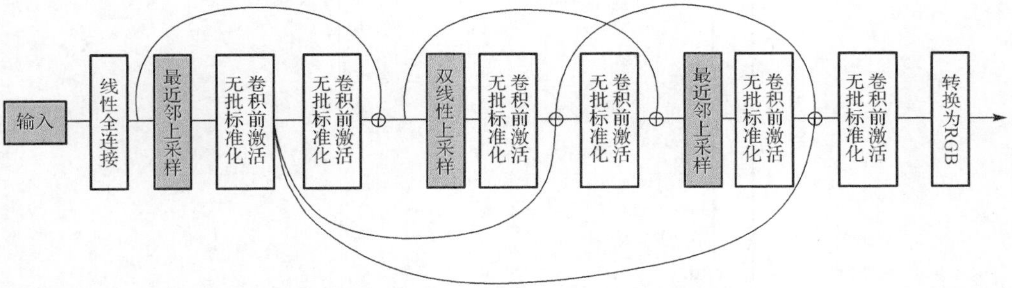

图 5-17　AutoGAN 在 mnist 数据集上搜索出的生成器结构

AutoGAN 也包含神经架构搜索的三个方面：搜索空间、搜索策略和性能评估。上文主要讲述了 AutoGAN 的搜索空间，下面将介绍 AutoGAN 的性能评估方法和搜索策略。GAN 的两个主要评价指标是散度期望得分(inception score，IS)和弗雷歇特征距离(Fréchet inception distance，FID)，由于 FID 计算复杂，这里选择 IS 作为评价指标。此外，不成熟的 GAN 结构训练过程中常常会出现模型塌缩，通常伴随着训练很小的损失。为此，AutoGAN 中设计了一个预定阈值，当训练损失小于阈值时终止当前训练，其搜索策略如图 5-18 所示。AutoGAN 同很多神经架构搜索一样，包含两组参数：RNN 控制器的参数 θ 和搜索的生成器以及对应的判别器参数 ω。首先固定 RNN 控制器参数，训练数轮 GAN 的参数。在 GAN 的训练过程中，每次迭代结束后，控制器采样一个候选结构。F_DR 表示动态重置的标志位，当训练损失小于预设阈值时，F_DR 变为 True，并且终止 GAN 的当前训练。然后固定生成器和判别器参数 ω，控制器采样 K 个子模型并计算它们的 IS 值，然后使用强化学习更新控制器。

训练过程中 AutoGAN 的损失函数如式(5-37)和式(5-38)所示。

$$\begin{aligned} L_D = & E_{x\sim P_{\text{data}}(x)}[\min(0,-1+D(x))] \\ & + E_{z\sim P_{\text{data}}(z)}[\min(0,-1-D(G(z)))] \end{aligned} \tag{5-37}$$

$$L_G = E_{z\sim P_{\text{data}}(z)}[\min(0, D(G(z)))] \tag{5-38}$$

算法：AutoGAN结构搜索策略伪代码。

```
iters = 0;
stage = 0;
F_DR = False;
while iters < 90  do
    train (generator, discriminator, F_DR);
    train (controller);
    if iters % U_stage == 0 then
        save the top K architectures;
        generator = grow(generator);
        discriminator = grow (discriminator);
        controller = new (controller);
        stage += 1;
    end
    if F_DR == True then
        // dynamic reset
        initialize (generator);
        initialize (discriminator);
        F_DR = False;
    end
    iters += 1;
end
```

图 5-18　AutoGAN 搜索过程伪代码

5.3　性 能 比 较

5.2 节介绍了 10 种生成对抗网络模型，从原始 GAN 的提出到多种不同角度优化的 GAN，这是一场理论优化与结构优化的旅程。最初的 GAN 以及 DCGAN、LSGAN、EBGAN、AutoGAN 致力于无监督图像生成，CGAN 是 GAN 理论从无监督领域向有监督的一个转换，之后，PIX2PIX、CycleGAN、StarGAN 等算法则将 GAN 的对抗性思想应用于图像转换，图像转换属于图像生成的一个子领域，这些算法可以看作 CGAN 的延伸。自 GAN 提出之后，这几年基于 GAN 的应用基本已经涉及图像的各个领域，包括图像修复、图像超分辨率、风格迁移等。本节将基于 PyTorch 深度学习框架和 mnist 数据集，展示 GAN、LSGAN、DCGAN、EBGAN 几种无监督图像生成算法的实现和生成效果。

mnist 手写字数据集由 7 万张 28×28 像素大小的图片组成，其中，训练集 6 万张，测试集 1 万张。每一个神经网络的训练都涉及三个核心因素：数据集的加载、模型的搭建、损失函数的选择。生成对抗网络也不例外。从 PyTorch 库中载入 mnist 数据集代码如下。

```
dataloader = torch.utils.data.DataLoader(
datasets.MNIST(
    "../../data/mnist",    #保存地址
    rain=True,
    download=True,    #是否下载控制位
    transform=transforms.Compose([transforms.Resize(img_size),
transforms.ToTensor(),transforms.Normalize([0.5], [0.5])]),),
    batch_size= batch_size, shuffle=True,)
```

通过 PyTorch 实现的生成器模型代码如下。同 5.2 节描述的 GAN 生成器结构一样，由 4 个带有标准化的全连接层和一个单独的全连接层组成。

```
class Generator(nn.Module):
   def __init__(self):
      super(Generator, self).__init__()

      def block(in_feat, out_feat, normalize=True):
         layers = [nn.Linear(in_feat, out_feat)]
         if normalize:
            layers.append(nn.BatchNorm1d(out_feat, 0.8))
         layers.append(nn.LeakyReLU(0.2, inplace=True))
         return layers

      self.model = nn.Sequential(
         *block(100, 128, normalize=False),
         *block(128, 256),
         *block(256, 512),
         *block(512, 1024),
         nn.Linear(1024, int(np.prod(img_shape))),
         nn.Tanh()
      )

   def forward(self, z):
      img = self.model(z)
      img = img.view(img.size(0), *img_shape)
      return img
```

判别器模型的 PyTorch 实现如下。每一层同样对应 5.2 节中的描述。

```
class Discriminator(nn.Module):
   def __init__(self):
```

```
        super(Discriminator, self).__init__()

        self.model = nn.Sequential(
            nn.Linear(int(np.prod(img_shape)), 512),
            nn.LeakyReLU(0.2, inplace=True),
            nn.Linear(512, 256),
            nn.LeakyReLU(0.2, inplace=True),
            nn.Linear(256, 1),
            nn.Sigmoid(),
        )

    def forward(self, img):
        img_flat = img.view(img.size(0), -1)
        validity = self.model(img_flat)
        return validity
```

至此，数据加载和网络模型搭建已经完成，下面开始训练网络。训练步骤如下。

(1) 训练生成器。固定判别器网络参数，使判别器对生成器输出的判别结果尽可能接近 1。

(2) 训练判别器。固定生成器参数，使判别器对于真图片的判别结果尽可能接近 1，对于生成器生成图的判别结果尽可能接近 0。

(3) 循环步骤(1)和步骤(2)，交替训练生成器和判别器。

PyTorch 的实现过程如下。其中，对抗损失函数对应 5.2 节中所述的交叉熵损失函数。

```
for epoch in range(opt.n_epochs):
    for i, (imgs, _) in enumerate(dataloader):
        # valid：真样本和假样本对应的判别器标签。
        valid = Variable(Tensor(imgs.size(0), 1).fill_(1.0), requires_grad=
        False)
        fake = Variable(Tensor(imgs.size(0), 1).fill_(0.0), requires_grad=
        False)

        # Configure input
        real_imgs = Variable(imgs.type(Tensor))

        #  训练生成器
        optimizer_G.zero_grad()
        z = Variable(Tensor(np.random.normal(0, 1, (imgs.shape[0],
            opt.latent_dim))))
```

```
# 生成一个批次大小的假样本
gen_imgs = generator(z)
#生成器损失计算，表征生成器输出骗过判别器的能力。
g_loss = adversarial_loss(discriminator(gen_imgs), valid)
g_loss.backward()
optimizer_G.step()

#  训练判别器
optimizer_D.zero_grad()
# 判别器损失计算，表征判别器判别真、假样本的能力。
real_loss = adversarial_loss(discriminator(real_imgs), valid)
fake_loss = adversarial_loss(discriminator(gen_imgs.detach()), fake)
d_loss = (real_loss + fake_loss) / 2
d_loss.backward()
optimizer_D.step()
```

至此，我们完成了数据集的加载，网络模型的搭建和训练策略。DCGAN、LSGAN、GAN 与 CGAN 的区别在 5.2 节已有详细叙述。四种算法在 mnist 数据集上的实验结果如图 5-19 所示。每个网络的生成器输入均为 1×100 的噪声。其中，CGAN 的条件限制为 1×10 的向量，表示期望输出的数字。

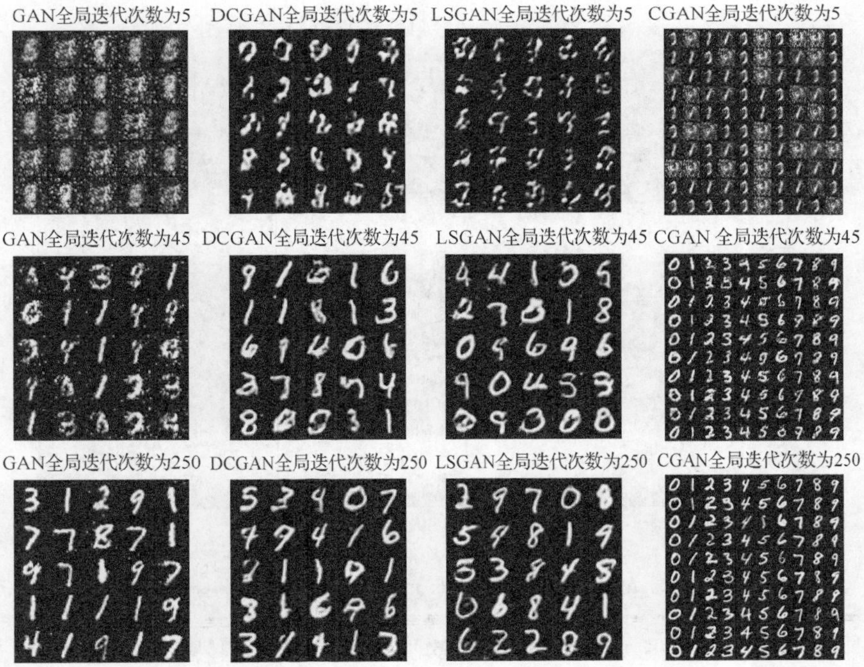

图 5-19　GAN、DCGAN、LSGAN、CGAN 四种算法在 mnist 数据集的实验对比

如图 5-19 所示，训练 5 个周期后，DCGAN 达到了最好的效果，250 个周期训练稳定后，均达到了较高的生成质量。同时，CGAN 具有很好的生成指定性。

我们用 Facedes 数据集实验 PIX2PIX 算法。Facedes 数据集由 606 幅世界各地不同城市和建筑风格的建筑组成。实验结果如图 5-20 所示，此处实现了标签与建筑图两领域的互相转换。

(a) 由标签生成建筑图像
第一行：标签，第二行：生成建筑图，第三行：标签对应建筑图

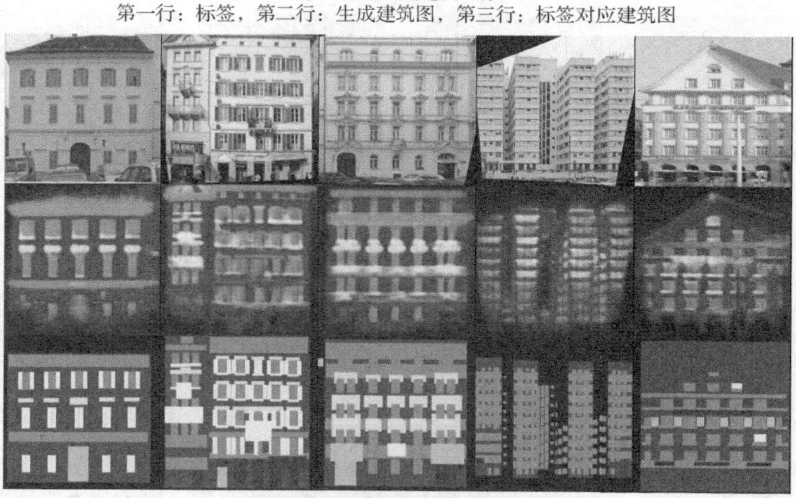

(b) 由建筑图像生成标签
第一行：建筑图，第二行：生成标签图，第三行：建筑图对应标签

图 5-20　PIX2PIX 算法在 Facades 数据集上的实现

此外，用经过图像增强的 1337 张莫奈的画作和 6287 张自然风景画作为 CycleGAN 的训练集，训练集样本如图 5-21 所示，互相转换效果如图 5-22 所示。

图 5-21　训练集样本图；第一行：莫奈画作；第二行：风景照片

图 5-22　训练 4 个周期后转换效果图。第一行：莫奈画作；第二行：由莫奈画作转换至风景照片风格；第三行：风景照片；第四行：由风景照片转换至莫奈画风格

5.4　本 章 小 结

现在，相比于自编码器，生成对抗网络在图像生成领域得到了越来越广泛的应

用。本章以生成对抗网络为主，介绍了自编码器和生成对抗网络的原理、网络结构以及实现效果展示。原始生成对抗网络存在的难以训练、生成质量问题也在逐步得到解决。作为现在深度学习的三驾马车之一，GAN 在多种图像处理领域均表现出了强大性能。GAN 在更多领域的应用让人更加期待。

参 考 文 献

[1] Kingma D P, Welling M. Auto-encoding variational Bayes[J]. arXiv Preprint: 1312.6114, 2013.

[2] Goodfellow I J, Pouget-Abadie J, Mirza M, et al. Generative adversarial networks[J]. Advances in Neural Information Processing Systems, 2014, 3: 2672-2680.

[3] Mirza M, Osindero S. Conditional generative adversarial nets[J]. Computer Science, 2014: 2672-2680.

[4] Radford A, Metz L, Chintala S. Unsupervised representation learning with deep convolutional generative adversarial networks[J]. arXiv Preprint: 1511.06434, 2015.

[5] Mao X, Li Q, Xie H, et al. Least squares generative adversarial networks[C]//International Conference on Computer Vision, 2017: 2794-2802.

[6] Arjovsky M, Chintala S, Bottou L. Wasserstein GAN[J]. arXiv Preprint: 1701.07875, 2017.

[7] Zhao J, Mathieu M, Lecun Y. Energy-based generative adversarial network[J]. arXiv Preprint: 1609.03126, 2016.

[8] Isola P, Zhu J Y, Zhou T, et al. Image-to-image translation with conditional adversarial networks[C]//Proceedings of the IEEE Conference on Computer Vision and Pattern Recognition, 2017: 1125-1134.

[9] Zhu J Y, Park T, Isola P, et al. Unpaired image-to-image translation using cycle-consistent adversarial networks[C]//International Conference on Computer Vision, 2017: 2242-2251.

[10] Choi Y, Choi M, Kim M, et al. StarGAN: Unified generative adversarial networks for multi-domain image-to-image translation[C]//Proceedings of the IEEE Conference on Computer Vision and Pattern Recognition, 2018: 8789-8797.

[11] Gong X, Chang S, Jiang Y, et al. AutoGAN: Neural architecture search for generative adversarial networks[C]//International Conference on Computer Vision, 2019: 3224-3234.

第二部分　应 用 部 分

第 6 章　基于非对称卷积块架构增强和通道特征选择机制的车道线检测算法

6.1　引　　言

自动驾驶是车辆出现以来人们一直追求的目标，作为现代道路的标准标志之一，车道线的精确检测对自动驾驶的实现起到重要的作用。当前车道线检测的实现主要依赖车载摄像头、激光雷达等传感设备。相比于激光雷达设备的昂贵、难以实现大规模部署，基于视觉的车道线检测算法拥有以下优点：①成本低廉；②获取信息更加全面；③体积小，方便多方位部署；④应用范围广泛。

在深度学习算法之前，传统基于视觉的车道线检测方法主要依靠人工特征标定和启发式识别来检测车道线，即根据道路图像的颜色[1]、纹理[2-5]、亮度[6]、左右车道线角度范围[7]，以及道路图像的几何特征如车道线消失点[8,9]等作为车道线检测依据，然后使用二阶、三阶多项式或双曲线等曲线[10]来拟合已提取的特征，得到车道线检测结果。

在传统车道线检测算法近十几年的发展过程中，为应对复杂的道路条件，如道路上的不均匀光照、车道线标志破损、雨水对车道线的覆盖、障碍物遮挡车道等问题，研究人员提出了逆透视变换[11]、图像特征增强、融合连续多帧间关联信息[12]、利用双目摄像头左右视角差分图分离车辆和路面标志[13]等多种算法来提升算法的表现。然而，传统启发式方法固定的数据处理步骤限制了算法的泛化性，在复杂的车道条件变化过程中始终难以取得优异的结果。

在图像处理过程中，当我们把相似的确定性特征映射至同一个线性空间时，多种不同情况下的输入便可映射至多个不同空间。因此我们需要一种拥有非线性拟合能力的算法来求解多个不同映射空间的解。2012 年，卷积神经网络 AlexNet [14]取得 ILSVRC 图像识别大赛冠军，自此深度学习算法成为了人们求解上述问题的探索方向。

目标检测与语义分割在基于深度学习的车道线检测算法上得到了广泛的应用。在语义分割卷积神经网络算法提出之前，多种基于深度学习的车道线检测算法以目标检测的思路设计卷积神经网络来提取道路图像中的车道线特征。2014 年，文献[15]将 CNN 应用于车道线检测，随后，2016 年文献[16]使用比文献[15]更深的神经网络结构提取车辆两侧图像的车道线特征，文献[17]和文献[18]以多分支网络结构的形式在一个网络中同时检测道路中的车辆和车道线。

因为端到端语义分割卷积神经网络的简洁性，很快便成为了基于深度学习的车道线检测算法的研究重点。文献[19]使用 VGG16 作为编码器，SegNet 网络的解码部分作为解码器搭建语义分割网络进行车道线语义分割，随后研究人员使用图卷积网络(graph convolutional network，GCN)[20]、ResNet[21]、ENet[22]等性能优异的语义分割网络在车道线算法中进行了实验。为增强通用语义分割网络对道路图像中车道线线性特征的提取能力，研究人员从特征图层间信息传递[23]、生成对抗网络增强边缘特征[24]、融合连续数帧图像之间的关联信息[25]等多个角度进行了尝试，并得到了相比之前更优异的结果。

目前，传统车道线检测算法已经逐渐被深度学习算法取代。随着硬件运算能力的提升和 GPU 的发展，近年来，已有多种基于视觉的辅助驾驶系统部署于车辆等移动平台，如车道线偏离(lane departure warning，LDW)系统、车道变换辅助系统(lane change assist system，LCAS)等。深度学习算法的发展为车道线检测技术带来了巨大的进步，然而，计算机运算能力依旧是限制大规模网络在移动平台部署的因素之一，低成本、实时高效是人们在移动平台部署算法的目标。对于复杂的应用任务，神经网络复杂的网络结构带来的大规模参数量在当前运算能力的条件下，难以实现低成本高效运行。

6.2 相关研究现状

6.2.1 基于深度学习的车道线检测

2014 年，Kim 和 Lee[15]将 CNN 应用于车道线检测中，采用 CNN 提取车道线特征，RANSAC(randon sample consensus)作为后处理算法拟合车道线。其中，CNN 由 3 个卷积层、2 个下采样层和 3 个全连接层构成。在此之后，基于深度学习的车道线检测算法主要分为两类：基于目标检测的思路和基于语义分割的思路。

类似于传统的目标检测算法，基于深度学习目标检测的车道线检测算法通常可分为两部分：特征提取和目标分类。文献[16]提出了 DeepLane 网络，其输出 317 个值作为车道可能存在位置的概率预测。文献[17]和文献[18]以多分支形式的网络结构同时预测车道线、车辆等目标。然而，为训练集图像标记车道线标签框是很繁杂的工作，而且以目标检测的思路导致车道特征与网络预测框一对一的形式无法应对车道被遮挡、缺失等情况下的预测，将带来复杂的后处理步骤。因此，近几年，更多的车道线检测算法开始采用像素级分类的思路，其中包括实例分割和语义分割两类。

全卷积神经网络(FCN)奠定了当前语义分割算法的网络架构。Chen 等[19]提出了基于车道标志检测(lane marking detection，LMD)的车道线语义分割网络，其由一个编码器(VGG16 的一个变体)和一个解码器(SegNet 的解码器)组成。Pan 等提出 SCNN(spatial CNN)，其使用特征图行列间片级卷积来增强网络对车道线特征的提取能力。

Ghafoorian 等提出 EL-GAN(embedding loss driven GAN)，一种基于 CGAN 的网络结构来做输出预测的结构性保护。

在车辆行驶的过程中，车道线在采集的视频中是连续的线性结构，因此，无法在单帧图片中准确检测到的车道可能会通过合并以前帧的信息推断出来。基于此，文献[25]提出了结合 CNN 和 RNN 的多帧预测网络。在端到端的编码网络和解码网络间加入 LSTM 结构。向网络输入连续的多帧图像，首先由编码模块编码，将编码好的特征保持时间序列输入到 LSTM 块中进行特征融合，最后由解码网络输出车道线分割图。

6.2.2 注意力机制

注意力机制可以快速提取稀疏数据的重要特征，其在自然语言处理领域取得主导地位[26]后，近两年在图像处理领域也开始得到广泛关注。在语义分割的应用中，2018 年，He 等提出 Nonlocal 机制，Nonlocal 的核心操作如式(6-1)所示。可以将其分解为两步：不同点相关性计算和变换加权平均。式(6-1)中，$x_i \in \mathbf{R}^C, 1 \leqslant i \leqslant N$，$N$ 是像素个数，C 是像素特征维度(通道数)，f 即为计算 x_i, x_j 间的相关度函数，g 对 x_j 进行变换，可以看作对 $g(x_j)$ 的加权平均得到 y_i，其作为对 x_i 的重构，这里权重为 $\dfrac{1}{C(x)} f(x_i, x_j)$。对于 f 和 g 的选择，最终写为式(6-2)的形式。

$$y_i = \frac{1}{C(x)} \sum_j f(x_i, x_j) g(x_j) \tag{6-1}$$

$$\mathrm{y} = \mathrm{Softmax}(\boldsymbol{X}^{\mathrm{T}} \boldsymbol{W}_C^{\mathrm{T}} \boldsymbol{W}_v \boldsymbol{X})(\boldsymbol{X}^{\mathrm{T}} \boldsymbol{W}_d^{\mathrm{T}}) \tag{6-2}$$

文献[27]基于 LaneNet，将 Nonlocal 加入编码器后进行车道线检测，以上一般叫作自注意力(self-attention)。文献[28]提出了硬注意力(hard-attention)和软注意力(soft-attention)两种注意力机制。在自然语言处理(nature language processing，NLP)的应用中，两者具有相同的计算框架，如式(6-3)所示，其中，$\boldsymbol{L}_0 \in \mathbf{R}^{K \times n}, \boldsymbol{L}_h \in \mathbf{R}^{m \times n}$，$\boldsymbol{L}_z \in \mathbf{R}^{m \times D}, \boldsymbol{E}$ 为随机初始化的可学习参数，$\boldsymbol{y}^{t-1}$ 表示独热编码的词向量，$\boldsymbol{h}_t$ 表示隐藏层，$\boldsymbol{z}_t$ 表示上下文向量。通俗的说，软注意力指将作用目标以概率形式进行加权输入到下一层，硬注意力指将作用目标选取一部分到下一层。SENet[29]作为软注意力的代表之一，近年得到了广泛应用[30,31]。

$$p(\boldsymbol{y}_t \mid a, \boldsymbol{y}_1^{t-1}) \propto \exp(\boldsymbol{L}_0(\boldsymbol{E}_{y_{t-1}} + \boldsymbol{L}_h \boldsymbol{h}_t + \boldsymbol{L}_z \boldsymbol{z}_t)) \tag{6-3}$$

6.2.3 生成对抗网络

2014 年，Goodfellow[32]提出了生成对抗网络结构。生成对抗网络由生成器和判别器组成，生成器通过训练生成目标结果，判别器通过训练来判别输入数据来自真实样本还是生成数据。其损失函数如式(6-4)～式(6-6)所示，其中，L_D，L_G 分别表示判别器损失函数和生成器损失函数，x 为真实样本分布，z 为生成假样本分布。

$$\min_G \max_D V(D,G) = E_{x\sim P(x)}[\log D(x)] + E_{z\sim P_z(z)}[\log(1-D(G(z)))] \tag{6-4}$$

$$L_D = E_{x\sim P(x)}[\log D(x)] + E_{z\sim P_z(z)}[\log(1-D(G(z)))] \tag{6-5}$$

$$L_G = E_{z\sim P_z(z)}[\log(D(G(z)))] \tag{6-6}$$

原始的 GAN 致力于无监督学习，CGAN[2]将 GAN 的对抗性思想引入了有监督学习领域。PIX2PIX[33]作为 CGAN 在图像到图像生成领域的进一步应用得到了广泛关注。基于此，Ghafoorian[24]等提出了 EL-GAN，其本质是 CGAN 和 PIX2PIX 的一种变形，在判别器中新添加了一个 L_1 损失。

不同于以上提及的基于深度学习的车道线检测算法，本章我们使用 GAN 结构做语义分割的输出结构保护，并且提出了用于车道线检测的非对称卷积用来增强网络对图像行列特征的提取能力以及对车道线缺失处的弥补能力。使用双通道注意力机制增强特征图通道和位置间的关联性，压缩激活机制选择适合的特征图通道滤除噪声。

6.3　非对称卷积与通道特征选择机制网络模型

6.3.1　卷积下采样单元

卷积操作是深度卷积神经网络能够提取特征的关键因素。计算过程如图 6-1 所示。

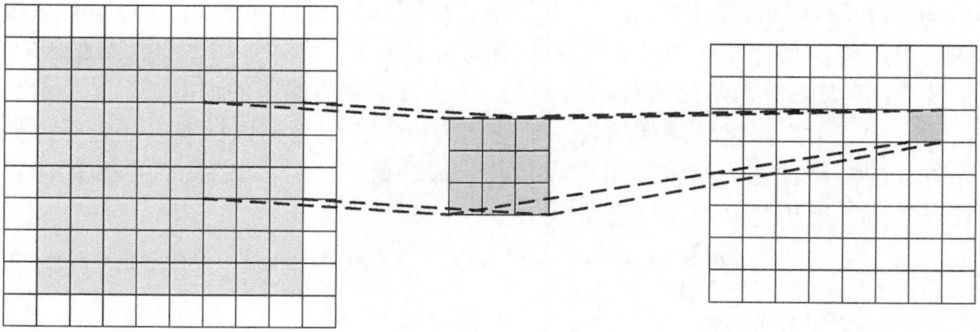

图 6-1　卷积计算

以 VGG16 为例，由 5 个卷积块组成，前两个卷积块包括两个 3×3 卷积层和一个最大值池化层，后三个卷积块包含 3 个 3×3 卷积和一个最大值池化层，其结构如图 6-2 所示。

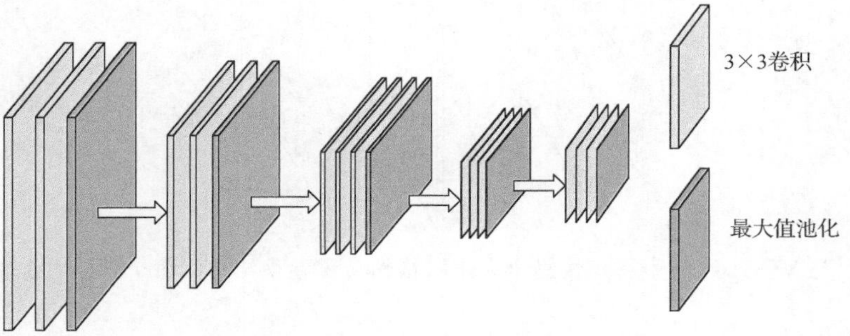

图 6-2　VGG16 卷积网络结构

ResNet 等结构类似于 VGG16，作为特征提取的基础网络，被广泛应用于图像处理算法中。一般这样的结构被称为卷积下采样单元。

6.3.2　转置卷积上采样单元

经卷积核池化操作后，会减小图像分辨率。为将图像分辨率恢复至期望大小，传统方法主要包括线性插值和非线性插值等算法。传统的插值算法的结果准确性是影响其广泛应用的原因。相比于卷积操作降低分辨率，用另一种卷积的形式来提高分辨率也是可行的。这便是转置卷积，或称为反卷积，其原理如图 6-3 所示。将图 6-2 中的 5 个卷积块由 5 个转置卷积层替换，我们便可以得到与图 6-2 相对称的转置卷积结构，如图 6-4 所示。去除池化操作，将转置卷积步长设置为 2，便可将图像分辨率恢复至输入的大小。

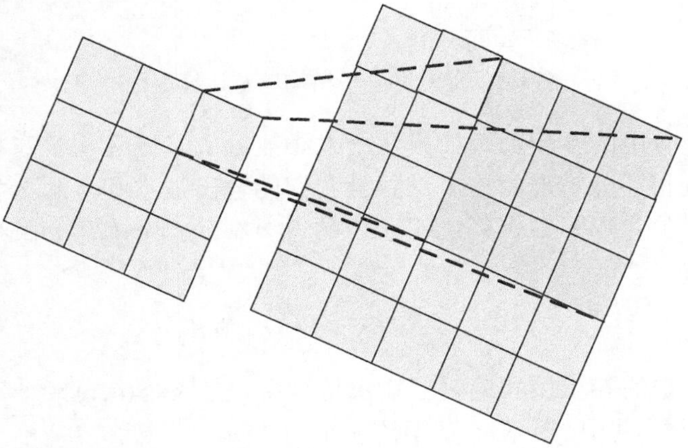

图 6-3　转置卷积

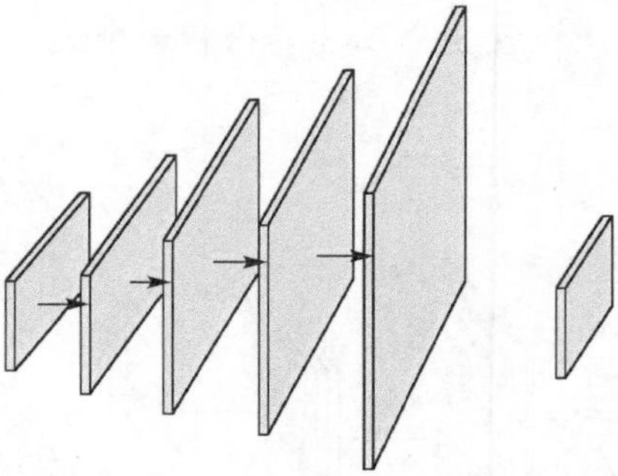

图 6-4　与 VGG165 的个卷积块输出大小对称的转置卷积结构，每个卷积层步长均为 2

6.3.3　非对称卷积模型

先前的一些工作[9]表明，可以将标准的卷积分解为 1×n 和 n×1 卷积，以减少参数量。在这个工作中，我们的目的不是为了减少网络参数量，而是提升网络对横纵方向的特征提取能力。车道线在图像中主要为线性。在道路图像中，为更好的检测到车道线，其行列相关性需要进一步强调。本章中，我们在编码器后添加 1×n 和 n×1 的卷积核与编码器输出特征进行卷积。卷积计算过程如图 6-5 所示。

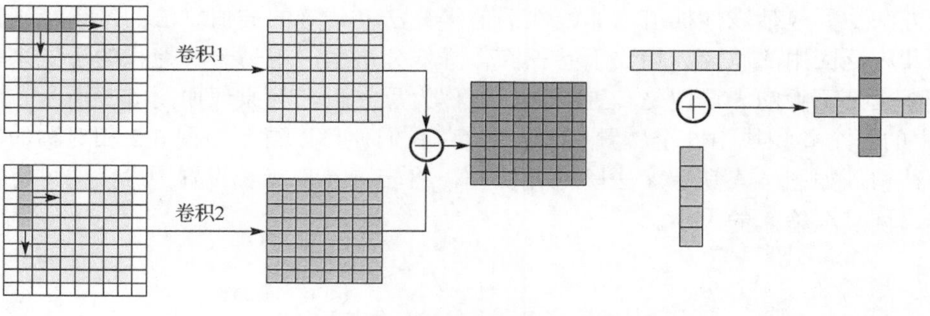

图 6-5　非对称卷积结构以及计算过程

卷积有一个有用的性质，即如果几个大小兼容的二维卷积核在相同的输入上以相同的步幅产生相同分辨率的输出，并且它们的输出被求和，那么我们可以将这些核相加，得到一个等效的卷积核，如式(6-7)所示，其中，I 表示输入，K_1，K_2 表示两个不同卷积核。

$$I * K_1 + I * K_2 = I * (K_1 \oplus K_2) \tag{6-7}$$

对于一个特定的卷积核和编码器输出特征图，空缺处 (u,v) 经非对称卷积后其输出如式(6-8)所示，其中，n 表示卷积核大小为 1×n。

$$y_{(u,v)} = \sum_{h=u}^{u+n} F_h X_h + \sum_{w=v}^{v+n} F_w X_w \tag{6-8}$$

6.3.4　双通道注意力机制

在这个工作中，非对称卷积可看作 VGG16 的一个拓展层，用于增强行列特征的提取。但局部卷积的过程中感受野依旧受限于卷积核的大小。基于文献[34]，双通道注意力机制主要包含两部分：位置注意力和通道注意力，其详细结构如图 6-6 所示。

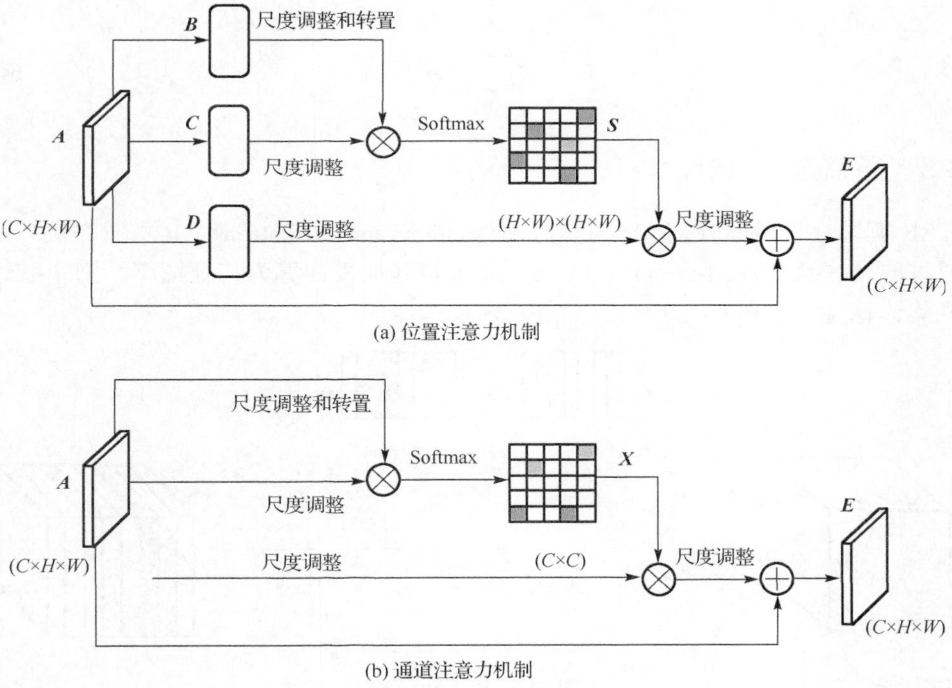

图 6-6　双通道注意力机制

位置注意力机制等同于 Nonlocal 操作，$\boldsymbol{B}$，$\boldsymbol{C}$，$\boldsymbol{D}$ 由 $\boldsymbol{A}$ 通过 3 个 1×1 卷积得到，维度均为 $C \times H \times W$。将 $\boldsymbol{B}$，$\boldsymbol{C}$，$\boldsymbol{D}$ 都重构(reshape)到 $C \times N(N=H \times W)$。然后将 $\boldsymbol{C}$ 的转置与 $\boldsymbol{B}$ 相乘得到 $N \times N$ 的矩阵，经 Softmax 计算后与 $\boldsymbol{D}$ 矩阵相乘再重构回 $C \times H \times W$。最后与原矩阵 $\boldsymbol{A}$ 进行点对点相加。对于矩阵中的一点(i, j)，以上操作如式(6-9)和式(6-10)所示。从两式中可看出每个位置都融合了其他位置的信息。

$$s_{ji} = \exp(\boldsymbol{B}_i \cdot \boldsymbol{C}_j) / \sum_{i=1}^{N} \exp(\boldsymbol{B}_i \cdot \boldsymbol{C}_j) \tag{6-9}$$

$$E_j = \alpha \sum_{i=1}^{N} (s_{ji} D_i) + A_j \tag{6-10}$$

在通道注意力机制中，**B** 与 **C** 的转置相乘得到 $C \times C$ 的矩阵，经过 Softmax 计算后与矩阵 **D** 相乘再经重构后得到 $C \times H \times W$ 的矩阵。最后与原矩阵 **A** 进行逐像素(pixelwise)相加。上述计算过程如式(6-11)和式(6-12)所示，可以看到每个通道皆融合了其他通道的信息。

$$s_{ji} = \exp(A_i \cdot A_j) / \sum_{i=1}^{C} \exp(A_i \cdot A_j) \tag{6-11}$$

$$E_j = \beta \sum_{i=1}^{C} (x_{ji} A_i) + A_j \tag{6-12}$$

6.3.5 通道选择机制

SE 模块分为两部分，即压缩与激励(squeeze and excitation)。其本质类似应用于通道维的自注意力(self-attention)机制。通过矩阵加权计算为特征图不同通道赋予权重，其计算过程如图 6-7 所示。

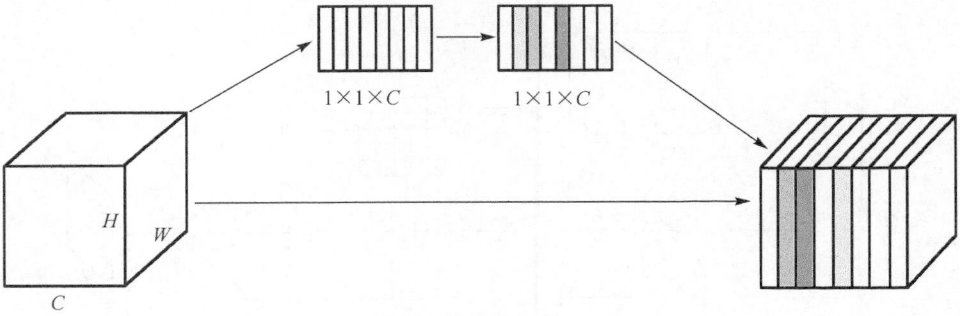

图 6-7　压缩和激活

对于输入特征图 $I = C \times H \times W$，我们的目的便是训练以参数 F，使得 $O = F(I)$。首先是压缩(squeeze)操作，顺着空间维度将每个通道特征图通过全局池化变成一个实数。在采用全局平均池化的情况下，其公式计算如式(6-13)所示，其中，F_c 表示输入特征图的第 C 个通道。

$$F_{\text{sq}} = \frac{1}{W \times H} \sum_{i=1}^{W} \sum_{j=1}^{H} F_c(i, j) \tag{6-13}$$

其次是激活(excitation)操作，其通过参数 W 来为每一个特征通道生成权重，参数 W 即为通过训练来表征特征通道与期望输出间的相关性。最后将激活的输出权重看作是经过通道选择后每个特征通道的重要性，将其与原特征图相乘即完成了对原始特征图通道维的选择。如式(6-14)中的 δ 表示 ReLU 函数，σ 表示 Softmax，W_1 和 W_2 为卷积参数。

$$F_{\mathrm{o}} = \sigma(W_2\delta(W_1F_{\mathrm{sq}}))\times I \tag{6-14}$$

6.4　网 络 结 构

在这里，我们将车道线检测定义为基于 GAN 的两类别语义分割任务。具体而言，对于输入图像 X，为 X 中的每一个像素点给予一个标签 $L(0,1)$，0 表示背景，1 表示车道线，L 组成了标签 S。基于深度学习的车道线检测算法便是学习一个映射函数 F，使得 S=$F(x)$。

(1)网络结构。基于 GAN，我们设计了包含非对称卷积和注意力机制的端到端车道线检测网络，网络结构如图 6-8 所示。在编码器阶段，移除了 VGG16 后的全连接层，用来提取车道线特征。生成器结构如图 6-9 所示，其中，E(1,2,3,4,5)表示 VGG16 的五个阶段，D(1,2,3,4,5)表示与编码器相对应的解码部分。编码器每阶段特征图通过跳接操作与解码器对应阶段按通道维拼接来提高预测的精度。解码器 $E5$ 的输出通过软注意力作为最终预测结果。非对称卷积和自注意力机制用于连接编码器和解码器，对编码器最终输出特征图进行操作。

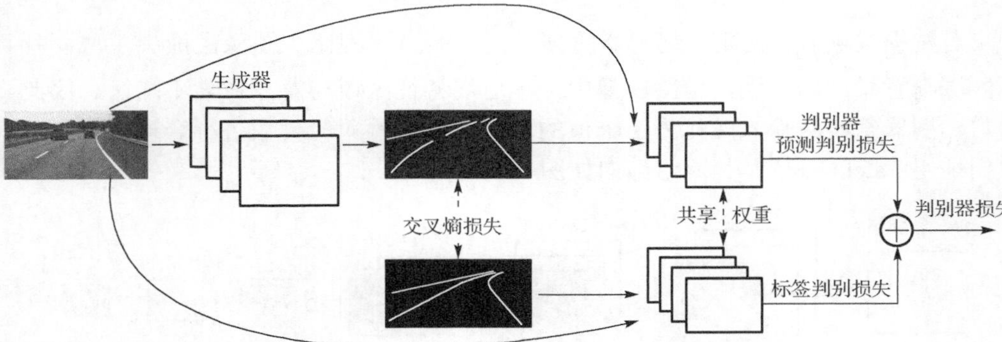

图 6-8　本书所提方法的网络架构，基于 CGAN，包含两个损失函数：生成器损失函数和判别器损失

(2)用于语义分割的生成对抗网络。对抗训练可以用于语义分割中来确保边缘信息的保留性。一种典型的使对抗训练有益于语义分割(生成器)的方法是使用多种损失函数 $L_{\mathrm{loss}} = L_{\mathrm{fit}} + L_{\mathrm{adv}}$ [7,8]，其中，L_{fit} 关注像素级预测匹配度，L_{adv} 损失项关注生成图像与期望标签的一致性。最终生成器损失函数如式(6-15)所示。

$$L_{\mathrm{gen}}(x,y;\theta_{\mathrm{gen}},\theta_{\mathrm{disc}}) = L_{\mathrm{fit}}(G(x;\theta_{\mathrm{gen}}),y) + \lambda L_{\mathrm{adv}}(G(x;\theta_{\mathrm{gen}});x,\theta_{\mathrm{disc}}) \tag{6-15}$$

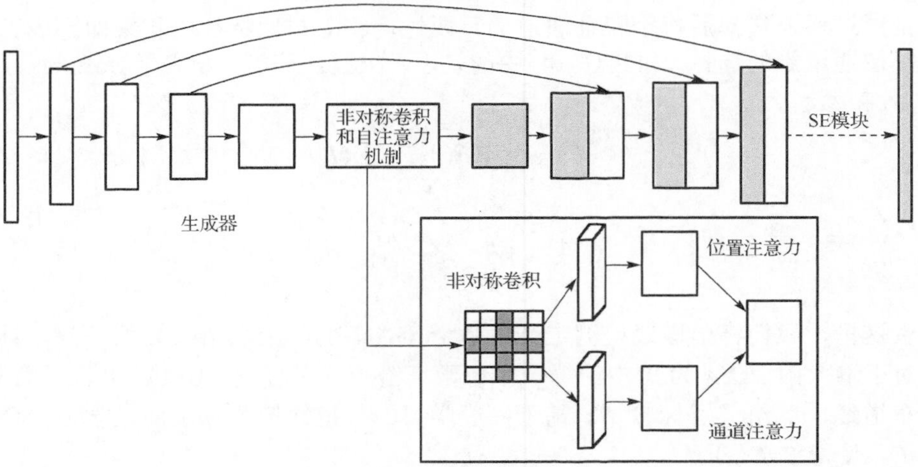

图 6-9　生成器网络架构

其中，x, y 分别为输入图像和对应的标签，$\theta_{\text{gen}}, \theta_{\text{disc}}$ 分别为生成器和判别器网络参数。$G(x;\theta)$ 表示对输入图像 x 的变换，λ 表示对抗损失项的权重。L_{fit} 通常为交叉熵损失，$L_{\text{cce}}(G(x;\theta_{\text{gen}}), y)$ 如式(6-16)所示，式中，c 表示类别，w，h 表示图像的宽和高；在二分类任务中，则为二类别交叉熵损失，即 c=2。

$$L_{\text{cce}}(\hat{y}, y) = \frac{1}{wh}\sum_{i}^{wh}\sum_{j}^{c} y_{i,j}\ln(\hat{y}_{i,j}) \tag{6-16}$$

对抗损失项 L_{adv} 表征了判别器的分类判别能力。相比于图像生成中生成图片目标区域与背景的均衡性，道路图像中，车道线特征区域与背景像素不均衡。因此，通常判别器结构将输入转化为 1 个值的做法无法对输入的真假进行合理判断。在此，我们采用 PatchGan[8]，其网络结构如图 6-10 所示。

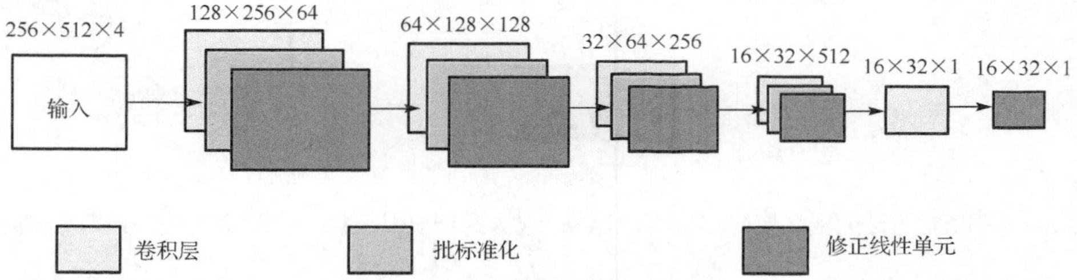

图 6-10　判别器网络结构

判别器最终输出为一张 16×32×1 的置信度图，每个像素点值表示每个像素为真的概率。生成器生成图对应的置信图中像素值全为 0，而人工标注的标签对应的置信图中像素值全为 1。判别器损失计算如式(6-17)所示。

$$L_{\text{disc}}(x,y;\theta_{\text{gen}},\theta_{\text{disc}})=L_1(D(G(x;\theta_{\text{gen}});\theta_{\text{disc}}),1)+L_1(D(y;\theta_{\text{disc}}),0) \tag{6-17}$$

6.5　模 型 实 现

本节基于 PyTorch 深度学习库完成上述结构的核心代码实现。一个深度卷积神经网络的实现主要分为三部分：数据的预处理和加载、模型的搭建、训练和测试。

6.5.1　数据加载

torch 和 torchvision 为两个独立的包，其中封装了大量函数以及类来进行数据处理。

```
import torch
from torch.utils.data import Dataset
from PIL import Image
import torchvision.transforms as transforms
```

将程序包导入后，我们便使用这些包中需要的函数和类来加载网络需要的数据集。根据需要构建自己的数据加载类。此处继承 torch.utils.data.Dataset 构建 ImageDateset 类。其中，transforms_img 和 transforms_label 分别表示网络输入图片和标签的转换操作。初始化读取目录下的文件列表后，使用__getitem__函数便将输入和对应的标签打包在一起，作为网络模型待处理的数据。

```
class ImageDataset(Dataset):
        def __init__(self, root, transforms_img=None, transforms_label=None,
        mode="train"):
           self.transform_i = transforms.Compose(transforms_img)
           self.transform_l = transforms.Compose(transforms_label)
           self.files = sorted(glob.glob(os.path.join(root, mode,
           "image") + "/*.*"))
           self.label = sorted(glob.glob(os.path.join(root, mode,
           "binary_01") + "/*.*"))

        def __getitem__(self, index):
            img = Image.open(self.files[index % len(self.files)])
            label = Image.open(self.label[index % len(self.label)])

            img_B = self.transform_l(label)
            img_B = np.array(img_B)
            img_B = torch.FloatTensor(label_to_one_hot(img_B, 2)).
                    permute(2, 0, 1)
```

```
            img_A = self.transform_i(img)
            return {"A": img_A, "B": img_B}
```

transforms_img 和 transforms_label 的处理形式如下。调用 torchvision.transforms 进行数据的大小调整，格式变换，正则化等操作。

```
        transforms_img = [
            transforms.Resize((256, 512), Image.BICUBIC),
            transforms.ToTensor(),
            transforms.Normalize((0.5, 0.5, 0.5), (0.5, 0.5, 0.5)),]

    transforms_label = [
            transforms.Resize((256, 512), Image.BICUBIC),]
```

6.5.2 模型的构建

如前文所述，构建深度神经网络算法的第二步为模型的构建。深度卷积神经网络主要由卷积层、激活函数、池化层、正则化层等部分组成。在 PyTorch 库中，这些操作主要包含在 torch.nn。本章的算法涉及五个模块：基于 VGG16 的骨架网络、非对称卷积块、双通道注意力模块、转置卷积模块和通道权重模块。

首先构建 VGG16 骨架网络，VGG 有 11，13，16，19 等多种选择。此处通过 range 和 cfg 字典作为索引，通过 make_layers 函数和 VGGNet 类来构建模型。通过 VGGNet 类中 pretrained、model 等形参来控制是否加载预训练模型等。

```
class VGGNet(VGG):
    def __init__(self, pretrained=True, model='vgg16', remove_fc=True,
                show_params=False):
        super().__init__(make_layers(cfg[model]))
                self.ranges = ranges[model]

        if pretrained:
            exec("self.load_state_dict(models.%s(pretrained=True).
            state_dict())" % model)

        if remove_fc:
            del self.classifier

    def forward(self, x):
        output = {}
        for idx in range(len(self.ranges)):
            for layer in range(self.ranges[idx][0], self.ranges[idx][1]):
                x = self.features[layer](x)
```

```
            output["x%d"%(idx+1)] = x
        return output

ranges = {'vgg11': ((0, 3), (3, 6),  (6, 11),  (11, 16), (16, 21)),
          'vgg13': ((0, 5), (5, 10), (10, 15), (15, 20), (20, 25)),
          'vgg16': ((0, 5), (5, 10), (10, 17), (17, 24), (24, 31)),
          'vgg19': ((0, 5), (5, 10), (10, 19), (19, 28), (28, 37))}
cfg = {'vgg11':[64,'M',128,'M',256,256,'M',512,512,'M', 512,512,'M'],
     'vgg13':[64, 64, 'M', 128, 128, 'M', 256, 256, 'M', 512, 512,
            'M', 512, 12, 'M'],
     'vgg16': [64, 64, 'M', 128, 128, 'M', 256, 256, 256, 'M', 512,
            512, 512, 'M', 512, 512,512, 'M'],
     'vgg19': [64, 64, 'M', 128, 128, 'M', 256, 256, 256, 256, 'M',
            512, 512, 512, 512, 'M',
            512, 512, 512, 512, 'M'],}
def make_layers(cfg, batch_norm=False):
        layers = []
        in_channels = 3
        for v in cfg:
            if v == 'M':
                layers += [nn.MaxPool2d(kernel_size=2, stride=2)]
            else:
                conv2d = nn.Conv2d(in_channels, v, kernel_size=3,
                padding=1)
                if batch_norm:
                  layers += [conv2d, nn.BatchNorm2d(v), nn.ReLU
                    (inplace=True)]
                else:
                  layers += [conv2d, nn.ReLU(inplace=True)]
                in_channels = v
            return nn.Sequential(*layers)
```

构建好骨架网络后，我们需要构建其他的卷积模块。非对称卷积模块的实现如下。通过 torch.nn.Conv2d 来构建卷积层、torch.nn.BatchNorm2d 来构建正则化层。

```
class ACBlock_simple(nn.Module):
    def __init__(self, in_channels, out_channels, kernel_size, stride=1,
    padding=0, dilation=1, groups=1, padding_mode='zeros', deploy=False):
        super(ACBlock_simple, self).__init__()

        self.ver_conv = nn.Conv2d(in_channels=in_channels, out_
        channels=out_channels,kernel_size=(kernel_size, 1), stride=
        stride, padding=(4, 0),dilation=dilation, groups=groups,
```

```
            bias=False,padding_mode=padding_mode)

            self.hor_conv = nn.Conv2d(in_channels=in_channels, out_
            channels=out_channels,kernel_size=(1, kernel_size), stride=
            stride, padding=(0, 4),dilation=dilation, groups=groups,
            bias=False,padding_mode=padding_mode)
            self.ver_bn = nn.BatchNorm2d(num_features=out_channels)
            self.hor_bn = nn.BatchNorm2d(num_features=out_channels)

        def forward(self, input):
            vertical_outputs = self.ver_conv(input)
            vertical_outputs = self.ver_bn(vertical_outputs)
            horizontal_outputs = self.hor_conv(input)
            horizontal_outputs = self.hor_bn(horizontal_outputs)
            return vertical_outputs + horizontal_outputs
```

接下来我们以相同的方法构建双通道注意力模块和通道权重模块。通道权重模块如下。

```
class SELayer(nn.Module):
        def __init__(self, channel, reduction=16):
            super(SELayer, self).__init__()
            self.avg_pool = nn.AdaptiveAvgPool2d(1)
            self.fc = nn.Sequential(
                nn.Linear(channel, channel // reduction, bias=False),
                nn.ReLU(inplace=True),
                nn.Linear(channel // reduction, channel, bias=False),
                nn.Sigmoid())

        def forward(self, x):
            b, c, _, _ = x.size()
            y = self.avg_pool(x).view(b, c)
            y = self.fc(y).view(b, c, 1, 1)
           return x * y.expand_as(x)
```

双通道注意力模块如下。

```
#位置注意力:
class _PositionAttentionModule(nn.Module):
        def __init__(self, in_channels, **kwargs):
           super(_PositionAttentionModule, self).__init__()
            self.conv_b = nn.Conv2d(in_channels, in_channels // 8, 1)
            self.conv_c = nn.Conv2d(in_channels, in_channels // 8, 1)
            self.conv_d = nn.Conv2d(in_channels, in_channels, 1)
```

```
        self.alpha = nn.Parameter(torch.zeros(1))
        self.softmax = nn.Softmax(dim=-1)

    def forward(self, x):
        batch_size, _, height, width = x.size()
        feat_b = self.conv_b(x).view(batch_size, -1, height *
        width).permute(0, 2, 1)
        feat_c = self.conv_c(x).view(batch_size, -1, height * width)
        attention_s = self.softmax(torch.bmm(feat_b, feat_c))
        feat_d = self.conv_d(x).view(batch_size, -1, height * width)
        feat_e = torch.bmm(feat_d, attention_s.permute(0, 2, 1)).
        view(batch_size, -1, height,width)
        out = self.alpha * feat_e + x
        return out

#通道注意力：
class _ChannelAttentionModule(nn.Module):
    def __init__(self, **kwargs):
        super(_ChannelAttentionModule, self).__init__()
        self.beta = nn.Parameter(torch.zeros(1))
        self.softmax = nn.Softmax(dim=-1)

    def forward(self, x):
        batch_size, _, height, width = x.size()
        feat_a = x.view(batch_size, -1, height * width)
        feat_a_transpose = x.view(batch_size, -1, height * width).
        permute(0, 2, 1)
        attention = torch.bmm(feat_a, feat_a_transpose)
        attention_new = torch.max(attention, dim=-1, keepdim=
        True)[0].expand_as(attention) - attention
        attention = self.softmax(attention_new)

        feat_e = torch.bmm(attention, feat_a).view(batch_size, -1,
        height, width)
        out = self.beta * feat_e + x
        return out
```

基于以上模块，我们便可以构建需要的生成器网络如下。解码器部分通过 torch.nn.ConvTranspose2d 来构建转置卷积。

```
class FCNs(nn.Module):
    def __init__(self, pretrained_net, n_class, **kwargs):
        super().__init__()
```

```
        self.n_class = n_class
        self.pretrained_net = pretrained_net
        self.ReLU = nn.ReLU(inplace=True)
        self.deconv1 = nn.ConvTranspose2d(512, 512, kernel_size=3,
        stride=2, padding=1,dilation=1, output_padding=1)
        self.bn1 = nn.BatchNorm2d(512)
        self.deconv2 = nn.ConvTranspose2d(512, 256, kernel_size=3,
        stride=2, padding=1,dilation=1, output_padding=1)
        self.bn2 = nn.BatchNorm2d(256)
        self.deconv3 = nn.ConvTranspose2d(256, 128, kernel_size=3,
        stride=2, padding=1, dilation=1, output_padding=1)
        self.bn3 = nn.BatchNorm2d(128)
        self.deconv4 = nn.ConvTranspose2d(128, 64, kernel_size=3,
        stride=2, padding=1,dilation=1, output_padding=1)
        self.bn4 = nn.BatchNorm2d(64)
        self.deconv5 = nn.ConvTranspose2d(64, 32, kernel_size=3,
        stride=2, padding=1,dilation=1, output_padding=1)
        self.bn5 = nn.BatchNorm2d(32)

        self.acb = ACBlock_simple(512, 512, kernel_size=9, padding=4)
        self.pam = _PositionAttentionModule(512, **kwargs)
        self.cam = _ChannelAttentionModule(**kwargs)
        self.SE1 = SELayer(512)
        self.classifier = nn.Conv2d(32, n_class, kernel_size=1)

    def forward(self, x):
        output = self.pretrained_net(x)
        x5 = output['x5']  # size=(N, 512, x.H/32, x.W/32)
        x4 = output['x4']  # size=(N, 512, x.H/16, x.W/16)
        x3 = output['x3']  # size=(N, 256, x.H/8,  x.W/8)
        x2 = output['x2']  # size=(N, 128, x.H/4,  x.W/4)
        x1 = output['x1']  # size=(N, 64, x.H/2,  x.W/2)

        x5 = self.acb(x5)
        x_p = self.pam(x5)
        x_c = self.cam(x5)
        x5 = x_p + x_c

        score = self.bn1(self.ReLU(self.deconv1(x5)))  # size=(N,
        512, x.H/16, x.W/16)
        score = score + x4  #element-wise add, size=(N, 512, x.H/16, x.W/16)
        score = self.bn2(self.ReLU(self.deconv2(score)))# size=(N,
```

```
        256, x.H/8, x.W/8)
        score = score + x3  # element-wise add, size=(N, 256, x.H/8, x.W/8)
        score = self.bn3(self.ReLU(self.deconv3(score)))  # size=
        (N, 128, x.H/4, x.W/4)
        score = score + x2  # element-wise add, size=(N, 128, x.H/4, x.W/4)
        score = self.bn4(self.ReLU(self.deconv4(score)))  # size=
        (N, 64, x.H/2, x.W/2)
        score = score + x1  # element-wise add, size=(N, 64, x.H/2, x.W/2)
        score = self.bn5(self.ReLU(self.deconv5(score)))  # size=
        (N, 32, x.H, x.W)
        score = self.SE5(score)
        score = self.classifier(score)# size=(N, n_class, x.H/1, x.W/1)
        return score  # size=(N, n_class, x.H/1, x.W/1)
```

6.5.3　训练和测试

数据集处理加载完成，模型搭建完成后，便是进行模型的训练。首先导入需要的 Python 库。

```
from __future__ import print_function
import torch
import torch.nn as nn
import torch.optim as optim
from torch.optim import lr_scheduler
import torchvision.transforms as transforms
from torchvision.utils import save_image
from torch.utils.data import DataLoader
from torch.autograd import Variable
import time
from dataset_mine import *
```

训练的处理流程：对输入数据进行卷积计算，计算损失值，根据损失进行反向传播，优化器更新。我们定义一个训练函数如下。

```
def train():
lr_iter = 0
best_ious = 0
best_epoch = 0
for epoch in range(epochs):
    scheduler.step()
    ts = time.time()
    for iter, batch in enumerate(dataloader):
        if use_gpu:
```

```
            inputs = Variable(batch['A'].cuda())
            labels = Variable(batch['B'].cuda())
        else:
            inputs, labels = Variable(batch['A']), Variable
            (batch['B'])

        valid = Variable(Tensor(np.ones((inputs.size(0), *patch))),
              requires_grad=False)
        fake = Variable(Tensor(np.zeros((inputs.size(0), *patch))),
               requires_grad=False)

        ## ------------------
        ## 生成器训练
        ##------------------
        optimizer.zero_grad()

        outputs = fcn_model(inputs)
        pred = outputs.argmax(dim=1).unsqueeze(1)
        labels = labels[:, 1, :, :]
        pred_fake = discriminator(pred.float(), inputs)

        loss_GAN = criterion_GAN(pred_fake, valid)
        loss = criterion(outputs, labels.long())
        loss = loss + 0.1*loss_GAN
        loss.backward()
        optimizer.step()

        # --------------------
        #  判别器训练
        # -------------------
        optimizer_D.zero_grad()

        pred_real = discriminator(labels.unsqueeze(1), inputs)
        loss_real = criterion_GAN(pred_real, valid)

        pred_fake = discriminator(pred.float(), inputs)
        loss_fake = criterion_GAN(pred_fake, fake)

        # 判别器总损失
        loss_D = 0.5 * (loss_real + loss_fake)

        loss_D.backward()
```

```
            optimizer_D.step()
            batches_done = epoch * len(dataloader) + iter
            if batches_done % 200 == 0:
                sample_images(batches_done, 'ACb_DA_SE', lr_iter)

    print("Finish epoch {}, time elapsed {}".format(epoch, time.time() - ts))
    current_iou = val(epoch, best_ious)
    if current_iou > best_ious:
        torch.save(fcn_model.state_dict(),
                   "save_models/best_fcn_acb_da_se_model.pth")
        best_ious = current_iou
        best_epoch = epoch
```

6.6　性能分析与讨论

6.6.1　数据准备

我们在这个工作中使用 Tusimple 数据集用来训练、评估和测试。Tusimple 数据集由 Tusimple Future 制作用于测试自动驾驶系统算法，其包含 6408 张圣地亚哥州的高速公路图片，其中，训练集 3268 张，测试集 2782 张，验证集 358 张。每条车道线由沿着 y 轴间隔 10 个像素点的坐标组成，更详细的信息如表 6-1 所示。

表 6-1　Tusimple 数据集基本信息

名称	帧数	训练集	验证集	测试集	分辨集	通路类型
Tusimple	6408	3268	358	2782	1280×720	高速公路

Tusimple 数据集标注形式为车道所在位置的坐标。以纵坐标为单位，每隔 10 个像素单元记录车道线存在位置的横坐标，以此形成 Tusimple 数据集的标注信息。其纵坐标范围为[240，710]，每隔 10 像素选择一个采样点。我们选择了 10 个坐标进行举例，其形式如表 6-2 所示，其中，“–2”表示无车道线特征点。

表 6-2　Tusimple 数据集标注格式

纵坐标	横坐标	车道线 2	车道线 3	车道线 4
350	578	820	358	–2
360	570	834	329	781
370	563	848	300	822
380	555	863	271	862
390	547	877	241	903
400	539	891	212	944

续表

纵坐标	横坐标	车道线 2	车道线 3	车道线 4
410	532	906	183	984
420	524	920	154	1025
430	516	934	125	1066
440	508	949	96	1107

训练需要的是与输入对应的标签图片，使用程序将标注中的各个点以一定宽度的线相连便形成了标签图片。车道线中像素值为 1，背景为 0。原图及标签图片如图 6-11 所示，为视觉需要，其中车道线像素值为 255。

图 6-11　Tusimple 数据集实例及标注图片

6.6.2　模型训练

通过对通用语义分割算法用于车道线检测所存在问题的思考，本章设计了一种基于语义分割的车道线检测优化算法。采用了通用的 Tusimple 数据集进行训练和测试。在实验过程中，采用 RMSprop 作为生成器优化器、Adam 作为判别器优化器。RMSprop 学习率设为 0.0001，动量为 0，衰减为 0.00001；Adam 学习率设置为 0.0001，指数衰减速率为 0.5 和 0.999。为应对车道线与背景数量不均衡，将背景和车道线赋予不同权重，分别为 0.4 和 1。

Tusimple 的官方评测方法如式(6-18)所示，其中，N_{pred} 是预测正确的车道线点数，N_{gt} 是标签图像(label)的车道线点数。我们没有使用其作为本章算法的评估标准。本章算法的目的是减弱预测结果出现的车道线断裂问题，因此我们使用预测结果与标签间的 IoU 作为本文的评价指标，计算如式(6-19)所示。

$$\text{Acc} = N_{\text{pred}} / N_{\text{gt}} \tag{6-18}$$

$$\text{IoU} = [(N_{\text{pred}} = 1) \cap (N_{\text{label}} = 1)] / [(N_{\text{pred}} = 1) \cup (N_{\text{label}} = 1)] \tag{6-19}$$

6.6.3　结果与分析

我们使用了不同的骨干网络进行测试，加载预训练模型后，Resnet34 与 VGG16

有着相当的性能。算法性能比较如表 6-3 和表 6-4 所示，其中，SD 表示对称转置卷积(symmetry deconvlution)，AC 表示非对称卷积模块(asymmetric convolution)，DA 表示双通道注意力机制(double attention)。此处，SCNN 的 IoU 结果为我们将原 SCNN 算法移植至本章所用 GAN 结构的生成器中所得。

表 6-3　基于 VGG16 的算法在 Tusimple 数据集上的性能

Network	IoU
FCN	0.4463
SCNN	0.4874
VGG16-SD	0.5085
VGG16-SD+AC	0.5142
VGG16-SD+AC+DA	0.5157
VGG16-SD+AC+DA+SE	0.5151

表 6-4　基于 ResNet34 的算法在 Tusimple 数据集上的性能

Network	IoU
PSPNet	0.4782
Resnet34+SD	0.5115
Resnet34+SD+AC	0.5147
Resnet34+SD+AC+DA	0.5154
Resnet34+SD+AC+DA+SE	0.5152

特征图直观的反映了网络的预测性能，如图 6-12 所示，从结果上看，SE 很好的抑制了预测结果的噪声，给予了与输出具有较小相关性的特征图通道小的权重。图 6-13 所示为文献算法[23,25,35]与本章方法的编码器输出特征图对比。可以看到本章方法更好的提取了车道线线性特征。

图 6-12　左图：SE 模块的输入，我们可以看到很多含有噪声的特征图通道。右图：SE 模块的输出，我们可以看到许多含有噪声的特征图通道被赋予了小的权重

我们选择了阴影遮挡、车辆遮挡、道路破损、弯道四种环境进行算法测试，与 SCNN 和 LaneNet 的实验对比如图 6-14 所示，相比于 LaneNet，本章方法更好的区分了远距离车道线汇聚处的复杂情况。

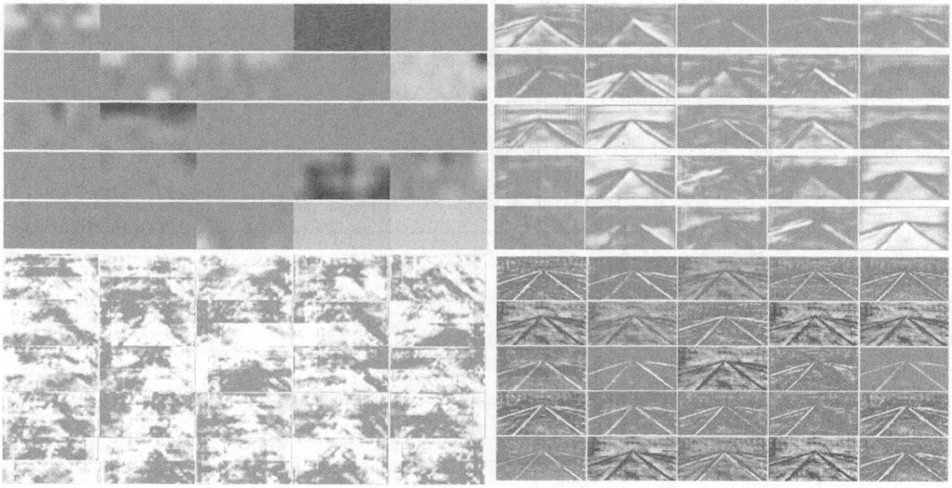

图 6-13　不同算法的特征图对比，左上为文献[25]的编码器输出特征图，右上为文献[23]的编码器输出特征图，左下为文献[35]的编码器输出特征图，右下为本章算法的编码器输出特征图，可以看到本章算法更好的提取了车道线线性特征

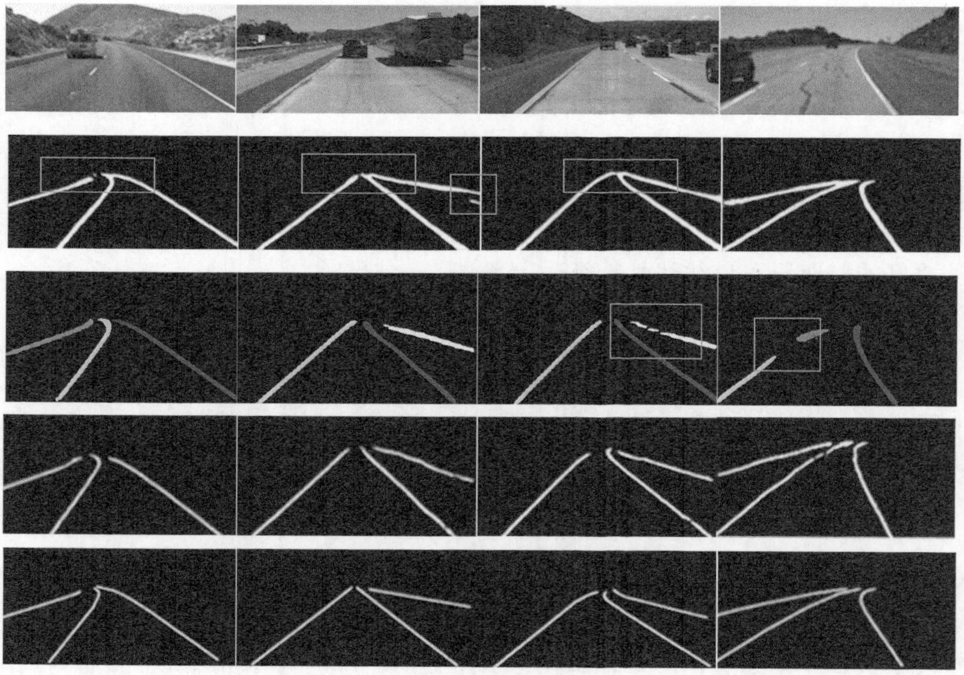

图 6-14　多种道路条件下不同方法测试结果对比，第一行为输入图像，第二行为文献[36]输出结果，第三行为文献[23]输出结果，第四行为本章预测结果，第五行为输入图像对应标签

6.7 本章小结

在本章工作中，生成对抗网络理论被用来做车道线检测。我们从注意力的角度出发，专注于对特征图的操作，期待通过对特征图的处理得到更好的预测结果。我们将非对称卷积和注意力机制引入端到端结构的生成器中，在 Tusimple 数据集上的测试证明了该方法的有效性。

然而，由于道路的复杂性，依靠大数据、有监督的训练始终难以满足多种场景道路条件下的准确检测，并且在移动设备的低成本移植始终是神经网络需要面临的问题。弱监督学习或无监督学习应该得到进一步的探索，其在车道线检测以及自动驾驶中必然有着广泛的应用空间。

参 考 文 献

[1] Duan J, Zhang Y, Zheng B. Lane line recognition algorithm based on threshold segmentation and continuity of lane line[C]//Proceedings of the 2016 2nd IEEE International Conference on Computer and Communications, 2016: 680-684.

[2] Narote S P, Bhujbal P N, Narote A S, et al. A review of recent advances in lane detection and departure warning system[J]. Pattern Recognition, 2018, 73: 216-234.

[3] Li Y, Chen L, Huang H, et al. Nighttime lane markings recognition based on Canny detection and Hough transform[C]//Proceedings of 2016 IEEE International Conference on Real Time Computing and Robotics, 2016: 411-415.

[4] Du X, Tan K K. Comprehensive and practical vision system for self-driving vehicle lane-level localization[J]. IEEE Transactions on Image Processing, 2016, 25(5): 2075-2088.

[5] Niu J, Lu J, Xu M, et al. Robust lane detection using two-stage feature extraction with curve fitting[J]. Pattern Recognition, 2016, 59: 225-233.

[6] Gu J, Zhang Q, Kamata S. Robust road lane detection using extremal-region enhancement[C]//Asian Conference on Pattern Recognition, 2015: 519-523.

[7] Lee C, Moon J H. Robust lane detection and tracking for real-time applications[J]. IEEE Transactions on Intelligent Transportation Systems, 2018, 19(12): 4043-4048.

[8] Yoo J H, Lee S W, Park S K, et al. A robust lane detection method based on vanishing point estimation using the relevance of line segments[J]. IEEE Transactions on Intelligent Transportation Systems, 2017, 18(12): 3254-3266.

[9] Ding D, Lee C, Lee K. An adaptive road ROI determination algorithm for lane detection[C]//Proceedings of 2013 IEEE International Conference of IEEE Region 10, 2013: 1-4.

[10] Wang Y, Teoh E K, Shen D. Lane detection and tracking using B-Snake[J]. Image and Vision Computing, 2004, 22(4): 269-280.

[11] Fu M, Wang X, Ma H, et al. Multi-lanes detection based on panoramic camera[C]//Proceedings of the 11th IEEE International Conference on Control & Automation, 2014: 655-660.

[12] Chen J, Ruan Y, Chen Q, et al. A precise information extraction algorithm for lane lines[J]. China Communications, 2018, 15(10): 210-219.

[13] Kim J G, Yoo J H, Koo J C. Road and lane detection using stereo camera[C]//Proceedings of the 2018 IEEE International Conference on Big Data and Smart Computing, 2018: 649-652.

[14] Krizhevsky A, Sutskever I, Hinton G E, et al. ImageNet classification with deep convolutional neural networks[C]//Advances in Neural Information Processing Systems, 2012: 1097-1105.

[15] Kim J, Lee M. Robust lane detection based on convolutional neural network and random sample consensus[C]//International Conference on Neural Information Processing, 2014: 454-461.

[16] Gurghian A, Koduri T, Bailur S V, et al. DeepLanes: End-to-end lane position estimation using deep neural networks[C]//Proceedings of the IEEE Conference on Computer Vision and Pattern Recognition, 2016: 38-45.

[17] Huval B, Wang T, Tandon S, et al. An empirical evaluation of deep learning on highway driving[J]. arXiv Preprint: 1504.01716, 2015.

[18] Lee S, Kim J, Shin Yoon J, et al. VPGNet: Vanishing point guided network for lane and road marking detection and recognition[C]//Proceedings of the IEEE International Conference on Computer Vision, 2017: 1965-1973.

[19] Chen P R, Lo S Y, Hang H M, et al. Efficient road lane marking detection with deep learning[C]//International Conference on Digital Signal Processing, 2018: 1-5.

[20] Zhang W, Mahale T. End to end video segmentation for driving: Lane detection for autonomous car[J]. arXiv Preprint: 1812.05914, 2018.

[21] He K, Zhang X, Ren S, et al. Deep residual learning for image recognition[C]//Proceedings of the IEEE Conference on Computer Vision and Pattern Recognition, 2016: 770-778.

[22] Paszke A, Chaurasia A, Kim S, et al. ENet: A deep neural network architecture for real-time semantic segmentation[J]. arXiv Preprint: 1606.02147, 2016.

[23] Pan X, Shi J, Luo P, et al. Spatial as deep: Spatial CNN for traffic scene understanding[C]// National Conference on Artifical Intelligence, 2018: 7276-7283.

[24] Ghafoorian M, Nugteren C, Baka N, et al. EL-GAN: Embedding loss driven generative adversarial networks for lane detection[J]. arXiv Preprint: 1806.05525, 2018.

[25] Zou Q, Jiang H, Dai Q, et al. Robust lane detection from continuous driving scenes using deep neural networks[J]. IEEE Transactions on Vehicular Technology, 2020, 69(1): 41-54.

[26] Luc P, Couprie C, Chintala S, et al. Semantic segmentation using adversarial networks[C]//

Neural Information Processing Systems, 2016.

[27] Li W, Qu F, Liu J, et al. A lane detection network based on IBN and attention[J]. Multimedia Tools and Applications, 2019: 1-14.

[28] Xu K, Ba J, Kiros R, et al. Show, attend and tell: Neural image caption generation with visual attention[C]//International Conference on Machine Learning, 2015: 2048-2057.

[29] Hu J, Shen L, Sun G. Squeeze-and-excitation networks[C]//Proceedings of the IEEE Conference on Computer Vision and Pattern Recognition, 2018: 7132-7141.

[30] Roy A G, Navab N, Wachinger C. Concurrent spatial and channel squeeze & excitation in fully convolutional networks[C]//Medical Image Computing and Computer Assisted Intervention, 2018: 421-429.

[31] Li X, Wu J, Lin Z, et al. Recurrent squeeze-and-excitation context aggregation net for single image deraining[C]//European Conference on Computer Vision, 2018: 262-277.

[32] Goodfellow I J, Pouget-Abadie J, Mirza M, et al. Generative adversarial networks[J]. Advances in Neural Information Processing Systems, 2014, 3:2672-2680.

[33] Isola P, Zhu J Y, Zhou T, et al. Image-to-image translation with conditional adversarial networks[C]//Proceedings of the IEEE Conference on Computer Vision and Pattern Recognition, 2017: 5967-5976.

[34] Fu J, Liu J, Tian H, et al. Dual attention network for scene segmentation[C]//Proceedings of the IEEE Conference on Computer Vision and Pattern Recognition, 2019: 3146-3154.

[35] van Gansbeke W, de Brabandere B, Neven D, et al. End-to-end lane detection through differentiable least-squares fitting[J]. arXiv Preprint: 1902.00293, 2019.

[36] Neven D, de Brabandere B, Georgoulis S, et al. Towards end-to-end lane detection: An instance segmentation approach[C]//IEEE Intelligent Vehicles Symposium, 2018: 286-291.

第 7 章　基于多尺度特征提取和重用及特征重标定的高效火灾检测方法

7.1　引　　言

火灾作为一种突发的自然或人为灾害，往往会带来巨大的损失。在一些可燃物密集堆积的场所，如住宅区、森林和机场等，火灾带来的破坏尤为严重。因此，如若火灾得不到及时处理，后果将会是难以预估的。

多年来，国内外研究人员一直致力于将传统的接触式传感器应用于火灾检测，如烟雾传感器、温度传感器和颗粒传感器等。这类系统部署简单且成本低廉。然而，接触式传感器仅对狭小空间的火灾检测任务起作用，无法应用于开阔的大型空间。最为致命的问题是，这类传感器需要与被检测物产生直接接触，才能发出警报。这种迟缓的反应速度对于火灾检测而言是难以接受的。随着可见光技术的快速发展，基于计算机视觉的火灾检测逐渐被国内外学者所重视。这类方法能够提供一些更为细节性的信息，而不是单纯地检测是否存在火灾。基于计算机视觉的火灾检测具备以下优点：

①信息获取速度快；

②可通过图像信息进行远程确认；

③利用现有的监控系统，可以节约大量的资源；

④既适用于室内狭小的空间，又能兼顾室外开阔的场地。

传统基于计算机视觉的火灾检测方法通常利用火焰的颜色、纹理、形状和运动等特征进行检测。几乎所有方法都沿用同一个框架，即图像获取与预处理、区域分割、特征提取和分类判别。然而，这类方法的性能严重依赖于特征的好坏，且往往不具备鲁棒性。因此，人工设计特征的方法一般只针对特定场景。近年来，随着计算机技术的快速发展，尤其是图形处理器(graphics processing unit，GPU)计算能力的大幅度提升，促进了卷积神经网络(convolutional neural networks，CNN)在计算机视觉任务中的应用，如图像分类、目标检测和语义分割等[1-3]。卷积神经网络区别于传统框架，它从图像自动地提取并学习图像更本质的特征，从而更好地对原始数据进行拟合。从现有的文献来看，基于卷积神经网络的火灾检测大致可分为两个方向：①基于现有的 CNN 网络模型或对现有模型进行微小的改动；②设计专门用于火灾检测的 CNN 模型。然而，这两类方法仍然存在下述问题：①自行设计的 CNN 模型网络层数较浅，特征提取能力有限；②基于现有 CNN 模型的方法对于复杂环境下的火灾检测效果并不十分理想；③基于卷积神经网络的方法往往需要大量的样本对模型进行训练，从现有的资料来看，缺乏公开的大型数据集可供使用。

针对现有方法的不足，本章提出了一种针对复杂情况下的高效火灾检测方法。该方法在充分借鉴现有 CNN 模型核心思想的基础上，针对复杂情况下的火灾检测对网络模型进行了合理设计。首先，利用 GoogLeNet 的 Inception 结构提取并融合多尺度的浅层特征[4]。然后，为了加强网络的隐性深层监督能力，本章引入了密集块(Denseblock)作为深层特征提取器[5]。另外，SENet 的特征重标定模块被用于学习网络内部特征通道与目标任务之间的关系，从而增强有用的通道并抑制贡献较小的通道[6]。通过合理的设计，模型不仅达到了较好的火灾检测能力，并且其复杂度也非常小。实验证明，该模型对于火灾的检测效果要优于现有的火灾检测方法。

7.2　相关研究现状

传统基于视觉的火灾检测方法主要利用火焰的颜色、纹理、形状和运动特征。Healey 等较早地采用火焰的颜色特征作为火灾检测的判别依据[7]。Celik 等引入模糊推理系统(fuzzy interface system，FIS)并结合颜色统计信息来代替人为决策[8]。Angayarkkani 等继承了同样的思想，并通过空间数据挖掘技术对森林火灾数据进行挖掘，提出了一种基于数据驱动的森林火灾检测方法[9]。此外，Celik 等通过在 YCbCr 色彩空间对火灾图像的颜色特征进行分析，总结出一种通用火灾检测模型[10]。这类仅利用颜色信息进行火灾检测的方法，虽然能够有效地控制算法的计算量，但往往会带来无法接受的误检。

针对这一问题，Chen 等提出采用 RGB 颜色模型和混乱度进行火灾检测，该方法在利用火焰颜色信息的基础之上，结合火焰的动态特征，在一定程度上提升了算法的性能[11]。Töreyin 等除了利用火焰的颜色信息和几何运动信息外，通过引入 Markov 模型来描述火焰的闪烁性行为，进而提出了一种基于颜色模型、运动信息和 Markov 模型的火灾检测方法[12]。此外，他们还提出采用空-时域小波变换对火焰的闪烁特征进行分析以提升模型的性能。该方法首先采用混合背景估计法来估计目标运动区域，并建立 RGB 颜色模型提取具有火焰颜色特征的全部目标。然后，一个二级时域小波变换被用于对火焰的闪烁特征进行分析。最后，他们采用空域小波变换对候选区域的颜色变化进行分析[13]。

为了准确地获得运动目标区域，部分学者通过引入高斯混合模型(Gussian mixture model，GMM)，并结合火焰的其他特征进行火灾检测[14,15]。此外，光流法作为经典的运动目标提取算法也被应用于火灾检测，如 Ha 等基于经典光流方法提出了一种三阶段火灾检测方法，该方法首先采用光流法检测运动信息，然后基于色彩空间进行色度检测，最后利用火焰的上升特性进行判别[16]。Mueller 等针对基于亮度恒定的经典光流法不足以对火灾的运动进行建模的问题，设计了两种光流方法：具有动态纹理信息的最优传输模型和数据驱动光流法模拟火焰饱和度[17]。这些方法虽然能够有效地提升算法的检测性能，但受限于算法的计算量而没有被广泛地采用。

上述这类需要根据经验或是统计分析设定特征阈值的方法存在较高的误检率。因此，部分学者通过引入支持向量机(support vector machine，SVM)和BP神经网络等以期解决这样的问题。SVM作为一种按监督学习的方式对输入数据进行二元分类，能够避免人为设定阈值而产生的高误检问题[18,19]。Truong等基于SVM提出了一种高效的四阶段火灾检测方法[20]：①采用自适应高斯模型检测运动区域；②采用模糊C均值对火焰像素点进行聚类；③提取时空域特征；④采用SVM对特征进行分类。Zhang等针对此前一些方法难以区分真实火焰和伪火焰目标的问题，提出了一种基于BP神经网络的火焰动态特征分类方法，以提高算法对二者的区分度[21]。

基于人为设计特征的方法过程烦琐，性能的好坏严重依赖于特征设计的好坏，且通常泛化能力较差。因此，将此类方法应用于实际往往是不切实际的。卷积神经网络区别于传统人工设计特征的烦琐过程，它的层级结构使得其具备自动地提取并学习数据更本质特征的能力。卷积神经网络在计算机视觉领域的成功应用，为火灾检测提供了一种新的思路。LeNet5原本是用于手写数字识别的网络，部分学者将其应用于火灾检测[22,23]。尽管该网络比较简单，但其检测性能已经超越了大部分基于人工设计特征的方法。随着CNN网络的快速发展，其图像理解能力也越来越强。Muhammad等采用在ImageNet数据上预训练的AlexNet模型[24]作为基础网络，并将其修改为2分类以适应火灾检测任务[25]。然而，AlexNet网络的层数较浅、参数量巨大，其检测性能和模型复杂度都限制了其实际可行性。因此，Muhammad等提出采用性能更好、参数更少的CNN模型，如GoogLeNet、SqueezeNet和MobileNet[26-28]。Sharma等对ResNet50和VGG16的火灾检测性能进行了探索，他们发现ResNet50拥有更好的检测效果，然而该文章中所用的数据集非常得小[29]。Lee等则分别基于AlexNet、GoogLeNet和VGG13进行了实验，结果表明，GoogLeNet在火灾检测中表现出了最优异的性能[30]。Dunnings等考虑到火灾检测的实时性问题，将研究重点放在了构建低复杂度的CNN上，提出将AlexNet和GoogLeNet进行简化，在保持一定检测精度的前提下，仅保留部分卷积层、池化层和全连接层，以实现较低的计算复杂度[31]。

除了直接采用CNN模型进行火灾检测外，部分学者还将传统算法与CNN进行结合。例如，Wang等结合SVM和CNN提出了一种新的火灾检测方法，该方法首先利用Haar特征检测和级联AdaBoost提取图像的火灾特征，然后经CNN对这些特征进行更高维的抽象，最后采用SVM对特征进行分类[32]。Wu等结合CNN、不规则度检测和运动检测提出了一种火灾检测方法，该方法通过同时检测烟雾和火焰的存在以提高算法的检测性能[33]。Maksymiv等结合区域分割算法和CNN进行火灾检测，该方法首先结合AdaBoost和局部二值模式(local binary pattern，LBP)算子提取感兴趣区域，然后采用CNN网络对这些区域进行检测[34]。Shi等针对传统方法中基于颜色模型和手工设计特征的方法鲁棒性较差的问题，提出了一种基于像素级图像显著性聚合(pixelwise image saliency aggregating，PISA)检测和CNN网络的火灾检测方法[35]。同样是采用显著性检测和 CNN 相结合的方式，Zhao 等在显著性检测阶段，通过结合贝叶斯方法和逻辑回归分析，取得了更快更准的效果[36]。Hu 等结合光流检测、CNN 空域特征分析和 LSTM 时间序列特征分析，提出了一种基于光流法和深卷积长递归网络的火灾检测方法[37]。该方法首先将原始数据转化为光流图像作为后续网络的输入，然后经由 CNN 处理得到图像的空间特征，进而通过 LSTM 提取图像序列的时域特征，最后将这些特征进行融合，从而实现火灾检测。该方法在传统光流特征的基础之上，同时利用了视频序列的空域和时域特征，有助于提高火灾检测的准确率。但由于网络过于复杂，因此很难满足实时性检测的要求。

7.3　高效的火灾检测模型

传统方法的性能在极大程度上依赖于人工设计的特征是否能够准确地描述火灾，并能够将疑似火灾目标与真实火灾区分开来。事实证明，人工设计的特征很难达到这样的目的。近来，卷积神经网络几乎席卷了计算机视觉领域的各个方面，尤其在图像分类方面更是取得了令人称赞的成绩。卷积神经网络凭借其独特的层级结构，能够自动地提取出火灾的更本质特征，成为了近年来的研究热点。然而，纵观现有的方法，对于复杂情况下的火灾检测，仍然存在着较高的误检率。面对这样的挑战，本章提出了一种针对复杂情况下的火灾检测方法，并将其称之为高效的火灾检测网络(efficient fire detection networks，EFDNet)。其网络结构如图 7-1 所示。本章所提出的模型不仅对于一般状况下的火灾检测具有优异的性能，对于复杂情况，也表现出了较好的检测能力。此外，该网络在具备较少参数量的同时，也保持了足够的深度。

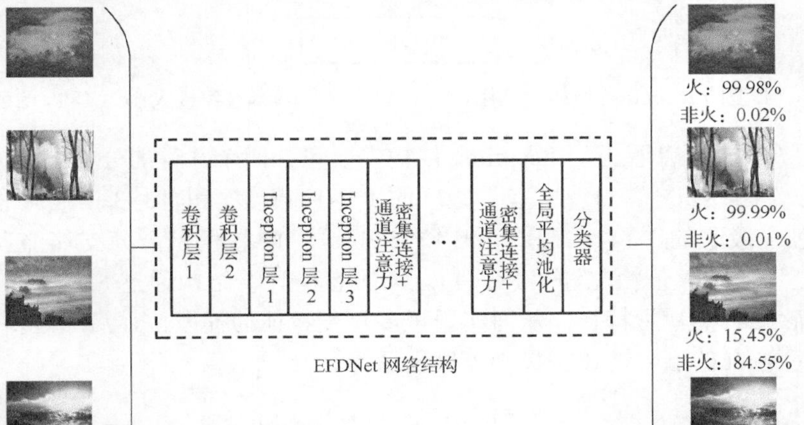

图 7-1　EFDNet 算法结构；网络的前两层为正常的卷积层，后接三层 Inception 结构，然后，特征提取的最后四层由内嵌 SE 结构的密集块组成，最后，分类层完成图像分类任务

7.3.1 多尺度特征提取

如图 7-1 所示，网络采用 224×224×3 大小的 RGB 图像作为输入。为了在降低模型后续复杂度的同时保留图像的细节信息，首先采用步长为 2，大小为 3×3 的卷积核对输入特征图进行提取特征并实现特征降维。在每个卷积层后采用 BN 和 ReLU 激活函数，ReLU 函数的数学表达式如下式(7-1)所示：

$$\mathrm{ReLU}(x)=\begin{cases}x, & x>0\\0, & \text{其他}\end{cases} \tag{7-1}$$

其中，x 表示特征输入。ReLU 激活函数因其强大的能力被广泛地应用于 CNN 当中，从而使网络具备非线性拟合能力。紧接着，该模型连续采用了三个 Inception 模块来对特征图进行扩展。Inception 模块是 2014 年由 Szegedy 等提出的一种全新的深度学习结构，该网络通过拓宽宽度的方式来获得更多尺度上的特征信息，以宽度换深度的组织结构来避免梯度消失等问题。一个典型的 Inception 结构如图 7-2 所示。

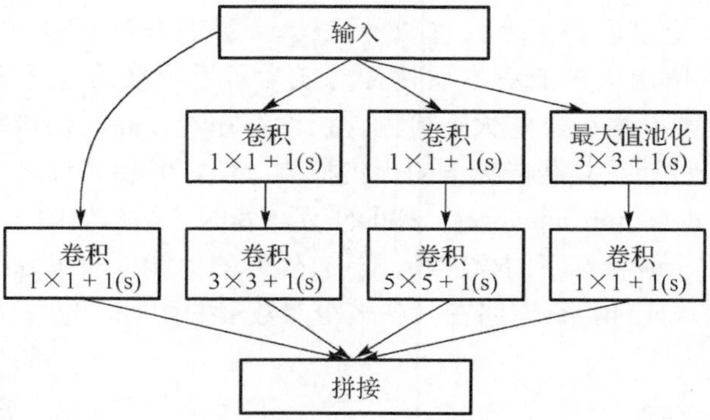

图 7-2　典型的 Inception 结构示意图，“1×1+1(s)”表示卷积核大小为 1×1，步长为 1

从图 7-2 中可以看出，Inception 结构主要包含四个并行的分支：分支 1 包含“1×1+1(s)”的卷积核；分支 2 包含级联的“1×1+1(s)”和“3×3+1(s)”的卷积核；分支 3 包含级联的“1×1+1(s)”和“5×5+1(s)”的卷积核；分支 4 包含级联的“3×3+1(s)”的最大值池化和“1×1+1(s)”的卷积。该结构通过并行的多个分支，产生不同感受野的视觉特征，从而实现了多尺度特征的提取。最后通过拼接操作，实现多尺度特征的融合。该拼接操可以表示为

$$x_l=[x_{1\times1},x_{3\times3},x_{5\times5},x_{\text{pooling}}] \tag{7-2}$$

其中，$[\cdots]$ 表示拼接操作，即将 4 个尺度上的特征按通道维进行拼接。x_l 表示融合后的特征图，$x_{1\times1}$，$x_{3\times3}$，$x_{5\times5}$ 和 x_{pooling} 分别表示 1×1，3×3，5×5 卷积和 3×3 最大池

化的输出。在网络的浅层使用 Inception 结构获取不同尺度上尽量丰富的特征信息，从而增强了网络的表达能力。

7.3.2　多尺度特征重用

在经过 3 个 Inception 结构对特征图进行扩展后，为了增强网络的深层监督能力并提高多尺度特征的利用率，该模型借鉴 DenseNet 网络的密集连接思想[5]。受启发于 ResNet，DenseNet 以一种前馈迭代的方式在每一个块中连接了前面所有的输出特性，设计出了一种更为复杂的密集连接结构。一个典型的密集块(Denseblock)结构如图 7-3 所示。

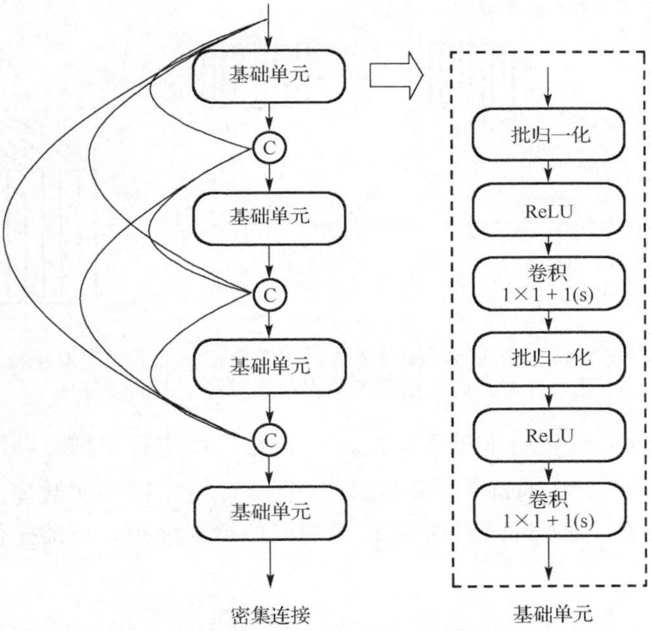

图 7-3　一个典型的密集块结构；图中的基础单元均由右半部分的结构组成，“C”表示拼接操作

从图 7-3 中可以看出，每一个块中第 L 层的输出 x_l 可以表示为

$$x_l = H_l[x_{l-1}, x_{l-2}, \cdots, x_0] \tag{7-3}$$

其中，$[\cdots]$ 表示拼接操作，$H(\cdot)$ 表示 BN、ReLU 激活函数和 3×3 卷积等一系列操作，$x_{l-1}, x_{l-2}, \cdots, x_0$ 表示输入特征。这种前馈方式的密集连接在最大程度上激励了特征重用和隐性深层监督。由于每一层的输入都是前面层所有特征的总和，因此，假定第 $l-1$ 层输出的特征图为 k，则第 l 层的输出特征图数量为 $K_l + k$。其中，K_l 表示第 $l-1$ 层的输入特征图，k 表示增长率。也就是说，特征图以速率 k 进行增长。为了防止

特征图数量发生维数爆炸，在每个密集块后，引入了下传递(transition down)操作来降低特征图的空间维数。该操作由一个 1×1 的卷积和一个步长为 2，大小为 2×2 的最大池化组成。

7.3.3 特征重标定

压缩(squeeze)和激活(excitation)是 SENet 模型的两个非常关键的操作。通过引入这两种操作，可以显示地对特征通道之间的关系进行建模，并采用一种全新的特征重标定的策略。也就是说，通过将每个特征通道的重要性转化为可学习的参数，然后根据学习到的特征通道重要程度去提升有用的特征并抑制对当前任务用处不大的通道响应。一个 SE 模块如图 7-4 所示。

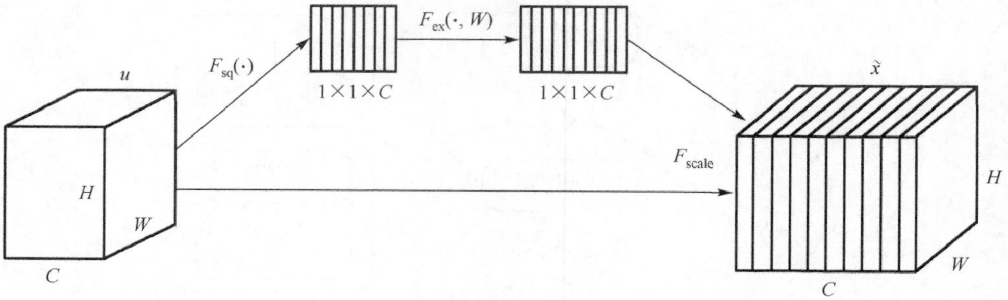

图 7-4　SE 模块。输入特征图首先经过压缩操作，然后经过激励操作得到通道权重，最后由乘积操作得到重标定后的特征图

如图 7-4 所示，首先是压缩操作 $F_{\text{sq}}(\cdot)$，即对二维的特征通道顺着空间维度进行压缩，将 $C \times H \times W$ 大小的特征图压缩成 C 个实数，这 C 个实数理论上具备全局的感受野，也就是说，它们表征着特征通道响应的全局分布。压缩操作的数学形式可以表示为

$$Z_c = F_{\text{sq}}(u_c) = \frac{1}{H \times W}\sum_{i=1}^{H}\sum_{j=1}^{W} u_c(i, j) \tag{7-4}$$

其中，$H \times W$ 表示特征图的大小，$u_c(i, j)$ 表示输入特征值，Z_c 表示经压缩操作后的 C 个权重参数。激励操作为

$$s = F_{\text{ex}}(z, \boldsymbol{W}) = \sigma(g(z, \boldsymbol{W})) = \sigma(\boldsymbol{W}_2\delta(\boldsymbol{W}_1 z)) \tag{7-5}$$

其中，s 表示经激励后的特征通道权重参数，δ 表示 ReLU 激活函数，σ 表示 Sigmoid 激活函数。$\boldsymbol{W}_1$ 和 $\boldsymbol{W}_2$ 分别是对特征图进行特征映射的权值矩阵。它通过学习参数 w 来衡量每一个特征通道的重要性。最后是点乘操作，通过将学习到的特征通道重要性系数 w 与其对应特征通道进行加权，从而实现原始特征的重标定，其数学表达式为

$$x_{out} = w \cdot x_{in} \tag{7-6}$$

其中，x_{in} 表示输入特征，x_{out} 表示经重标定后的输出。

在本网络中，将密集块与 SE 模块进行结合，充分利用了密集连接的特征重用以及 SE 模块对原始特征进行重标定的优势。如图 7-5 所示为一个挤压-激励-密集连接模块(denseblock-squeeze-excitation，DSE)。本模型共采用了 4 个这样的模块，其中基础单元的数量分别为 4、6、8 和 10。

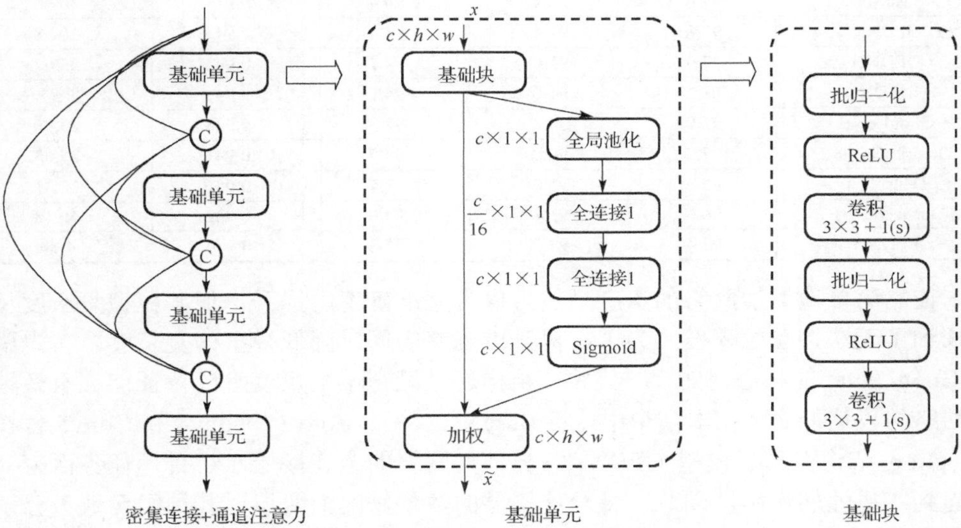

图 7-5　挤压-激励-密集连接模块

7.3.4　特征分类

经卷积神经网络完成特征提取后，需要对所提取的特征进行对应的类别分类。因此，首先将卷积层输出的特征图进行 7×7 大小的全局平均池化，得到一个 139 维的特征向量。为了得到火灾检测的 2 分类结果，最后将这 139 个特征向量按全连接的方式映射到两个值，这两个值就是最后的分类结果。

7.3.5　模型设计过程

本章的工作旨在设计一种基于 CNN 的高效火灾检测网络。为了实现实时火灾检测的目的，所设计模型需要在准确率和模型复杂度之间取得一个平衡。

在文献[24]中，基于 AlexNet 的方法已经取得了很好的效果，但是其巨大的模型复杂度使得其很难实现实时检测，也限制了其移植到资源受限的可移动设备上的可能。这对于工业应用而言是难以接受的。受他们工作的启发，本章将 AlexNet 作为基础模型。为了提升其检测性能，通过简单地增加其层数，得到了称为 BaseNet2 的基础模型 2。实验结果如表 7-1 所示。尽管其准确率从 87.21%上升到了 90.44%，然而其模型复杂度也相应增长到了 307.8MB，这违背了模型设计的初衷。

表 7-1 不同模型架构的性能对比

模型架构	查全率/%	精准率/%	准确率/%	F1 分数	参数量/MB
AlexNet	93.2	83.3	87.2	0.879	233.0
BaseNet2	97.6	85.4	90.4	0.911	307.8
GFDNet	97.8	91.4	94.3	0.945	102.8
DFDNet	97.9	91.0	94.1	0.943	23.07
GDFDNet	**98.2**	91.6	94.6	0.948	3.93
GoogLeNet	98.0	88.0	92.3	0.928	23.36
GoogLeNet+SE	97.7	90.8	93.9	0.941	25.85
DenseNet	96.5	91.0	93.4	0.936	28.31
DenseNet+SE	96.6	91.8	94.0	0.942	40.18
EFDNet	97.4	93.5	95.3	0.954	4.80

依靠简单地增加网络的深度虽然可以带来准确率的提升，但其模型复杂度反而增长到了无法接受的程度。为了在提升准确率的同时降低模型的复杂度，首先引入了 GoogLeNet 的核心思想[4]，其并行结构通过融合不同尺度上的特征能够有效地提升网络的表达能力。在本模型中，将 BaseNet2 中的 Conv3、Conv4 和 Conv5 替换成 Inception 结构得到了模型 GFDNet。另外，网络的全连接层对于目标任务而言，并未起到实质性的作用。因此，将全连接层的数量修改为两层，其神经元数量分别为 512 和 2，以降低网络复杂度。从表 7-1 的实验结果可以看出，通过融合多尺度的信息，不仅提升了模型的性能并同时降低了模型的参数量。

BaseNet2 的后四个卷积层仍然具有高度复杂性，但是其提取特征的能力却十分有限。DenseNet 从特征的角度出发，通过高度特征重用，不仅大幅度降低了模型参数量并且有效缓解了梯度消失的问题[5]。这种特征重用方式大大激励了模型的隐性深层监督能力。也就是说，这种结构相比于正常的卷积层，具有更强大的特征提取能力。受此启发，本模型将 BaseNet2 中的 Conv6、Conv7、Conv8 和 Conv9 都替换成了密集块得到了 DFDNet 模型。从表 7-1 得知，该模型的参数量从 307.8MB 降到了 23.07MB。

从上述分析可以知道，GoogLeNet 的并行结构和 DenseNet 的密集连接结构均对目标任务产生了作用。Inception 结构能够产生多尺度的底层特征，有效提升了网络在提取深浅特征时的能力。DenseNet 的密集连接结构以一种前馈方式连接了所有的特征输出，有效提升了网络的隐性深层监督。因此，通过合理组合这两个模块，得到了 GDFDNet 模型。从实验结果可以看出，该结构确实能够在提升模型性能的同时降低网络的参数量。

SENet 提出了一种新颖的结构单元“squeeze-and-excitation”。该结构单元能够精确地对不同通道之间的特征进行建模并对每一个特征通道进行重新标定[6]。通过这样的方式，网络可以自动地选择对目标任务有用的特征并抑制贡献较低的特征。更为重要的是，该模块能够任意嵌入任何骨干网络而无须付出大的参数代价。为了提升模型的检测能力，在 GDFDNet 的基础之上添加了该模块。实验结果表明，EFDNet 取得了最好的性能。由于本章的模型借鉴了 GoogLeNet、DenseNet 和 SENet 的思想，因此本节进行了以下实验以充分验证本模型的性能：①采用 DenseNet 作为火灾检测模型；②基于 GoogLeNet；③DenseNet+SE；④GoogLeNet+SE。实验结果如表 7-1 所示，本章模型在模型复杂度和检测准确率上均取得了最好的效果。

7.4　模 型 实 现

本节的主要目标是带领读者在 PyTorch 框架下完成基于多尺度特征提取和重用及特征重标定网络模型的核心代码实现。关于 PyTorch，本书在第 1 章就已进行了详细的介绍，因此不再赘述。要搭建一个完整的卷积神经网络模型，torch 与 torchvision 是两个必不可少的包，如利用 torch.nn 中的卷积函数、批归一化函数和激活函数等完成一个卷积层的定义，使用 torch.optim 完成优化器的定义，并使用 torch.autograd 实现自动梯度求导等。

7.4.1　数据加载

首先，通过调用 torch 和 torchvision 包中封装的大量的类来完成训练数据的导入、预处理和打包等。因此，第一步需要做的是导入必要的包。

```
import torch
import torchvision
from torch.autograd import Variable
import torchvision.transforms as transforms
```

在导入了必要的包以后，便可以对训练中所需要的数据集进行读取和处理了。数据处理的过程就是将数据进行必要的处理，如尺寸变换、类型转换和数据标准化等。数据读取的目的是将训练数据按 batch_size 的值分成一个一个的包，也就是说，经打包后的数据的每个包中的图片数应该是 batch_size 的大小，并通过 shuffle 参数来控制在每次加载数据的过程中是否打乱图片的顺序，加载并打包图片的代码如下。

```
def LoadTrainData():
    PATH = r"data1/train/"                  # 训练集路径
    transform=transforms.Compose([transforms.Resize((224,224))#将图
              片调整为 224×224
```

```
    trainset = torchvision.datasets.ImageFolder(PATH, transform=transform,
                transforms.ToTensor()]))# 加载图片并做预处理
   trainloader = torch.utils.data.DataLoader(trainset, batch_size=32,
                shuffle=True,num_workers=0)
      # 将加载的图片进行打包
   return trainloader
```

对数据的加载采用的是 torchvision.datasets.ImageFolder 类,类中的 PATH 表示数据路径，一般进行分类任务时，数据集放置方式如下所示，以本章训练集为例。

```
../data1/train/fire/001.png
../data1/train/fire/002.png

../data1/train/No_fire/001.png
../data1/train/No_fire/002.png
```

按这种方式放置数据,该类会自动为数据打上标签。打标签的方式则按照“train”文件夹的子文件夹顺序进行。如本章的“train”下仅包含两个子文件夹，则第一个文件下的所有图片都会被赋予标签“0”，而另一个文件夹下的所有图片则会被赋予标签“1”。transform 参数表示对加载的数据进行预处理的方式，本章仅采用了尺寸变换(Resize)和类型转换(ToTensor)两个操作。其中，Resize 表示将图片调整为 224×224 大小，而 ToTensor 则是将图片的类型转换为 PyTorch 能够识别的类型并将数据标准化。torch.utils.data.DataLoader 类将加载的图片数据进行打包，batch_size 参数为每个包中图片的数量，本章的 batch_size 大小为 32，即每次输入网络的图片数据为 32。Shuffle 参数为 True 表示每次训练都会将数据打乱顺序。num_workers 参数表示采用多少个线程进行数据加载。

数据加载完毕以后，可以通过枚举的方式每次从数据包中取出一批数据，代码如下所示。

```
trainloader = LoadTrainData()
for i,data in enumerate(trainloader, 0): # 通过枚举的方式获取批次数据
    image, label=data                    # 将图片数据和标签分开
    image=Variable(image).cuda()         # 设置自动求导并将数据加载至 GPU
    label=Variable(label).cuda()
```

在上述代码中，首先调用了 LoadTrainData()函数，这样 trainloader 中便得到了打包好的数据。通过 enumerate()函数来获取每一个批次的图片数据以及对应的标签。前面说过，PyTorch 可以实现变量的自动求导功能，这需要通过 Variable()函数来对数据进行处理。cuda()函数表示将数据加载到 GPU 上。

通过上述方式，便实现了数据的加载与打包。

7.4.2 模型定义

前面已经实现了数据的加载与打包。本节将主要介绍如何构建本章所用到的深度学习模型。卷积神经网络模型的搭建主要包括卷积层、池化层、激活函数和全连接层等。这些层的实现主要通过 torch.nn 中的类实现，如 torch.nn.Conv2d 类实现卷积层；torch.nn.AvgPool2d 类实现平均池化层；torch.nn.ReLU 实现激活函数等。由于本模型用到了 Inception 模块、Denseblock 模块和 SE 模块，所以本节先从 Inception 模块的搭建开始讲解。Inception 模块的代码如下所示。

首先，导入构建模型所必须用到的包，如下所示。

```
import torch
import torch.nn as nn
import torch.nn.init as init
import torch.nn.functional as F
```

然后，由于 Inception 结构存在重复的单元，因此，为了代码的简洁性，定义了一个基本的 basic_layer 结构，代码如下。

```
def basic_layer(in_planes, out_planes, kernel, stride=1, padding=0):
    layer = nn.Sequential(
        nn.Conv2d(in_planes, out_planes, kernel, stride, padding), # 卷积层
        nn.BatchNorm2d(out_planes, eps=1e-3),                      # 归一化层
        nn.ReLU(inplace=True))                                     # 激活函数
     return layer
```

其中，basic_layer 函数的输入参数包括：输入通道数(in_planes)，输出通道数(out_planes)，卷积核大小(kernel)，步长(stride)和边界填充数(padding)。nn.Sequential 类是一个有序容器，该模块将按照传入的顺序构建卷积神经网络。如上述代码所示，首先传入 nn.Conv2d，然后传入 nn.BatchNorm2d，最后传入 nn.ReLU。这部分的代码表示先进行卷积，然后是归一化，最后是激活函数。

构建好了基础单元，便可以着手构建整个 Inception 模块，代码如下。

```
class inception(nn.Module):
def __init__(self, in_planes, out_planes1, out_planes2_1, out_planes2_2,
out_planes3_1, out_planes3_2, out_planes4_1):
        super(inception, self).__init__()
        self.planes = out_planes1 + out_planes2_2 + out_planes3_2 +
                    out_planes4_1  # 输出通道数
        self.branch1 = basic_layer(in_planes, out_planes1, 1)  #支路 1:
                    1×1 卷积
```

```
        self.branch2 = nn.Sequential(
            basic_layer(in_planes, out_planes2_1, 1),
            basic_layer(out_planes2_1, out_planes2_2, 3, padding=1)) # 支
                  路 2: 1×1, 3×3 卷积

        self.branch3 = nn.Sequential(
            basic_layer(in_planes, out_planes3_1, 1),
            basic_layer(out_planes3_1, out_planes3_2, 5, padding=2))  # 支
                  路 3: 1×1, 5×5 卷积

        self.branch4 = nn.Sequential(
            nn.MaxPool2d(3, stride=1, padding=1),
            basic_layer(in_planes, out_planes4_1, 1))    # 支路 4: 最大值
                  池化, 1×1 卷积

    def forward(self, x):                              # 前向传播
        out1 = self.branch1(x)
        out2 = self.branch2(x)
        out3 = self.branch3(x)
        out4 = self.branch4(x)
        x = torch.cat((out1, out2, out3, out4), 1)       # 按通道维进行拼接
        return x
```

Inception 模块包含四个并行的分支，分别对应代码中的 branch1，branch2，branch3 和 branch4。最后，通过 torch.cat()函数按通道维将四个分支的输出进行拼接。这样便实现了 Inception 模块。

本模型中，SE 模块是嵌入在 Denseblock 模块中的。因此，本节将 SE 模块和 Denseblock 模块的搭建放在一起进行介绍。由于该部分的代码量较大，因此，本节仅介绍其核心代码的实现。内嵌 SE 模块的 Denseblock 模块核心代码如下所示。

```
class _denselayer(nn.Module):
    def __init__(self, num_input_features, growth_rate, bn_size, drop_rate):
        super(_denselayer, self).__init__()
        self.drop_rate = drop_rate                       # 随机失活率
        self.planes = num_input_features + growth_rate  # 输出特征数,
                  growth_rate 表示增长率
        self.layer1 = nn.Sequential(
            nn.BatchNorm2d(num_input_features),
            nn.ReLU(inplace=True),
            nn.Conv2d(num_input_features, bn_size * growth_rate,
                  kernel_size=1, stride=1, bias=False))
```

```
        self.layer2 = nn.Sequential(
            nn.BatchNorm2d(bn_size * growth_rate),
            nn.ReLU(inplace=True),
            nn.Conv2d(bn_size * growth_rate, growth_rate, kernel_size=3,
                    stride=1, padding=1, bias=False))

        self.fc1 = nn.Conv2d(self.planes, self.planes // 16, kernel_size=1)
        self.fc2 = nn.Conv2d(self.planes // 16, self.planes, kernel_size=1)


    def forward(self, x):
        new_features = self.layer1(x)
        new_features = self.layer2(new_features)
        if self.drop_rate > 0:          # 随机失活，按 drop_rate 进行随机失活
            new_features = F.dropout(new_features, p=self.drop_rate,
                              training=self.training)
        out = torch.cat([x, new_features], 1) # 特征拼接，实现特征重用
        # Squeeze
        w = F.avg_pool2d(out, out.size(1))  # 全局平均池化
        w = F.ReLU(self.fc1(w))             # 全连接层 1，维度缩减
        w = torch.sigmoid(self.fc2(w))      # 全连接层 2，维度扩展
        # Excitation
        out = out * w                       # 每个通道的特征与对应的权重相乘
        return out
```

该部分代码的输入参数包括：输入特征图数量(num_input_features)，增长率(growth_rate)，缩减率(bn_size)和失活率(drop_rate)。其中值得说明的是，缩减率的设置是为了降低中间层特征图的数量，以降低网络模型的参数量。从上述 7.3.3 节可知，所提 DSE 模块最基本的层包括一个归一化操作、一个激活函数和一个卷积层。如代码中 layer1 和 layer2 所示，经 layer1 和 layer2 操作后输出的特征图将与输入特征图进行拼接作为下一个层的输入以实现特征的重用。另外，输入下一层的特征需要进行特征重标定。因此，通过 F.avg_pool2d 类对特征图进行全局平均池化，得到每个通道对应的权重 w。然后，经过两个全连接层对权重进行隐射，本代码采用 1×1 的卷积实现。当然也可以使用 nn.Linear 类实现。最后，将通道权重 w 与对应通道的特征相乘，即实现了特征的重标定。至此，本节已经通过代码的方式实现了 DSE 的核心模块。剩余的工作则仅需按照数量重复堆叠该模块便可实现一个完整的 DSE。

另外，由于 DSE 模块中，特征图的数量按照增长率(growth_rate)进行增长，且并未进行下采样操作，因此，为了防止特征图维度爆炸和实现下采样操作，每个 DSE 后采用了一个转换(Transition)操作，该操作的代码如下所示。

```
class _Transition(nn.Module):
    def __init__(self, num_input_features, num_output_features):
        super(_Transition, self).__init__()
        self.trans = nn.Sequential(
            nn.BatchNorm2d(num_input_features),
            nn.ReLU(inplace=True),
            nn.Conv2d(num_input_features, num_output_features, kernel_size=1,
                      stride=1, bias=False),           # 维度缩减
            nn.AvgPool2d(kernel_size=2, stride=2))    # 平均池化


    def forward(self, x):
        x = self.trans(x)
        return x
```

该部分代码的核心在于进行维度缩减的卷积操作和进行下采样操作的平均池化。通过参数 num_output_features 控制输出特征图的数量，从而防止了特征图维度爆炸。

7.4.3 模型训练

首先，导入必要的包：

```
import torch.optim as optim
from torch.optim import lr_scheduler
```

在模型搭建完成的基础上，便可以进行模型的训练和参数调优了。对预定义模型进行实例化，以本章定义的 EFDnet 模型为例，实例化代码如下。

```
net = EFDnet(3, 2, block_config=(4, 6, 8, 10)).cuda()
net.apply(weights_init)
```

上述代码中，参数 3 表示网络输入为 3 通道的 RGB 图像，参数 2 表示网络的输出为 2 分类。block_config=(4, 6, 8, 10)表示 4 个 DSE 模块，每个 DSE 模块中的 basic_layer 数量分别为 4，6，8 和 10。cuda()表示将模型放置到 GPU 上。net.apply()函数用于模型参数的初始化。本代码所用初始化方式如下所示。

```
def weights_init(m):
    if isinstance(m, nn.Conv2d):
        init.kaiming_normal_(m.weight, mode='fan_out')
    elif isinstance(m, nn.Linear):
        init.normal_(m.weight, mean=0, std=0.01)
    elif isinstance(m, nn.BatchNorm2d):
```

```
        init.constant_(m.weight, 1)
        init.constant_(m.bias, 0)
```

然后，需要确定训练过程中采用的损失函数、优化器和学习率调整方式。代码如下。

```
criterion=nn.CrossEntropyLoss(reduction='mean').cuda()
optimizer=optim.Adamax(net. parameters(), lr=0.001, betas=(0.9,
0.999), eps=1e-08)
scheduler = lr_scheduler.StepLR(optimizer, step_size=30, gamma=0.5)
```

如上述代码所示，本模型采用交叉熵 nn.CrossEntropyLoss 作为损失函数，参数 reduction='mean'表示对每个批次的损失取平均作为最终的网络损失。优化器采用 Adamax，初始学习率设置为 0.001。学习率调整方式为每 30 轮全局迭代后，学习率调整为原来的 0.5 倍。

最后，卷积神经网络模型进行训练和参数寻优的代码如下所示。

```
for epoch in range(100):
    start = time.time()
    scheduler.step()
    running_loss = 0.0
    train_acc = 0.0
    trainloader = LoadTrainData()
    for i,data in enumerate(trainloader,0):
        image,label=data
        image=Variable(image).cuda()
        label=Variable(label).cuda()
        net.train()
        optimizer.zero_grad()
        outputs=net(image)
        loss=criterion(outputs,label)
        running_loss+=loss.item()
        pred = torch.max(outputs, 1)[1]
        train_correct = (pred == label).sum()
        train_acc += train_correct.item()
        loss.backward()
        optimizer.step()
```

至此，本节已经完成了从数据加载与打包、模型定义到模型训练部分核心代码的实现与分析。由于篇幅的限制，本节并未给出完整的代码。

7.5　性能分析与讨论

本节主要对该模型的实验结果进行分析与讨论。首先，本节将介绍如何准备数据集以及详细的实验细节。然后，本节将对模型训练的一些细节以及注意事项进行详细的讲解。最后，给出该网络的实验结果与现有方法的对比分析。

7.5.1　数据准备

在本章中，创建了一个名为“FD_Datasets”的火灾数据集。这些火灾样本中的一小部分来自于现有的文献[38,39]，绝大部分是从互联网资源收集得到的。本章共计收集了各种场景下的火灾视频 200 个，非火灾视频 50 个。此外，还从互联网上下载大量含有伪火焰目标(与火灾具有某些相似的特征)的图片共同组成了本章所用到的数据集“FD_Datasets”。该数据集涵盖了大量真实场景下的火灾图片，正负样本共计 50000 张图片。其中，25000 张为正样本(包含火灾)，25000 张为负样本。部分正负样本如图 7-6 所示。值得说明的是，该数据集包含大量具有挑战性的样本，如火灾区域在图片中仅占据较小的区域或伴随大量的浓烟等；负样本包含火烧云、日出日落、街灯和汽车的灯光等。

(a) 正样本中包含房屋火灾、汽车火灾和森林火灾等　　(b) 负样本包含火烧云、日出日落和灯光等

图 7-6　部分正负样本

为了训练本章所提出的 EFDNet，采用其中的 70%作为训练集，20%作为验证集，剩余 10%作为测试集。训练、验证和测试的样本数详细见表 7-2。

表 7-2　数据集细节

	训练集	验证集	测试集	合计
火焰图片	17500	5000	2500	25000
非火焰图片	17500	5000	2500	25000

7.5.2　模型训练

受 GoogLeNet、DenseNet 和 SENet 的启发，本章设计了一种基于 CNN 的高效火灾检测方法并使用上述数据集对其进行了训练。为了实验结果的客观性，本节所有实验均在同一框架下完成。

(1) 实验平台。本章所用实验硬件平台为搭载了 NVIDIA RTX 2080TI 图形显卡的服务器。该图像处理器具有 11GB 的片上资源，且其单精度浮点运算能力达到了 13.45TFLOPS。

(2) 训练参数设置。在训练过程当中，采用 Adamax 作为本模型的优化器，该优化器在 Adam 优化器的基础上增加了一个学习率上限。因此，该优化器具备 Adam 优化器的所有优点。优化器各参数设置为学习率 $(\mathrm{lr}) = 0.001$，梯度系数 $(\mathrm{betas}) = (0.9, 0.999)$，稳定系数 $(\mathrm{eps}) = 10^{-8}$。由于本章主要实现火灾图像的二分类任务，因此采用交叉熵作为损失函数，其数学表达式为

$$\mathrm{Loss} = -[y\log\hat{y} + (1-y)\log(1-\hat{y})] \tag{7-7}$$

其中，y 和 $\hat{y}$ 分别表示真实标签和网络的预测结果。整个网络模型的训练周期为 100 轮全局迭代，并且在每一轮全局迭代之后会对整个训练集进行混洗，使数据集进行重新分布。受图像处理器片上资源的限制，网络输入批次大小限定为 16，即网络每次输入 16 张图片进行训练。为了得到最优的模型，网络训练 10 轮全局迭代之后，每进行一次训练就使用验证集对当前模型进行一次验证。若当前模型优于之前保存的最佳模型，则用当前模型参数覆盖上一个最优模型。

7.5.3　实验结果与分析

本节首先对网络模型的评价指标及其数学表达进行了详细的说明，然后对所提方法与传统基于人工设计特征的方法的性能进行了详细对比分析，最后将与现有最先进的基于卷积神经网络的方法进行比较。其中，所用数据集均为 7.5.1 节中所述的数据集。值得说明的是，由于本章的方法为基于图片进行火灾检测，因此，在对比传统方法的时候，所选方法也均为基于图片的方法，基于动态视频的方法不在本书考虑范围之内。

首先，本节对所用到的评价指标进行详细说明。

查全率是表征被正确检索的正样本数与应当被检索到的正样本数之比，其可以表示为

$$\mathrm{Rec} = \frac{\mathrm{TP}}{\mathrm{TP} + \mathrm{FN}} \tag{7-8}$$

其中，TP 表示真正率，即本身为正样本，其预测结果也为正样本的数量；FN 表示本身为正样本，其预测结果为负样本的数量。

查准率是表征正确检索的正样本数与被检索为正样本的总数之比，其数学表达式为

$$\mathrm{Pre} = \frac{\mathrm{TP}}{\mathrm{TP} + \mathrm{FP}} \tag{7-9}$$

其中，FP 表示本身为负样本，其预测结果为正样本的数量。

准确率是最常用的性能指标，可以从整体上衡量一个模型的性能，表征了被正确检索的正负样本数和总样本数之比，其可以表示为

$$\mathrm{Acc} = \frac{\mathrm{TP} + \mathrm{TN}}{\mathrm{TP} + \mathrm{FP} + \mathrm{TN} + \mathrm{FN}} \tag{7-10}$$

其中，TN 表示本身为负样本，其预测结果也为负样本。

F1 分数用来综合评价查全率和查准率，而并非像准确率一样只是简单地计算正确检索的样本占总样本的比率。其数学表达式为

$$\mathrm{F1} = \frac{\mathrm{Rec} \cdot \mathrm{Pre}}{\mathrm{Rec} + \mathrm{Pre}} \tag{7-11}$$

1. 与基于手工特征的方法的性能比较

本章方法与现有基于手工设计特征的方法在“FD_Datasets”数据集上的实验结果如表 7-3 所示。

表 7-3　本章方法与传统方法在“FD_Datasets”上的性能比较

方法	查全率/%	查准率/%	准确率/%	F1 分数
EFDNet	97.4	93.5	95.3	0.954
文献[8]	99.9	52.0	53.9	0.684
文献[10]	90.0	63.9	69.6	0.747
文献[21]	73.2	71.1	71.7	0.721

从表 7-3 中可以看出，文献[8]中基于模糊逻辑推理系统的方法取得了最好的查全率，达到了 99.9%。然而其准确率仅为 52.0%，这说明该方法将数据集中大量含有疑似火焰目标的样本错误地分类成了火灾图片。这也意味着该方法不具备强鲁棒性，容易受到伪火焰目标的干扰，导致其产生错误的判断。尽管本章的方法在查全率上比文献[8]中的方法低了 2.5%，然而其在查准率、准确率和 F1 分数上的性能要远远优于文献[8]中的方法。从文献[10]和文献[21]中可以看出，基于规则的分类和基于人工神经网络的分类器在四个指标上的性能都无法达到本模型基于 CNN 的方法的效果。尤其是在 F1 分数这一综合评价指标上，本章的方法比其中最好的方法高出 0.207。因此，可以得出这样的结论，基于 CNN 的方法要优于基于传统手工设计特征的方法。

2．与基于 CNN 的方法的比较

在本节中，将对几种目前最先进的基于 CNN 的火灾检测方法与本章的方法进行比较，所得实验结果如表 7-4 所示。

表 7-4　本章方法与目前先进的基于 CNN 的方法在“FD_Datasets”上的性能比较

方法	查全率/%	查准率/%	准确率/%	F1 分数
文献[24]	93.2	83.3	87.2	0.879
文献[26]	98.0	88.0	92.3	0.928
文献[27]	91.3	84.6	87.3	0.879
文献[28]	97.6	84.8	90.0	0.907
文献[29]	98.7	88.27	92.8	0.932
EFDNet	97.4	93.5	95.3	0.954

从表 7-4 的实验结果可以知道，文献[24]基于 AlexNet 的方法在各个指标上的性能较差，这是由于 AlexNet 较浅的层数限制了其提取特征的能力。文献[26]基于 GoogLeNet 的方法和文献[29]基于 ResNet50 的方法在查全率这一项上取得了非常好的结果，分别为 98.0%和 98.7%，但这两种方法的查准率却仅达到了 88.0%和 88.27%。反观本章的方法，虽然查全率比文献[26]和文献[29]稍低，分别低 0.6%和 1.3%，但其在查准率和准确率这两个指标上取得了最好的效果。另外，从 F1 分数这一项指标来看，本章的方法在综合性能上取得了最佳的结果。

3．复杂场景下的火灾检测性能分析

衡量一个火灾检测系统是否具有实际意义，除了上述指标以外，复杂情况下的火灾检测能力以及在现实世界中部署的可行性也是尤为重要的衡量标准。在本节中，将对所提方法在复杂情况下的火灾检测能力进行详细的分析，并对其是否具有实际可行性展开讨论。

如图 7-7 所示，从测试集中随机抽取了部分复杂场景下的正样本和负样本作为待测对象，用于 EFDNet 的复杂场景下火灾检测性能分析。图 7-7(a)场景下的森林火灾伴随有少量烟雾，火焰区域较为分散；图 7-7(b)和图 7-7(c)中均含有大量浓烟，但火焰区域较为集中；至于负样本，如图 7-7(e)所示为天边的火烧云，图 7-7(f)所示为灯火通明的城市，这类场景会给算法带来极大的挑战。

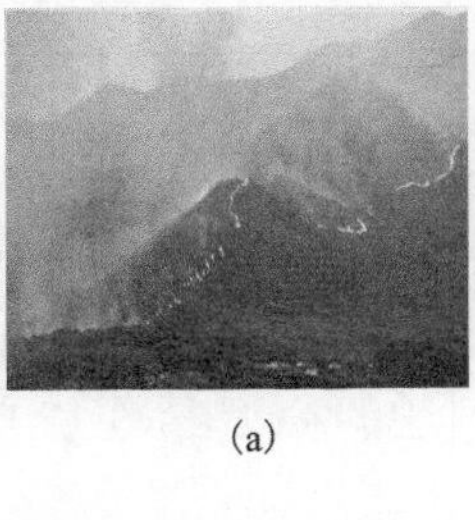
(a)

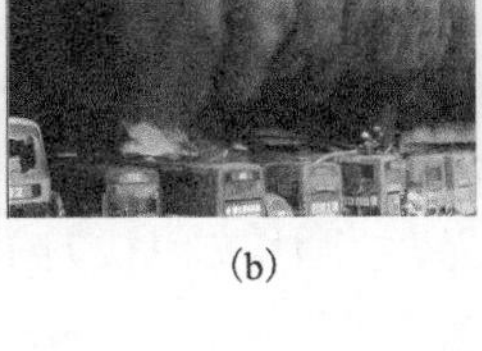
(b)

(c)

(d)　(e)　(f)

图 7-7　具有挑战性的正负样本示例

实验结果如表 7-5 所示。在复杂场景下，表现最差的方法为文献[24]中所使用的方法。该方法不仅错误地将图 7-7(a)识别为非火灾图片，并且也未能识别出任何一张非火灾图片。例如，图 7-7(a)本身应该为火灾图片，然而，该方法却以 87.12%的置信度将其错误地分类为非火灾图片。对于图 7-7(a)的检测结果，其中表现最好的方法当属文献[29]中所用的模型，其正确识别的置信度高达 100.0%。当然，本章所提方法也以 99.96%的置信度将其正确地分类。尽管文献[26]～文献[29]所采用的方法在包含火灾的样本上的检测性能和本方法表现一样好，但在包含伪火焰目标的样本上，本方法展现出了更好的效果。例如，仅本方法以 81.56%的置信度将图 7-7(d)正确分类，其他的方法均识别错误。总的来说，网络较深的模型比网络较浅的模型表现更为优秀。

表 7-5　复杂场景下真实火灾检测结果

方法	图 7-7(a)		图 7-7(b)		图 7-7(c)	
	火灾	非火灾	火灾	非火灾	火灾	非火灾
文献[24]	12.88%	87.12%	99.96%	0.04%	99.37%	0.36%
文献[26]	73.08%	26.92%	72.89%	27.11%	73.10%	26.90%
文献[27]	0.65%	99.35%	99.95%	0.45%	99.23%	0.77%
文献[28]	99.99%	0.01%	99.99%	0.01%	100.00%	0.00%
文献[29]	100.00%	0.00%	99.98%	0.02%	99.99%	0.01%
EFDNet	99.96%	0.04%	99.96%	0.04%	99.96%	0.04%
方法	图 7-7(d)		图 7-7(e)		图 7-7(f)	
	火灾	非火灾	火灾	非火灾	火灾	非火灾
文献[24]	98.91%	1.09%	55.03%	44.97%	98.02%	1.98%
文献[26]	64.63%	35.37%	50.95%	49.05%	71.96%	28.04%
文献[27]	98.74%	1.26%	46.21%	53.79%	68.35%	31.65%
文献[28]	82.46%	17.54%	0.06%	99.94%	7.16%	92.84%
文献[29]	78.28%	21.72%	16.74%	83.26%	3.11%	96.89%
EFDNet	18.44%	81.56%	0.00%	100.00%	0.00%	100.00%

另外，本节对现有方法和本方法的模型复杂度进行了分析。各方法的模型大小如表 7-6 所示。本方法的模型复杂度仅比文献[27]中方法的模型参数多 1.74MB，但

本方法具有更好的检测性能。这也就是说，本方法在检测性能和模型复杂度上取得了一个更好的平衡。所以，本方法更适合一些资源受限的可移动设备，如现场可编程逻辑门阵列(field programmable gate array，FPGA)和树莓派等。

表 7-6 不同 CNN 模型的参数量大小

方法	参数量/MB
文献[24]	233
文献[26]	43.30
文献[27]	3.06
文献[28]	13.23
文献[29]	89.9
EFDNet	4.80

7.6 本章小结

卷积神经网络的崛起给计算机视觉任务开辟了一条崭新的道路，这使得进一步提升基于视觉的火灾检测系统的性能成为了可能。及早发现并采取有效措施对于火灾管理的重要性来说是不言而喻的，虽然目前已经有了一些性能较为优异的方法，但这些方法的检测准确率并不是十分的高，尤其是对于复杂情况下的火灾检测仍然存在着较大缺陷，如视距较远、伴有浓烟的场景、天边的火烧云和城市的灯光等这类情况。出于这样的动机，本模型融合了 3 种先进 CNN 模型的核心思想，设计了一种基于多网融合的火灾检测模型，尤其是对于复杂情况下的火灾检测。实验结果表明，本章所提方法在检测准确率和虚警率方面要优于现有方法，在测试集达到了 95.3%的准确率。此外，本网络的模型参数量仅大约为文献[28]中基于 MobileNet-v2 的 1/3[24]。因此，该方法更适合于部署于资源受限的可移动设备，如 FPGA、树莓派等。再者，针对现有文献中数据集较少的情况，我们从网上下载了大量真实火灾视频，并制作了一个数量较大的火灾数据集，为火灾检测算法研究提供了便利。

因此，本章的工作能为复杂情况下的火灾检测提供切实可行的办法。下一步工作将会聚焦于进一步提升算法的性能，并尝试使用目标检测或语义分割的方法在检测到火灾存在的同时将其准确地标注在图像上[40,41]。

参考文献

[1] Chan T H, Jia K, Gao S, et al. PCANet: A simple deep learning baseline for image classification[J]. IEEE Transactions on Image Processing, 2015, 24(12): 5017-5032.

[2] Girshick R, Donahue J, Darrell T, et al. Region-based convolutional networks for accurate object detection and segmentation[J]. IEEE Transactions on Pattern Analysis and Machine Intelligence, 2015, 38(1): 142-158.

[3] Zhang W, Li R, Deng H, et al. Deep convolutional neural networks for multi-modality isointense infant brain image segmentation[J]. NeuroImage, 2015, 108: 214-224.

[4] Szegedy C, Liu W, Jia Y, et al. Going deeper with convolutions[C]//Proceedings of the IEEE Conference on Computer Vision and Pattern Recognition, 2015: 1-9.

[5] Huang G, Liu Z, der Maaten L V, et al. Densely connected convolutional networks[C]//Proceedings of the IEEE Conference on Computer Vision and Pattern Recognition, 2017: 2261-2269.

[6] Hu J, Shen L, Sun G. Squeeze-and-excitation networks[C]//Proceedings of the IEEE Conference on Computer Vision and Pattern Recognition, 2018: 7132-7141.

[7] Healey G, Slater D, Lin T, et al. A system for real-time fire detection[C]//Proceedings of the IEEE Conference on Computer Vision and Pattern Recognition, 1993: 605-606.

[8] Celik T, Ozkaramanlt H, Demirel H. Fire pixel classification using fuzzy logic and statistical color model[C]//International Conference on Acoustics, Speech and Signal Processing, 2007: 1205-1208.

[9] Angayarkkani K, Radhakrishnan N. Efficient forest fire detection system: A spatial data mining and image processing based approach[J]. International Journal of Computer Science and Network Security, 2009, 9(3): 100-107.

[10] Celik T, Demirel H. Fire detection in video sequences using a generic color model[J]. Fire Safety Journal, 2009, 44(2): 147-158.

[11] Chen T H, Wu P H, Chiou Y C. An early fire-detection method based on image processing[C]//International Conference on Image Processing, 2004, 3: 1707-1710.

[12] Töreyin B U, Dedeoğlu Y, Cetin A E. Flame detection in video using hidden Markov models[C]//International Conference on Image Processing, 2005, 1230-1233.

[13] Töreyin B U, Dedeoğlu Y, Güdükbay U, et al. Computer vision based method for real-time fire and flame detection[J]. Pattern Recognition Letters, 2006, 27(1): 49-58.

[14] Chen J, He Y, Wang J, et al. Multi-feature fusion based fast video flame detection[J]. Building and Environment, 2010, 45(5): 1113-1122.

[15] Han X F, Jin J S, Wang M J, et al. Video fire detection based on Gaussian mixture model and multi-color features[J]. Signal, Image and Video Processing, 2017, 11(8): 1419-1425.

[16] Ha C, Hwang U, Jeon G, et al. Vision-based fire detection algorithm using optical flow[C]//Complex, Intelligent, and Software Intensive Systems, 2012: 526-530.

[17] Mueller M, Karasev P, Kolesov I, et al. Optical flow estimation for flame detection in videos[J].

IEEE Transactions on Image Processing, 2013, 22(7): 2786-2797.

[18] Ko B C, Cheong K H, Nam J Y. Fire detection based on vision sensor and support vector machines[J]. Fire Safety Journal, 2009, 44(3): 322-329.

[19] Habiboğlu Y H, Günay O, Çetin A E. Covariance matrix-based fire and flame detection method in video[J]. Machine Vision and Applications, 2012, 23(6): 1103-1113.

[20] Truong T X, Kim J M. Fire flame detection in video sequences using multi-stage pattern recognition techniques[J]. Engineering Applications of Artificial Intelligence, 2012, 25(7): 1365-1372.

[21] Zhang D, Han S, Zhao J, et al. Image based forest fire detection using dynamic characteristics with artificial neural networks[C]//International Joint Conference on Artificial Intelligence, 2009: 290-293.

[22] Frizzi S, Kaabi R, Bouchouicha M, et al. Convolutional neural network for video fire and smoke detection[C]//Conference of the IEEE Industrial Electronics Society, 2016: 877-882.

[23] Mao W, Wang W, Dou Z, et al. Fire recognition based on multi-channel convolutional neural network[J]. Fire Technology, 2018, 54(2): 531-554.

[24] Krizhevsky A, Sutskever I, Hinton G E. ImageNet classification with deep convolutional neural networks[C]//Neural Information Processing Systems, 2012: 1097-1105.

[25] Muhammad K, Ahmad J, Baik S W. Early fire detection using convolutional neural networks during surveillance for effective disaster management[J]. Neurocomputing, 2017: 30-42.

[26] Muhammad K, Ahmad J, Mehmood I, et al. convolutional neural networks based fire detection in surveillance videos[J]. IEEE Access, 2018: 18174-18183.

[27] Muhammad K, Ahmad J, Lv Z, et al. Efficient deep CNN-based fire detection and localization in video surveillance applications[C]//IEEE Transactions on Systems, Man, and Cybernetics: Systems, 2018, 49(7): 1419-1434.

[28] Muhammad K, Khan S, Elhoseny M, et al. Efficient fire detection for uncertain surveillance environment[J]. IEEE Transactions on Industrial Informatics, 2019, 15(5): 3113-3122.

[29] Sharma J, Granmo O C, Goodwin M, et al. Deep convolutional neural networks for fire detection in images[C]//International Conference on Engineering Applications of Neural Networks, 2017: 183-193.

[30] Lee W, Kim S, Lee Y T, et al. Deep neural networks for wild fire detection with unmanned aerial vehicle[C]//International Conference on Consumer Electronics, 2017: 252-253.

[31] Dunnings A J, Breckon T P. Experimentally defined convolutional neural network architecture variants for non-temporal real-time fire detection[C]//International Conference on Image Processing, 2018: 1558-1562.

[32] Wang Z, Wang Z, Zhang H, et al. A novel fire detection approach based on CNN-SVM using

tensorflow[C]//International Conference on Intelligent Computing, 2017: 682-693.

[33] Wu X, Lu X, Leung H. An adaptive threshold deep learning method for fire and smoke detection[C]//IEEE International Conference on Systems, Man and Cybernetics, 2017: 1954-1959.

[34] Maksymiv O, Rak T, Peleshko D. Real-time fire detection method combining AdaBoost, LBP and convolutional neural network in video sequence[C]//The 2017 14th International Conference of Experience of Designing and Application of CAD Systems in Microelectronics (CADSM). IEEE, 2017: 351-353.

[35] Shi L, Long F, Lin C H, et al. Video-based fire detection with saliency detection and convolutional neural networks[C]//International Symposium on Neural Networks, 2017: 299-309.

[36] Zhao Y, Ma J, Li X, et al. Saliency detection and deep learning-based wildfire identification in UAV imagery[J]. Sensors, 2018, 18(3): 712.

[37] Hu C, Tang P, Jin W D, et al. Real-time fire detection based on deep convolutional long-recurrent networks and optical flow method[C]//Proceedings of the 2018 37th Chinese Control Conference, 2018: 9061-9066.

[38] Foggia P, Saggese A, Vento M. Real-time fire detection for video-surveillance applications using a combination of experts based on color, shape, and motion[J]. IEEE Transactions on Circuits and Systems for Video Technology, 2015, 25(9): 1545-1556.

[39] Chino D Y T, Avalhais L P S, Rodrigues J F, et al. Bowfire: Detection of fire in still images by integrating pixel color and texture analysis[C]//Brazilian Symposium on Computer Graphics and Image Pracessing, 2015: 95-102.

[40] Redmon J, Farhadi A. Yolov3: An incremental improvement[C]//Preceedings of the IEEE Conference on Computer Vision and Pattern Recognition, 2018.

[41] Tian Z, He T, Shen C, et al. Decoders matter for semantic segmentation: Data-dependent decoding enables flexible feature aggregation[C]//Preceedings of the IEEE Conference on Computer Vision and Pattern Recognition, 2019: 3126-3135.

第8章　基于噪声残差卷积神经网络的运动矢量和帧内预测模式调制信息隐藏通用检测方法

8.1 引　　言

信息隐藏技术应用案例最早可追溯到大约公元前440年“剃头刺字”的故事。希腊贵族希斯泰乌斯为了安全地把秘密信息传送给米利都的阿里斯塔格鲁斯，他想出一个奇妙的方法：剃光送信奴隶的头发，将秘密信息写在头顶上，等送信奴隶的头发长出来以后，写在头皮的消息会被头发隐藏起来。当奴隶到达米利都的时候，将头发剃去，即可将秘密信息安全地传递给阿里斯塔格鲁斯[1-2]。此外，早期的信息隐藏技术还有将秘密信函隐藏在信使的头饰、耳饰、衣服和鞋底等[3-4]。

信息隐藏本质上是隐藏者利用人类听觉和视觉系统的特性，在载体(cover)数据中选择人耳或人眼不敏感的部分作为宿主，通过一定的方法将秘密信息嵌入到其中，使得藏有秘密信息的载体在传输或使用过程中很难被人发现。一个比较规范的信息隐藏模型是Cachin[5]于1998年在国际信息隐藏大会上提出的，如图8-1所示。

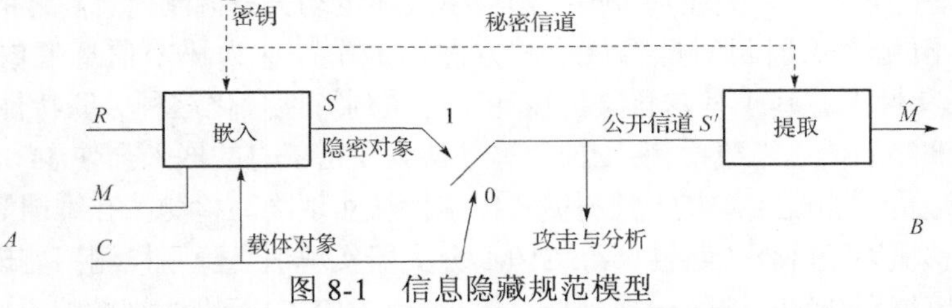

图8-1　信息隐藏规范模型

在图8-1所示模型中，C为载体，常用的载体有文本、图像、语音、视频等；M为待嵌入的秘密信息，它可以是文本、图像、语音等任何数字信息；R为随机数；S为嵌入了秘密信息之后的隐密对象；K为收发双方共享的密钥；$\hat{M}$为接收者B提取的秘密信息。有两种通信模式：第一种模式是发送者A直接将未隐藏任何秘密信息的载体C通过公开信道传送给B，即开关置于“0”状态；另一种模式是发送者A根据秘钥K生成随机数R并通过一定的嵌入算法将秘密消息M嵌入到载体信息C中，得到隐密载体S后再经公开信道传送给B，即开关置于“1”状态。接收者B利用事先通过其他秘密信道得到的密钥K以及提取算法提取出秘密信息$\hat{M}$，在理想情况下$\hat{M}$应该和M一样。

随着网络技术和数字多媒体技术的日益成熟，特别是网络流媒体的迅速发展，使得图像、音频、视频等多媒体的传输和交换非常快捷方便。视频信息因其直观性、确定性和高效性等特点，已成为了一种广泛应用的信息隐藏载体。然而，网络环境下的信息隐藏技术是一把“双刃剑”。它在给人们的生活和工作带来便利的同时，也给不法分子带来可乘之机。目前，不法分子很容易利用视频在网络上进行秘密消息的传递以进行其违法犯罪活动。因此，从保障信息安全的角度出发，研究视频信息隐藏检测技术非常重要。如果缺乏有效的信息隐藏检测技术，这些活动将很难被安全部门所发觉和监管，从而使非法活动得逞并给社会造成损失。此外，信息隐藏检测技术与信息隐藏技术相辅相成，研究视频信息隐藏检测技术可以发现当前信息隐藏方法的不足，对其安全性进行测试与评价，从而促进视频信息隐藏技术的发展。

8.2 相关研究现状

视频编码信息隐藏方法根据秘密信息嵌入位置的不同，可大致分为两类：其一是在原始图像或视频中嵌入秘密信息，其二是在图像或视频编码过程中嵌入秘密信息。第一类方法一般将视频视为运动图像，对视频帧像素进行操作，按照一定嵌入强度把秘密信息隐藏在像素之中。该类方法的实质是图像信息隐藏，方法直观、易于理解，但不能很好地抵抗压缩编码，即压缩编码后嵌入的信息可能丢失。此外，该类方法由于在像素上直接操作嵌入秘密信息，会引入较大失真。第二类方法将信息嵌入到图像视频编码处理过程之中，即在编码的过程中结合编码标准某方面的特性进行信息的嵌入，如帧内预测模式[6-13]、运动矢量[14-24]、离散余弦变换(discrete cosine transform，DCT)系数[25-32]和熵编码码元[33-43]等。本章主要关注基于帧内预测模式和运动矢量调制信息隐藏的检测。

在帧内预测模式调制信息隐藏检测方面，Li 等[44]认为秘密信息的嵌入会改变 I4 块固有关联特性，并基于马尔科夫链设计了一系列特性量化这种关联特性，实现对 I4 块预测模式调制的信息隐藏检测；Zhao 等[45]认为秘密信息的嵌入会使 I4 块由最优预测模式变为非最优预测模式，基于预测模式校准特征实现隐写检测；孔维国等[46]利用帧内预测模式转移概率矩阵作为特性训练 SVM 分类器实现信息隐写检测；盛琪等[47]定义了高效视频压缩编码(high efficiency video coding，HEVC)标准中视频编码帧内预测模式相关性，并基于隐写前后这种相关性的变化实现隐写检测。

在运动矢量调制信息隐藏检测方面，现有研究通常认为嵌入的隐写信号和运动矢量是独立的，将隐写信号看作运动矢量的噪声信号，即可通过提取信号特征值的方法检测隐藏信息。文献[48-53]基于上述思想，各自提出了不同针对运动矢量信息隐藏的隐写分析方法。Zhang 等[48]最早开展了此方面的研究，提出了基于混淆噪声检测的隐写分析方法。Su 等[49]把秘密信息看作叠加在运动矢量的水平或垂直分量上的噪声信号，分别考虑在空域与时域上邻接的两个宏块，统计它们的运动矢量差别的概率质量函数和质心特征，运用支持向量机对隐写前后的样本进行检测。该方法的缺陷是只能检测符合模型定义的隐写方法，并且只在大嵌入率时有效。随后，Cao 等[50]用数学方法证明了运动矢量在校准重建后具有回归特性，并以此作为理论基础提取特征进行隐写检测。文献[51]中对文献[49]的方法进行了改进，将原有的一阶差分操作提升为二阶，实验结果与 Su 和 Cao 等的方法相比检测准确度有所提高。此后，Wang 等[52]针对“加减一”运动矢量调制信息隐藏，提出了 18 维的加一或减一(adding or subtracting one，AoSO)特征，通过计算运动矢量加减一后对应的绝对差之和是否具有局部最优性进行隐写分析。文献[53]在此基础上结合率失真特征，并利用哈达玛变换进一步提升隐写分析效果。此外，王丽娜等[54]发现秘密信息的嵌入会使运动矢量的相关性统计出现异常，并对共生频率异常的运动矢量相关性进行度量，以此为特征实现对视频运动矢量调制信息隐藏的有效检测。

现有方法主要存在有三个问题：一是采用“特征提取-特征分类”的框架，两个步骤相互独立，并未纳入统一框架进行全局优化；二是特征提取过程采用的是人工设计特征，而人工设计特征是一件非常费力、启发式(需要先验知识)的任务，特征设计、选取的好坏在很大程度上依靠经验和运气，而且它的调节需要大量的时间；三是现有方法通常只适用于检测特定的一种或一类隐写方法，如只能检测帧内预测的 I 帧信息隐藏或者帧间预测的 B/P 帧信息隐藏，而在实际应用中事先无法知道秘密信息被隐藏在哪一类帧中，缺乏实用性。

基于数据驱动学习模式的深度学习方法已在计算机视觉、语义分析、语音识别以及自然语言处理等众多机器学习相关应用领域取得了成功的应用，并颠覆了这些领域基于“人工特征”的传统范式。受此启发，本章提出了一种基于深度学习的帧内帧间编码通用信息隐藏检测方法。由于视频帧内运动矢量调制信息隐藏本质上都是修改了视频解码帧图像像素值，因此本章从图像域的角度出发，设计了一个噪声残差卷积神经网络(noise residual convolutional neural network，NR-CNN)，将特征提取和分类模块整合到一个可训练的网络模型框架下，以数据驱动的形式自动学习特征并实现分类，从而有效解决了现有方法所存在的问题。

8.3　卷积神经网络用于信息隐藏检测的合理性

在针对帧内帧间编码调制的通用信息隐藏检测方法中，基于预测模式和运动矢量等特定编码域的隐写分析思想不再适用。因此，需要从图像域入手，即基于最终的图像像素值判定隐写状态。此时，可以对现有空域图像隐写分析方法中的核心思想及主要步骤进行借鉴。目前，空域图像隐写分析方法均包含三个步骤，分别是：残差计算、特征提取以及二分类。特征提取和二分类步骤无须过多介绍，下面介绍一下残差计算步骤。

信息隐藏中的嵌入操作可以被视为在载体中加入极低幅度的噪声。因此，在隐写分析中对噪声残差进行分析将会比直接对原始像素进行分析更为明智。隐写分析中通常利用像素预测器 $P(\cdot)$ 来计算残差。假设图像 I 中任意一点 (i,j) 对应的像素值为 $x_{i,j}$，其相邻像素值集合 $N(x_{i,j})$ 可以表示为

$$N(x_{i,j})=\{x_{i-1,j-1},x_{i-1,j},x_{i-1,j+1},x_{i,j-1},x_{i,j+1},x_{i+1,j-1},x_{i+1,j},x_{i+1,j+1}\} \tag{8-1}$$

此时，图像在点 (i,j) 处的残差 $r_{i,j}$ 通常可以由下式计算：

$$\begin{aligned} r_{i,j} &= P(N(x_{i,j}))-x_{i,j} \\ &= w_{i-1,j-1}x_{i-1,j-1}+w_{i-1,j}x_{i-1,j}+w_{i-1,j+1}x_{i-1,j+1}+w_{i,j-1}x_{i,j-1}+w_{i,j+1}x_{i,j+1} \\ &\quad +w_{i+1,j-1}x_{i+1,j-1}+w_{i+1,j}x_{i+1,j}+w_{i+1,j+1}x_{i+1,j+1}-x_{i,j} \\ &= \sum_{i,j} w_{i,j}x_{i,j} \end{aligned} \tag{8-2}$$

其中，w 为预测器系数。从上式可以看出，残差计算实际上可以等同于卷积运算。

因此，空域图像隐写分析的三个步骤实际上可以被卷积神经网络模型很好地替代。由于残差计算实际上可以通过卷积运算实现，因此可用一个卷积层代替该步骤；卷积神经网络中多个级联的卷积层可被训练用于从原始数据中自主学习高层特征，对应于特征提取步骤；对于分类步骤而言，卷积神经网络中的 Softmax 分类器能够实现与 SVM 等分类器相同的作用。此外，传统方法中三个步骤是相互独立的，而基于卷积神经网络的信息隐藏检测方法能够将残差计算、特征提取与分类步骤纳入统一框架进行迭代与全局优化。由于全局优化往往优于局部优化，因而基于卷积神经网络的隐写分析方法在理论上更具合理性。

8.4　噪声残差卷积神经网络模型

卷积神经网络的一个重要性质是可以自主挖掘输入图像中存在的规律并自动将这些规律抽象为有效的深层特征，这使得它可以很好地应对人脸识别、图像分类等各类机器视觉问题。但是，机器视觉和隐写分析却有着截然不同的前提条件。在机器视觉问题中，目标对象通常可以很容易地从背景中区分出，也就是说，在机器视觉问题中信号是具有高信噪比的。此时可以通过 ReLU 等激活函数有选择性的对输入信号进行响应，从而产生更容易分类的稀疏特征。然而，隐写分析中的目标对象与机器视觉中的截然相反。隐写嵌入过程可以被视为在载体图像中添加低幅噪声，因此隐写信息相较于图像内容具有极低的信噪比。

实验中我们发现，极低的信噪比主要会带来两类问题。首先是常用的 ReLU 等激活函数在该类问题中并不完全适用。因为本身输入信号中有用信号所占比例已经非常低，如果每次激活时强行丢掉一半的信号将导致训练过程中产生大量的无效滤波器；然后是参数初始化的问题。由于隐写分析目标对象信噪比很低，机器视觉领域常用的随机初始化生成网络初始权重的方法往往会导致网络无法收敛。

对此，Ye 等[55]给出了一些解决思路，他们提出的图像隐写分析网络(image steganalysis network，IS-Net)采用空域富模型(spatial rich model，SRM)算法[56]中的 30 个高通滤波器的值作为权重对第一个卷积层进行初始化。此外，他们还设计了名为截断线性单元(truncated linear unit，TLU)的激活函数。IS-Net 的设计思路有助于解决视频编码信息隐藏问题，但是 IS-Net 是专门针对图像隐写分析而设计的，本章在实验初期直接将 IS-Net 应用到视频编码信息隐藏检测中，发现检测准确率仍然有很大的提升空间；因此，本章借鉴 IS-Net 的设计思路提出 NR-CNN，网络结构如图 8-2 所示，并从三个方面进行了改进：一是在残差计算部分增加全局滤波器以获取更多的隐写残差信号特征图；二是利用带有可学习参数的截断线性单元(parametric TLU，PTLU)作为激活函数提高隐写残差信号的信噪比；三是提出了隐写残差单元结构，该结构能够提升网络对隐写残差信号的学习能力。从图中可以看出，网络分为三个主要部分，分别用于残差计算、特征提取以及二分类。

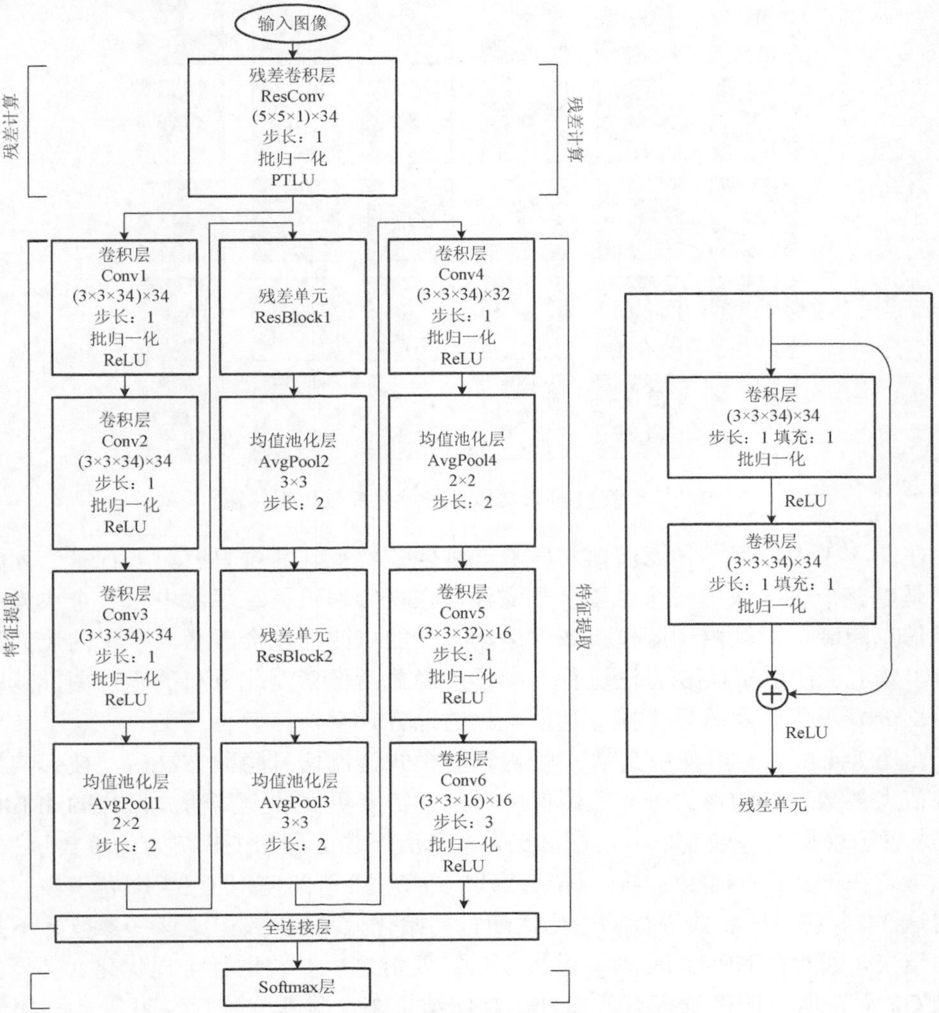

图 8-2 视频隐写分析网络结构图

8.4.1　残差卷积层

残差卷积层“ResConv”用于实现残差计算功能。这一层非常重要，因为现有的卷积神经网络倾向于从图像内容中学习特征，而嵌入的秘密信息是与图像内容相独立的。本层的作用就是求取与图像内容无关的残差特征。

正如前文所说，残差计算本质上是卷积运算，IS-Net 中使用 SRM 方法中的高通滤波器参数初始化残差计算中的卷积核，图 8-3 为 SRM 方法中使用的高通滤波器初始化参数可视化图，其中黑色块表示“–1”，白色块表示“1”。

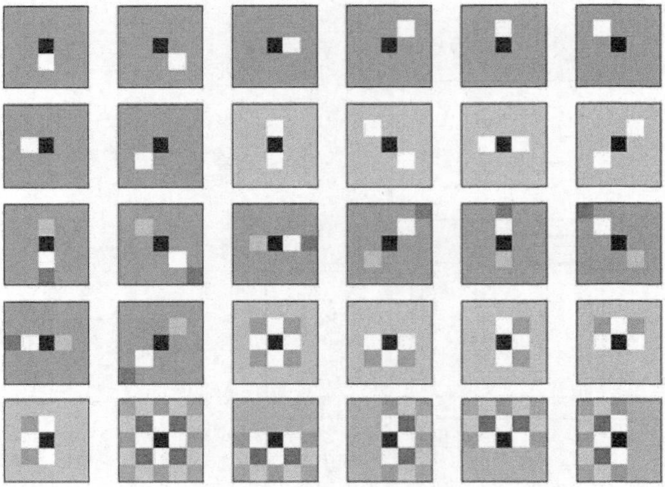

图 8-3　SRM 高通滤波器初始化参数可视化图

在图 8-3 中，每一种滤波器对应着一种残差特征，其中只有第五行第二列的卷积核是以整个 5×5 块中每个像素全局滤波。在视频编码信息隐藏中以一个块为单位进行信息隐藏，对帧内预测模式或者运动矢量的修改往往会改变一个块的像素值，图 8-4 显示了使用文献[6]方法进行 I 帧信息隐藏后像素变化分布的示意图，其中，黑色部分表示信息隐藏后 I 帧像素值变化的地方。

由图 8-4 可以看出使用文献[6]帧内预测模式调制信息隐藏方法后，被影响到的图像值大多数以块的形式分布在图像中，因此需要更多的全局滤波器(global filter，GF)来表示块型隐写残差信号。图 8-5 为本章所增加的四个 GF 初始化参数示意图，因此本章在 NR-CNN 的残差计算部分(残差卷积层)总共使用了 34 个卷积核。虽然使用这 34 个卷积核参数进行初始化比随机初始化效果更好，但是这些参数并不是最好的结果，因此在 NR-CNN 训练过程中也需要对这些参数进行全局优化。实验证明增加 GF 后，网络的准确率有所提升，具体结果在实验部分进行说明。

图 8-4　隐写前后像素变化分布示意图，变化的部分被标记为黑色

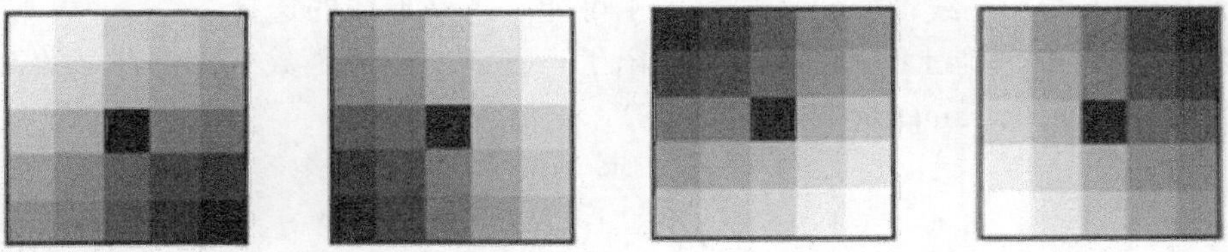

图 8-5　新增的全局滤波器初始化参数可视化图

残差卷积层与普通卷积层的区别即卷积核参数采用固定值进行初始化。该层的输入数据为 256×256 的单通道图像数据，该层包含 34 个尺寸为 5×5×1 的滤波器，其中，1 表示通道数。卷积的步长为 1 并采用本章提出的 PTLU 作为激活函数，阈值 T=7。PTLU 激活函数将在后续章节进行介绍。该层的输出为 34 个尺寸为 252×252 的特征图。

8.4.2　卷积层

特征提取部分包含六个卷积层。卷积层“Conv1”、“Conv2”、“Conv3”均包含 34 个尺寸为 3×3×34 的滤波器，步长为 1，采用 ReLU 作为激活函数。其中，卷积层“Conv1”的输出为 34 个尺寸为 250×250 的特征图，卷积层“Conv2”的输出为 34 个尺寸为 248×248 的特征图，卷积层“Conv3”的输出为 34 个尺寸为 246×246 的特征图。卷积层“Conv4”包含 32 个 3×3×34 的滤波器，采用 ReLU 作为激活函数，输出为 32 个尺寸为 28×28 的特征图。卷积层“Conv5”包含 16 个 3×3×32 的滤波器，步长为 1，采用 ReLU 作为激活函数，输出为 16 个尺寸为 12×12 的特征图。

卷积层“Conv6”包含 16 个 3×3×16 的滤波器，步长为 3，采用 ReLU 作为激活函数，输出为 16 个尺寸为 4×4 的特征图。需要说明的是，每个卷积层激活函数之前均采用批量标准化操作对数据进行标准化处理。

8.4.3 激活函数

由于激活函数引入的非线性性能够增加网络特征表现能力，各种激活函数被用于卷积运算之后。为了解决常用的 ReLU 激活函数对隐写残差信号进行激活后出现“坏死”滤波器，文献[55]中使用了 TLU 激活函数，其定义为

$$f(x)=\begin{cases}-T, & x<-T \\ x, & -T\leqslant x\leqslant T \\ T, & x>T\end{cases} \tag{8-3}$$

其中，T 为阈值。由上式可以看出输入残差在$[-T, T]$范围内时，输出等于输入。实验表明针对隐写分析，激活函数优于 ReLU，可以保留更多的信息。但是激活函数的本质是为了添加非线性，斜率固定为 1 可能并不是最佳的选择。

我们在 TLU 基础上进行了扩展，提出了一种新的激活函数——带有可学习参数的截断线性单元(parametric TLU，PTLU)，其定义为

$$f(x)=\begin{cases}T, & x>T \\ x, & 0\leqslant x\leqslant T \\ \alpha x, & T/\alpha\leqslant x<0 \\ -T, & x<-T/\alpha\end{cases} \tag{8-4}$$

TLU 与 PTLU 的形状如图 8-6 所示，对于 PTLU，负半轴非截断部分的系数不是恒定的，可以自适应地学习得到。当 $\alpha=1$ 时，PTLU 等价为 TLU。PTLU 包含两种模式，分别是共享模式与独立模式。PTLU 采用共享模式时，同一个卷积层的所有通道共享同一个参数 α；采用独立模式时，同一个卷积层的每个通道均独立学习一个参数 α_i，i 表示通道号。

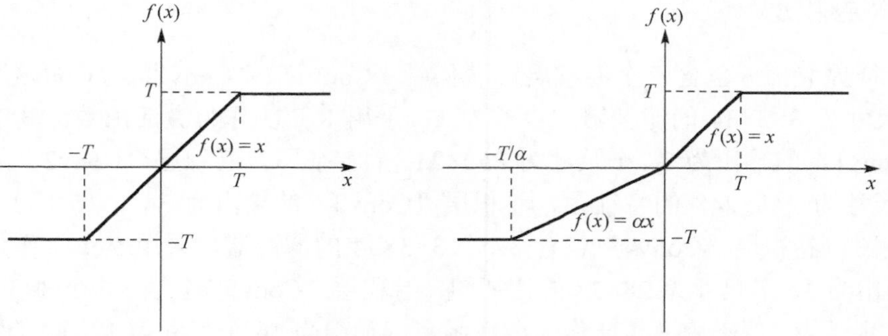

图 8-6　TLU 与 PTLU 的形状比较，左图为 TLU，右图为 PTLU

PTLU 基于反向传播进行参数训练。采用独立模式时，参数 $\{\alpha_i\}$ 的更新公式可基于链式法则推导得到。某一层中第 i 个通道对应参数 α_i 的梯度值可由下式求得：

$$\frac{\partial \varepsilon}{\partial \alpha_i} = \sum_{x_i} \frac{\partial \varepsilon}{\partial f(x_i)} \frac{\partial f(x_i)}{\partial \alpha_i} \tag{8-5}$$

其中，ε 表示目标函数，x_i 表示 i 通道的输入，$\frac{\partial \varepsilon}{\partial f(x_i)}$ 表示从网络深层反向传播返回的梯度值，其中，激活函数的梯度可由下式求得：

$$\frac{\partial f(x_i)}{\partial \alpha_i} = \begin{cases} 0, & \text{其他} \\ x_i, & -T/\alpha_i \leqslant x < 0 \end{cases} \tag{8-6}$$

类似地，采用共享模式时，α 的梯度可由下式求得：

$$\frac{\partial \varepsilon}{\partial \alpha} = \sum_{i} \sum_{x_i} \frac{\partial \varepsilon}{\partial f(x_i)} \frac{\partial f(x_i)}{\partial \alpha} \tag{8-7}$$

参数更新时采用动量更新方法：

$$\Delta \alpha_i := \mu \Delta \alpha_i + \gamma \frac{\partial \varepsilon}{\partial \alpha_i} \tag{8-8}$$

其中，μ 表示动量参数，γ 表示学习率。

8.4.4　隐写残差单元

由于深度学习网络的深度对最终的分类效果有着很大的影响，所以通常认为将网络设计的越深越好。然而，网络越深梯度消失的现象就越明显，会导致网络的训练效果变差。而浅层的网络又无法满足我们对分类效果的需要。为此，He 等[57]提出了残差网络的思想，残差网络中包含若干如图 8-7(a)所示的残差单元。

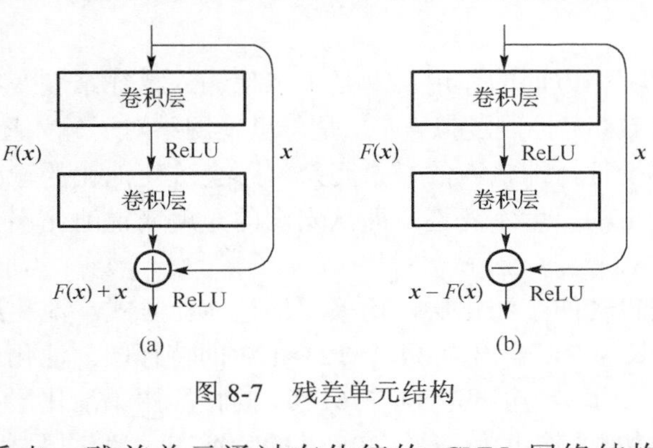

图 8-7　残差单元结构

从图中可以看出，残差单元通过在传统的 CNN 网络结构中增加恒等映射

(identity mapping)，将原始所需要学习的函数 $F(\boldsymbol{x})$ 转换成 $F(\boldsymbol{x})+\boldsymbol{x}$。He 等认为这两种表达的效果相同，但是优化的难度却不相同，后者的优化会比前者简单得多。恒等映射将残差单元的输入输出进行连接，这个简单的加法并不会给网络增加额外的参数和计算量，同时却可以大大增加模型的训练速度、提高训练效果，并且当模型的层数加深时，这个简单的结构能够很好地解决退化问题。

本章针对隐写检测问题对残差单元结构进行了改进，如图 8-7(b)所示，改进后的结构称为隐写残差单元。其主要改进在于，将所需要学习的函数由 $F(\boldsymbol{x})+\boldsymbol{x}$ 改为 $\boldsymbol{x}-F(\boldsymbol{x})$。在隐写分析问题中，隐写残差单元的输入数据 $\boldsymbol{x}$ 可以认为是载体图像内容 $\boldsymbol{c}$ 与隐写残差信号 $\boldsymbol{m}$ 之和，即

$$\boldsymbol{x}=\boldsymbol{c}+\boldsymbol{m} \tag{8-9}$$

理想情况下，输入数据 $\boldsymbol{x}$ 中的载体图像内容部分已经在之前的处理中被滤除干净，则此时载体图像内容部分 $\boldsymbol{c}=0$。但是，在实际情况下，载体图像内容部分往往存在残留，即 $\boldsymbol{c}\neq 0$。隐写残差单元的目的就是进一步对载体图像内容进行抑制，从而减小 $\boldsymbol{c}$。在隐写残差单元中，$F(\boldsymbol{x})$ 用于滤除隐写残差信号 m，仅保留载体图像内容 $\boldsymbol{c}$，则 $\boldsymbol{x}-F(\boldsymbol{x})$ 可以尽可能地保留隐写残差信号 $\boldsymbol{m}$。因此，残差结构非常适合于学习隐写残差信号 $\boldsymbol{m}$。在实验过程中，本章使用了不同个数隐写残差单元结构，当个数小于等于两个时，隐写检测准确率增加较为明显；继续增加隐写残差单元时，准确率增加不明显，因而本章中使用了两个隐写残差单元。

每个隐写残差单元中包含两个卷积层，每个卷积层均包含 34 个 3×3×34 的滤波器，步长为 1，边缘填充，采用 ReLU 作为激活函数并在激活函数前进行批量标准化处理。由于进行了边缘填充，每个卷积层的输出特征图尺寸与输入相同。残差单元“ResBlock1”的输出为 34 个 123×123 的特征图，残差单元“ResBlock2”的输出为 34 个 61×61 的特征图。

8.4.5 池化层

使用池化层有三个方面的作用：一是可以使输入特征维度变小，从而减小整个网络的参数和计算数量，控制过拟合；二是可以使网络对于输入图像中更小的变化、冗余和变换具有不变性，即输入的微小冗余将不会改变池化的输出；三是可以帮助获取图像最大程度上的尺度不变性，即从宏观的角度来说池化不会影响图像内目标的相对位置。

特征提取部分包含四个池化层，均采用均值池化方式。池化层“AvgPool1”的核大小为 2×2，步长为 2，输出为 34 个 123×123 的特征图。池化层“AvgPool2”的核大小为 3×3，步长为 2，输出为 34 个 61×61 的特征图。池化层“AvgPool3”的核大小为 3×3，步长为 2，输出为 34 个 30×30 的特征图。池化层“AvgPool4”的核大小为 2×2，步长为 2，输出为 34 个 14×14 的特征图。

8.4.6　全连接层

全连接层(fully connected layers，FC)在整个卷积神经网络中起到“分类器”的作用。如果说卷积层、池化层和激活函数层等操作是将原始数据映射到隐层特征空间的话，全连接层则起到将学到的“分层特征表示”映射到样本标记空间的作用。本章结合 Softmax 实现最终的二分类，即判定输入图片隐写还是未隐写。

8.4.7　批量标准化

批量标准化(BN)层用于在训练中将训练批次 B 中的每个数据项 x_i 标准化为 y_i，可表示为

$$y_i = \gamma \hat{x}_i + \beta \tag{8-10}$$

其中，γ 和 β 为批量标准化参数，$\hat{x}_i$ 定义为

$$\hat{x}_i = \frac{x_i - E_B(x_i)}{\sqrt{\mathrm{Var}_B(x_i)}} \tag{8-11}$$

其中，$E_B(x_i)$ 和 $\mathrm{Var}_B(x_i)$ 分别表示 x_i 在 B 中均值和方差。批量标准化的主要功能是强制使数据远离饱和区域。鉴于此优点，一个包含批量标准化的神经网络对参数初始化相对不敏感并且收敛速度快于无批量标准化的网络。

8.5　模 型 实 现

本节的主要目标是带领读者在 PyTorch 框架下完成噪声残差卷积神经网络模型的核心代码实现。关于 PyTorch，本书在第 1 章就已进行了详细的介绍，在此不再赘述。要搭建一个完整的卷积神经网络模型，torch 与 torchvision 是两个必不可少的包，如利用 torch.nn 中的卷积函数、批归一化函数和激活函数等完成一个卷积层的定义，使用 torch.optim 完成优化器的定义，并使用 torch.autograd 实现自动梯度求导等。

8.5.1　数据加载

首先，通过调用 torch 和 torchvision 包中封装的大量的类来完成训练数据的导入、预处理和打包等。因此，第一步需要做的是导入必要的包。

```
import torch
import torchvision
from torch.autograd import Variable
from torchvision import transforms
```

在导入了必要的包以后，便可以对训练中所需要的数据集进行读取和处理了。数据处理的过程即就是将数据进行必要的处理，如尺寸变换、类型转换和数据标准化等。数据读取的目的是将训练数据按 batch_size 的值分成一个一个的包，并通过 shuffle 参数来控制在每次加载数据的过程中是否打乱图片的顺序。数据加载代码如下。

```
train_loader=utils.DataLoaderStego(args.train_cover_dir,args.train_stego_dir,
                                   embedding_otf=args.embed_otf, shuffle=True,
                                   pair_constraint=not(args.use_batch_norm),
                                   batch_size=args.batch_size,
                                   transform=train_transform,
                                   num_workers=8,
                                   pin_memory=True)
```

数据加载完毕以后，可以通过枚举的方式每次从数据包中取出一批数据，代码如下所示。

```
for batch_idx, data in enumerate(train_loader):
    images, labels = Variable(data['images']), Variable(data['labels'])
    if args.cuda:
        images, labels = images.cuda(), labels.cuda()
```

在上述代码中通过 enumerate()函数来获取每一个批次的图片数据以及对应的标签。前面说过，PyTorch 可以实现变量的自动求导功能，这需要通过 Variable()函数来对数据进行处理。Variable()函数能够自动对输入参数进行求导，无须配置 cuda()函数表示将数据加载到 GPU 上。

通过上述方式，便实现了数据的加载与打包。

8.5.2 模型定义

前面已经实现了数据的加载与打包。本节将主要介绍如何构建本章所用到的深度学习模型。

首先，导入构建模型所必须用到的包，如下所示。

```
import torch
import torch.nn as nn
from torch.nn.parameter import Parameter
import torch.nn.functional as F
```

然后，进行模型定义，代码如下。

```
class NRCNN(nn.Module):
   def __init__(self, block, with_bn=False, threshold=7):
```

```
        super(NRCNN, self).__init__()
        self.with_bn = with_bn
        self.in_channels = 34
        self.preprocessing = SRM_conv2d(1, 0)
        self.PReLU = nn.PReLU(num_parameters=1, init=1)
        self.TLU = nn.Hardtanh(-threshold, threshold, True)
        if with_bn:
            self.norm1 = nn.BatchNorm2d(34)
        else:
            self.norm1 = lambda x: x
        self.block2 = ConvBlock(34, 34, 3, with_bn=self.with_bn)
        self.block3 = ConvBlock(34, 34, 3, with_bn=self.with_bn)
        self.block4 = ConvBlock(34, 34, 3, with_bn=self.with_bn)
        self.pool1 = nn.AvgPool2d(2, 2)
        self.layer2 = self.make_layer(block, 34, 1)
        self.pool2 = nn.AvgPool2d(3, 2)
        self.layer3 = self.make_layer(block, 34, 1)
        self.pool3 = nn.AvgPool2d(3, 2)
        self.block7 = ConvBlock(34, 32, 3, with_bn=self.with_bn)
        self.pool4 = nn.AvgPool2d(2, 2)
        self.block8 = ConvBlock(32, 16, 3, with_bn=self.with_bn)
        self.block9 = ConvBlock(16, 16, 3, 3, with_bn=self.with_bn)
        self.ip1 = nn.Linear(4*4*16, 2)
        self.reset_parameters()

    def make_layer(self, block, out_channels, blocks, stride=1):
        downsample = None
        if (stride != 1) or (self.in_channels != out_channels):
            downsample = nn.Sequential(
                conv3x3(self.in_channels, out_channels, stride=stride),
                nn.BatchNorm2d(out_channels))
        layers = []
        layers.append(block(self.in_channels, out_channels, stride,
                      downsample))
        self.in_channels = out_channels
        for i in range(1, blocks):
            layers.append(block(out_channels, out_channels))
        return nn.Sequential(*layers)

    def forward(self, x):
        x = x.float()
```

```
        x = self.preprocessing(x)
        x = self.PReLU(x)
        x = self.TLU(x)
        x = self.norm1(x)
        x = self.block2(x)
        x = self.block3(x)
        x = self.block4(x)
        x = self.pool1(x)
        x = self.layer2(x)
        x = self.pool2(x)
        x = self.layer3(x)
        x = self.pool3(x)
        x = self.block7(x)
        x = self.pool4(x)
        x = self.block8(x)
        x = self.block9(x)
        x = x.view(x.size(0), -1)
        x = self.ip1(x)
        return x

    def reset_parameters(self):
        for mod in self.modules():
            if isinstance(mod, SRM_conv2d) or \
                    isinstance(mod, nn.BatchNorm2d) or \
                    isinstance(mod, ConvBlock):
                mod.reset_parameters()
            elif isinstance(mod, nn.Linear):
                nn.init.normal(mod.weight, 0. ,0.01)
                mod.bias.data.zero_()
```

其中，隐写残差单元定义如下。

```
class ResidualBlock(nn.Module):
    def __init__(self, in_channels, out_channels, stride=1, downsample=None):
        super(ResidualBlock, self).__init__()
        self.conv1 = conv3x3(in_channels, out_channels, stride)
        self.bn1 = nn.BatchNorm2d(out_channels)
        self.relu = nn.ReLU(inplace=True)
        self.conv2 = conv3x3(out_channels, out_channels)
        self.bn2 = nn.BatchNorm2d(out_channels)
        self.downsample = downsample
```

```
    def forward(self, x):
        residual = x
        out = self.conv1(x)
        out = self.bn1(out)
        out = self.relu(out)
        out = self.conv2(out)
        out = self.bn2(out)
        if self.downsample:
            residual = self.downsample(x)
        out = residual - out
        out = self.relu(out)
        return out
```

卷积单元定义如下。

```
class ConvBlock(nn.Module):
    def __init__(self, in_channels, out_channels, kernel_size=3, \
                 stride=1, with_bn=False):
        super(ConvBlock, self).__init__()
        self.conv = nn.Conv2d(in_channels, out_channels, kernel_size, \
                              stride)
        self.relu = nn.ReLU()
        self.with_bn = with_bn
        if with_bn:
            self.norm = nn.BatchNorm2d(out_channels)
        else:
            self.norm = lambda x: x
        self.reset_parameters()

    def forward(self, x):
        return self.relu(self.norm(self.conv(x)))

    def reset_parameters(self):
        nn.init.xavier_uniform(self.conv.weight)
        self.conv.bias.data.fill_(0.2)
        if self.with_bn:
            self.norm.reset_parameters()
```

残差卷积层初始化代码如下。

```
SRM_npy = np.load('SRM_Kernels34.npy')
class SRM_conv2d(nn.Module):
    def __init__(self, stride=1, padding=0):
        super(SRM_conv2d, self).__init__()
```

```
        self.in_channels = 1
        self.out_channels = 34
        self.kernel_size = (5, 5)
        if isinstance(stride, int):
            self.stride = (stride, stride)
        else:
            self.stride = stride
        if isinstance(padding, int):
            self.padding = (padding, padding)
        else:
            self.padding = padding
        self.dilation = (1,1)
        self.transpose = False
        self.output_padding = (0,)
        self.groups = 1
        self.weight = Parameter(torch.Tensor(34, 1, 5, 5), \
                              requires_grad=True)
        self.bias = Parameter(torch.Tensor(34), \
                            requires_grad=True)
        self.reset_parameters()

    def reset_parameters(self):
        self.weight.data.numpy()[:] = SRM_npy
        self.bias.data.zero_()

    def forward(self, input):
        return F.conv2d(input, self.weight, self.bias, \
                      self.stride, self.padding, self.dilation, \
                      self.groups)
```

8.5.3 模型训练

首先，导入必要的包。

```
import torch.optim as optim
from torch.autograd import Variable
```

在模型搭建完成的基础上，便可以进行模型的训练和参数调优了。首先，对预定义模型进行实例化。以本章定义的模型 NR-CNN 为例，实例化代码如下。

```
net = NRCNN. NRCNN (NRCNN.ResidualBlock,with_bn=args.use_batch_norm)
net.cuda()
```

然后，需要确定训练过程中采用的损失函数和优化器，代码如下。

```
criterion = nn.CrossEntropyLoss().cuda()
optimizer = optim.Adadelta(net.parameters(), lr=args.lr, rho=0.95, eps=1e-8,
                           weight_decay=5e-4)
```

最后，卷积神经网络模型进行训练和参数寻优的代码如下所示。

```
for epoch in range(args.start_epoch+1, args.epochs + 1):
    print("Epoch:", epoch)
    print("Train")
    train(epoch)
    print("Time:", time.time() - _time)
    print("Test")
    _, accuracy = valid()
    if accuracy > best_accuracy:
        best_accuracy = accuracy
        is_best = True
    else:
        is_best = False
    print("Time:", time.time() - _time)
    save_checkpoint({
        'epoch': epoch,
        'arch': arch,
        'state_dict': net.state_dict(),
        'best_prec1': accuracy,
        'optimizer': optimizer.state_dict(),
    }, is_best)

def train(epoch):
    net.train()
    running_loss = 0.
    running_accuracy = 0.
    for batch_idx, data in enumerate(train_loader):
        images, labels = Variable(data['images']), Variable(data['labels'])
        if args.cuda:
            images, labels = images.cuda(), labels.cuda()
        optimizer.zero_grad()
        outputs = net(images)
        accuracy = NRCNN.accuracy(outputs, labels).data[0]
        running_accuracy += accuracy
        loss = criterion(outputs, labels)
        running_loss += loss.data[0]
        loss.backward()
        optimizer.step()
```

```
        if (batch_idx + 1) % args.log_interval == 0:
            running_accuracy /= args.log_interval
            running_loss /= args.log_interval
            print(('\nTrain epoch: {} [{}/{}]\tAccuracy: ' +
                  '{:.2f}%\tLoss: {:.6f}').format(
                  epoch, batch_idx + 1, len(train_loader),
                  100 * running_accuracy, running_loss))
            running_loss = 0.
            running_accuracy = 0.
            net.train()
```

至此，本节已经完成了从数据加载与打包、模型定义到模型训练部分核心代码的实现。

8.6　性能分析与讨论

本节中，我们对本章所提出的 NR-CNN 网络模型的可用性及效果进行评估。由于 NR-CNN 网络的提出是受到了 IS-Net 的启发，并在其基础上改进得到，因此，在本节中我们将与其进行比较分析。

8.6.1　数据准备

本章从互联网上随机搜索了 100 段视频，分别对每段视频利用 ffmpeg 在固定位置截取 256×256 尺寸大小的 1200 帧，并以 YUV 格式存储，进行视频压缩编码时，采用的是常用的编码软件 x264。由于本章提出的 NR-CNN 适用于帧内帧间编码两类信息隐藏方法，因而本实验中共使用了四类视频帧序列：第一类是原始 100 段视频采用全 I 帧编码生成 120000 帧未隐写 I 帧图像；第二类是原始 100 段视频采用 IBBPBBPBBPBBI…编码方式生成 120000 帧未隐写 I/B/P 帧图像；第三类是原始 100 段视频采用全 I 帧编码，根据帧内预测模式调制信息隐藏方法生成 120000 帧隐写 I 帧图像；第四类是原始 100 段视频采用 IBBPBBPBBPBBI…编码方式，根据运动矢量调制信息隐藏方法生成 120000 帧隐写 I/B/P 帧图像。在训练和测试的过程中，将这四类视频帧分别选出部分作为训练集、验证集和测试集。第一类，选择第$2+24\cdot i(i=0,1,\cdots,4999)$帧作为验证集，共 5000 帧，第$3/5/7/9/11+12\cdot j(i=0,1,\cdots,9999)$作为训练集，共 50000 帧，第$4/6/8/10/12+12\cdot j(i=0,1,\cdots,9999)$帧作为测试集，共 50000 帧；第二类，选择第$14+24\cdot i(i=0,1,\cdots,4999)$帧作为验证集，共 5000 帧，第$4/6/8/10/12+12\cdot j(i=0,1,\cdots,9999)$帧作为训练集，共 50000 帧，第$3/5/7/9/11+12\cdot j(i=0,1,\cdots,9999)$帧作为测试集，共 50000 帧；第三类选择方式和第一类一样；第四类选择方式和第二类一样。

实验中，帧内编码和运动矢量调制信息隐藏方法分别使用了文献[6]和文献[24]中的方法。对于训练集和验证集时，我们采用 100%嵌入率进行帧内隐写，采用 20%嵌入率进行帧间隐写。对于测试集，我们分别采用 20%、40%、60%、80%以及 100%这五种嵌入率进行帧内隐写，分别采用 5%、8%、10%、15%以及 20%这五种嵌入率进行帧间隐写。

8.6.2　模型训练

本章所用实验硬件平台为搭载了 NVIDIA RTX 2080TI 图形显卡的服务器。该图像处理器具有 11GB 的片上资源，且其单精度浮点运算能力达到了 13.45TFLOPS。

IS-Net 和 NR-CNN 在深度学习框架 PyTorch 上实现，其中，批处理大小为 32，包含未隐写帧和隐写帧各 16 帧。网络优化器使用 AdaDelta，学习率为 0.4，动量值为 0.95，权值衰减为 5×10^{-4}，稳定系数为 1×10^{-8}。训练迭代次数为 150，训练过程的目标是最小化交叉熵代价函数。

8.6.3　结果与分析

机器视觉问题和隐写分析问题有着截然不同的前提条件。在机器视觉问题中，目标对象通常可以很容易地从背景中区分出来，也就是说，在机器视觉问题中信号是具有高信噪比的。而隐写嵌入过程可以被视为在载体图像中添加低幅噪声，即隐写信息相较于图像内容具有极低的信噪比。信噪比的区别导致传统的激活函数如 ReLU 等在该类问题中并不完全适用。为此，Ye 等设计了名为截断线性单元(TLU)的激活函数。本章在 TLU 的基础上进行了扩展，提出了一种新的激活函数——带有可学习参数的截断线性单元 PTLU。为了对 PTLU 与 TLU 的效果进行评估，我们将 NR-CNN 中的 PTLU 激活函数替换为 TLU 作为对照网络，记为 NR-CNN-TLU，使用 PTLU 作为激活函数的网络记为 NR-CNN-PTLU。由于激活函数中阈值 T 的选取会对输出结果产生影响，实验中我们参考 Ye 等的做法选取了三种不同的阈值，分别是 $T=3$、$T=7$ 以及 $T=15$。不同嵌入率下帧内预测模式调制信息隐藏检测准确率如图 8-8 所示，其中，图 8-8(a)为不同阈值下 NR-CNN-TLU 的检测结果，图 8-8(b)为不同阈值下 NR-CNN-PTLU 的检测结果。从图 8-8(a)中可以看出 $T=7$ 时 NR-CNN-TLU 的检测效果最好，在 $T=15$ 时网络无法收敛。从图 8-8(b)中可以看出 $T=7$ 时 NR-CNN-PTLU 的检测效果最好。

不同嵌入率下运动矢量调制信息隐藏检测准确率如图 8-9 所示，其中，图 8-9(a)为不同阈值下 NR-CNN-TLU 的检测结果，图 8-9(b)为不同阈值下 NR-CNN-PTLU 的检测结果。从图 8-9(a)中可以看出 $T=7$ 时 NR-CNN-TLU 的检测效果最好，在 $T=15$ 时网络无法收敛。从图 8-9(b)中可以看出 $T=7$ 时 NR-CNN-PTLU 的检测效果最好。

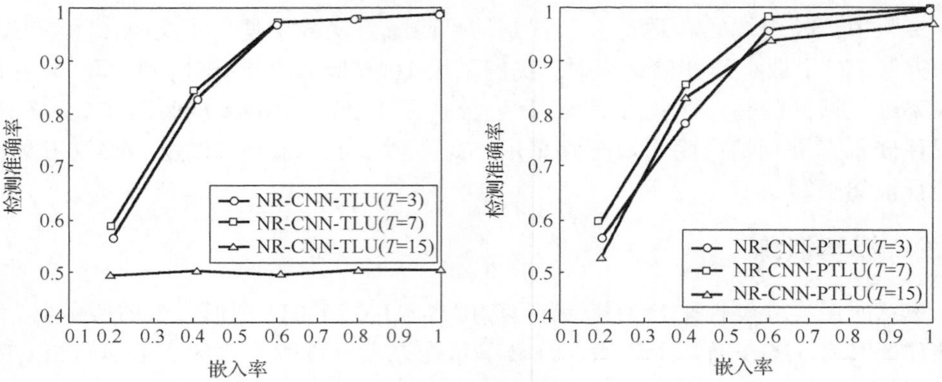

(a) 使用TLU作为激活函数　　(b) 使用PTLU作为激活函数

图 8-8　不同阈值下帧内预测模式调制信息隐藏检测准确率

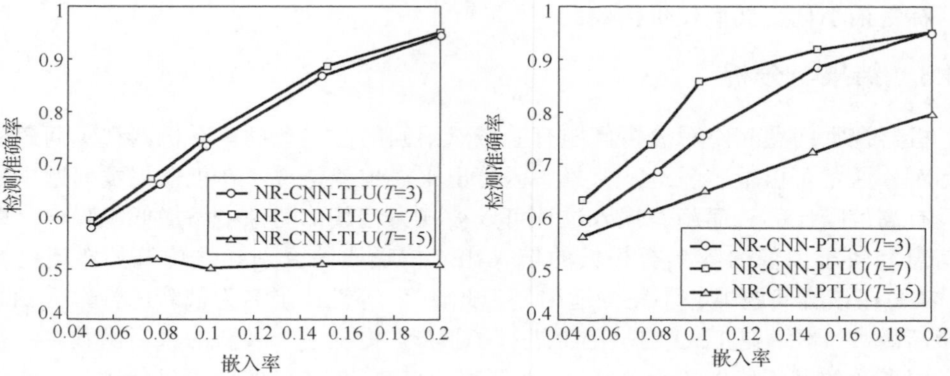

(a) 使用TLU作为激活函数　　(b) 使用PTLU作为激活函数

图 8-9　不同阈值下运动矢量调制信息隐藏检测准确率

从以上分析可知 NR-CNN-TLU 和 NR-CNN-PTLU 均在 $T=7$ 时对帧内运动矢量调制信息隐藏检测效果最好，在图 8-10 中我们对这两种网络进行了比较。此外，我们将 NR-CNN 中的 PTLU 激活函数替换为最常用的 ReLU 激活函数作为对照网络，记为 NR-CNN-ReLU。图 8-10(a) 为帧内预测模式调制信息隐藏检测结果，图 8-10(b) 为运动矢量调制信息隐藏检测结果。从图中可以看出 NR-CNN-PTLU 在不同嵌入率条件下对于帧内运动矢量调制信息隐藏的检测效果均优于其他两种方法。使用 ReLU 作为激活函数的 NR-CNN-ReLU 网络无法收敛，这是因为 ReLU 函数设计之初是针对高信噪比的机器视觉问题的，通过有选择性的对输入信号进行响应可以得到更容易分类的稀疏特征。而在隐写检测问题中，本身输入信号中有用信号所占比例已经非常低，如果每次激活时强行丢掉一半的信号将导致训练过程中产生大量的无效滤波器。

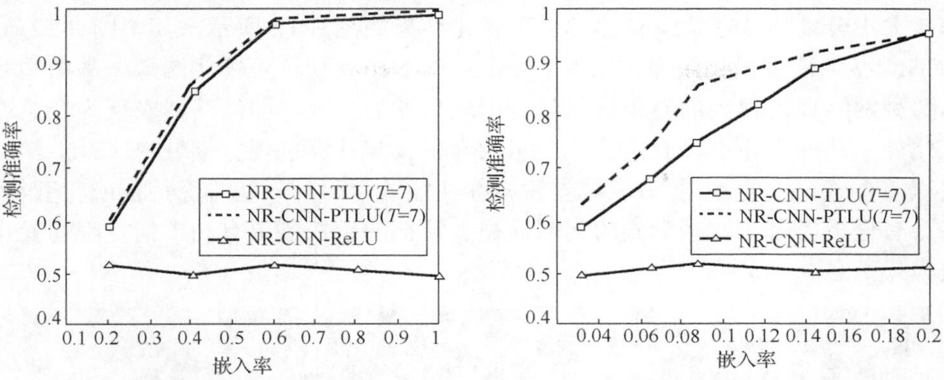

(a) 帧内预测模式调制信息隐藏检测　　(b) 运动矢量模式调制信息隐藏检测

图 8-10　使用不同激活函数时信息隐藏检测准确率对比

为了对本章提出的隐写残差单元的效果进行评估，我们将 NR-CNN 中的隐写残差单元替换为传统的残差单元[57]作为对照网络，记为 NR-CNN-RB。我们对两种网络在不同阈值下的隐写检测准确率进行了对比，结果如图 8-11 所示。其中，图 8-11(a)为帧内预测模式调制信息隐藏检测结果，图 8-11(b)为运动矢量调制信息隐藏检测结果。从图中可以看出，采用隐写残差单元的 NR-CNN 在不同嵌入率条件下对于帧内运动矢量调制信息隐藏的检测效果均优于 NR-CNN-RB 网络。

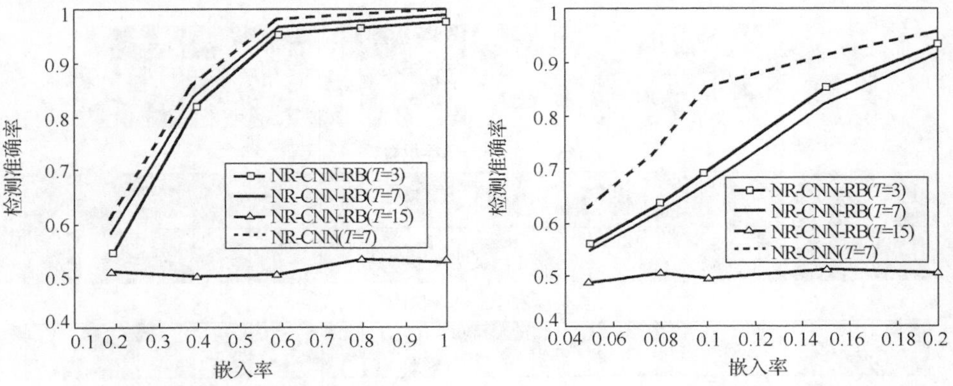

(a) 帧内预测模式调制信息隐藏检测　　(b) 运动矢量模式调制信息隐藏检测

图 8-11　采用隐写残差单元与传统残差单元时信息隐藏检测准确率比较

为了对训练得到的模型有个直观的认识，我们首先对最终训练得到的模型所学到的卷积核进行了可视化。限于篇幅关系，这里仅挑选了池化层之前以及全连接层之前等重要位置的卷积核进行展示。在 NR-CNN 中我们选择了“Conv3”、“Conv4”以及“Conv6”这三个卷积层，卷积核大小均为 3×3。在 IS-Net 中我们选取了与之对应的三个卷积层，在文献[55]中名称分别为“Layer4”、“Layer7”以及“Layer9”，卷积核大小分别为 3×3，5×5，3×3。可视化结果如图 8-12(a)为 NR-CNN 卷积核可视化图像，图 8-12(b)为 IS-Net 卷积核可视化图像。从图中可以看出两种网络训练得到的卷积核均没有出现坏死的情况，即滤波器表现为全黑或全白。此外，从图中还可以看出这些展示的卷积核与计算机视觉领域内 CNN 学习到的卷积核有着很大的差别，该领域卷积核往往能够学习到一些边缘特征或轮廓特征。而就隐写分析而言，这些学到的无明显视觉特征的卷积核更有利于捕捉隐写噪声的相关模式信息。

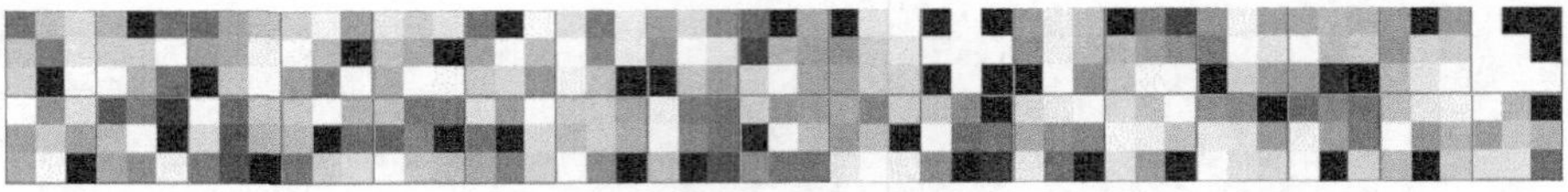

Conv3 34个3×3卷积核

Conv4 32个3×3卷积核

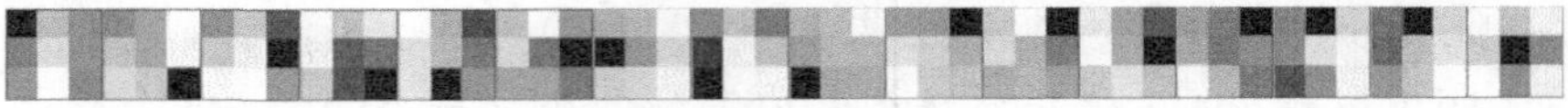

Conv6 16个3×3卷积核

(a) NR-CNN卷积核可视化图像

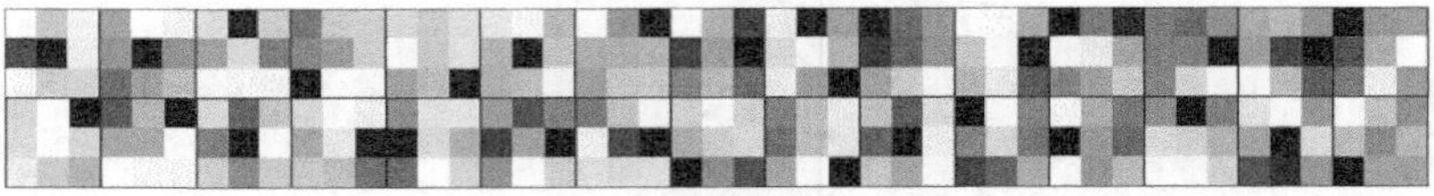

Layer4 30个3×3卷积核

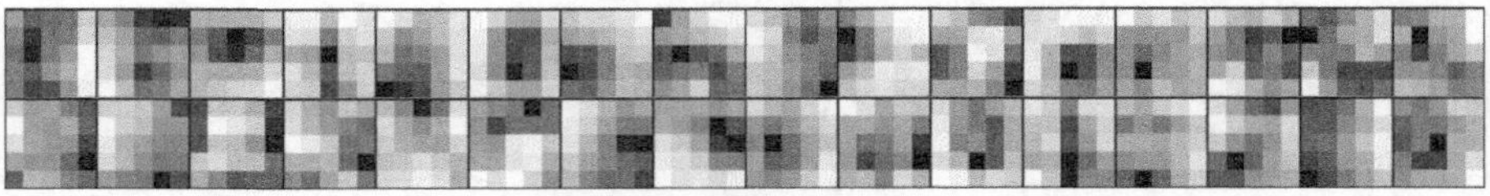

Layer7 32个5×5卷积核

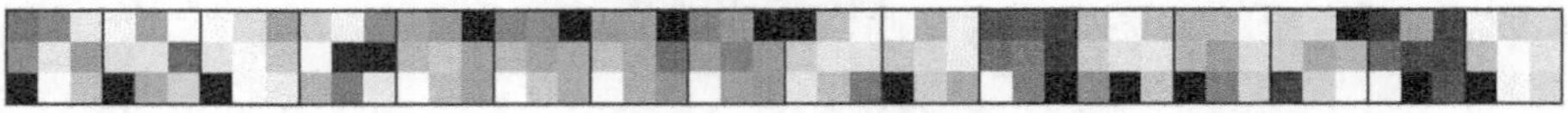

Layer9 16个3×3卷积核

(b) IS-Net卷积核可视化图像

图 8-12　NR-CNN 与 IS-Net 隐写分析模型学到的卷积核

进一步地，为了分析 NR-CNN 与 IS-Net 能否提取到有效的隐写特征，我们对卷积层最终的输出特征进行了可视化。NR-CNN 的“Conv6”卷积层输出为 16 个 3×3 的特征图，IS-Net 的“Layer9”输出为 16 个 3×3 的特征图。为了更为直观地对输出特征进行展示，我们将两种网络的卷积层最终输出特征图展开为一维向量，即

NR-CNN 的输出特征为 256 维，IS-Net 的输出特征为 144 维。我们随机选择了 16 个未隐写样本以及与之对应的隐写样本，输出特征可视化结果如图 8-13 所示。其中，图 8-13(a)为 NR-CNN 卷积层最终输出特征，图 8-13(b)为 IS-Net 卷积层最终输出特征。每张图包含 16 行，每行对应于一个样本。从图中可以看出，对于未隐写和隐写数据，两种网络的输出特征均具有较为明显的区别。因为，我们可以认为两种网络所提取到的隐写特征都是有效的。

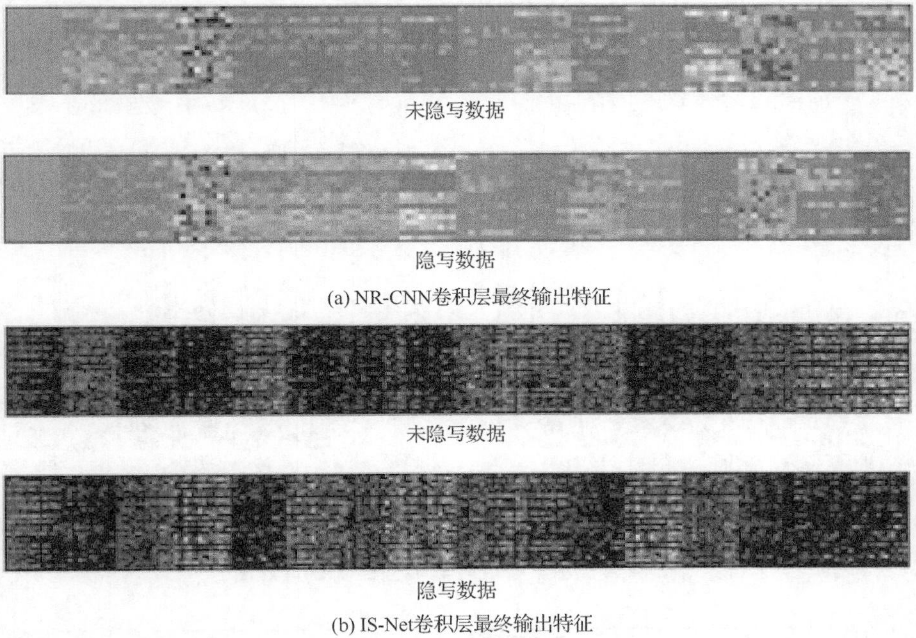

图 8-13　卷积层最终输出特征可视化图像

为了对图 8-13 中两种网络卷积层最终输出的特征值进行直观展示，我们将图 8-13 中相同维度的特征值进行了累加，得到的统计直方图如图 8-14 所示。其中，图 8-14(a)和图 8-14(b)分别为 IS-Net 未隐写与隐写数据的统计直方图，图 8-14(c)和图 8-14(d)分别为 NR-CNN 未隐写与隐写数据的统计直方图。从图中可以看出，对于未隐写和隐写数据，两种网络输出的统计直方图取值均存在明显的分布差异。这再次说明了两种网络均能够提取到具有可区分性的隐写特征。

由于 IS-Net 中激活函数的阈值 T 对最终模型效果具有较大影响，因此本章首先比较了 IS-Net 采用不同阈值时的检测效果，如图 8-15 所示。其中，图 8-15(a)为网络对于不同嵌入率下帧内预测模式调制信息隐藏的检测结果，图 8-15(b)为网络对于不同嵌入率下运动矢量调制信息隐藏的检测结果。从图中可以看出，IS-Net 在 T=7 时具有最好的检测效果。

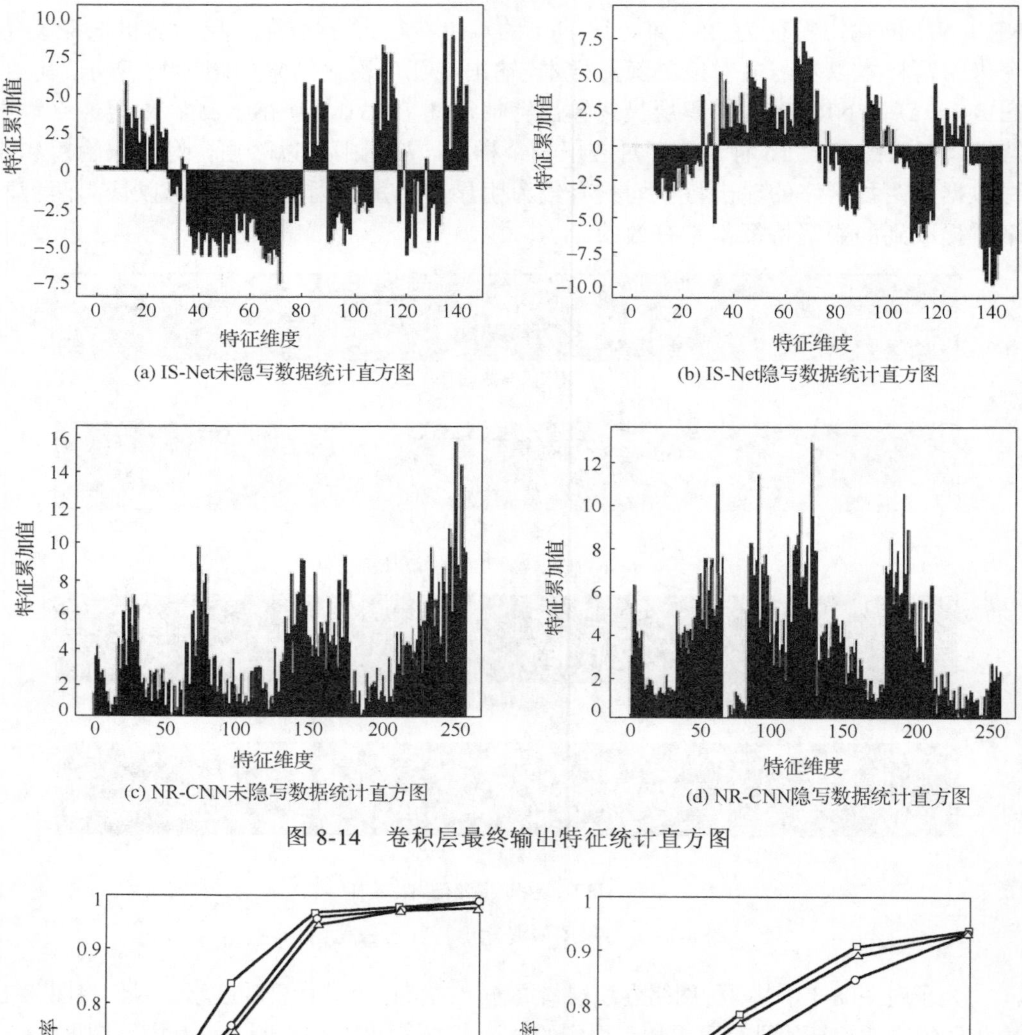

(a) IS-Net未隐写数据统计直方图　　(b) IS-Net隐写数据统计直方图

(c) NR-CNN未隐写数据统计直方图　　(d) NR-CNN隐写数据统计直方图

图 8-14　卷积层最终输出特征统计直方图

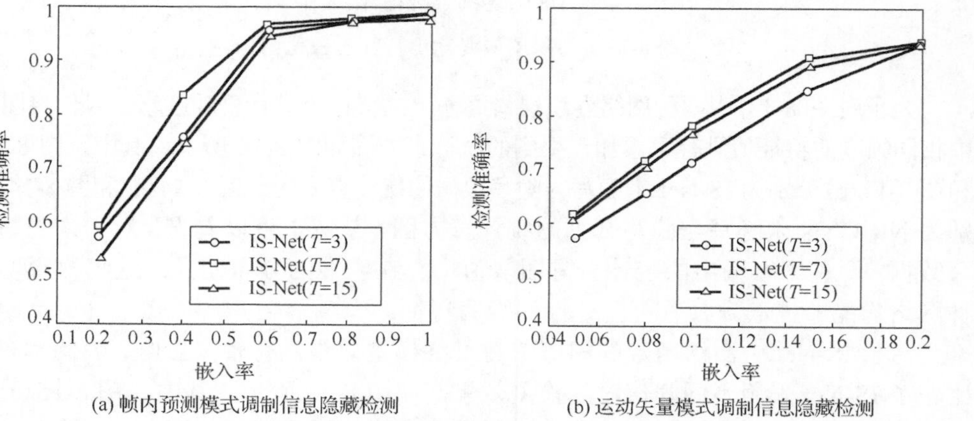

(a) 帧内预测模式调制信息隐藏检测　　(b) 运动矢量模式调制信息隐藏检测

图 8-15　不同阈值下信息隐藏检测准确率

根据之前的实验结果可知，NR-CNN 与 IS-Net 均在阈值 T=7 时具有最好的检测效果，下面我们将在该阈值下对两种网络进行比较。表 8-1 为两者对不同嵌入率下帧内预测模式调制信息隐藏的检测准确率，从表中可以看出，NR-CNN 在每种嵌入率下检测效果均优于 IS-Net。表 8-2 为两者对不同嵌入率下运动矢量模式调制信息隐藏的检测准确率，从表中可以看出，NR-CNN 在每种嵌入率下检测效果均优于 IS-Net。

表 8-1　帧内预测模式调制信息隐藏检测准确率

检测方法	嵌入率				
	20%	40%	60%	80%	100%
NR-CNN	59.82%	85.67%	98.2%	98.95%	99.74%
IS-Net	58.07%	83.41%	96.25%	97.69%	98.7%

表 8-2　运动矢量模式调制信息隐藏检测准确率

检测方法	嵌入率				
	5%	8%	10%	15%	20%
NR-CNN	62.53%	73.82%	85.37%	91.48%	95.39%
IS-Net	60.39%	70.86%	77.69%	90.28%	93.45%

此外，我们还比较了 IS-Net 与 NR-CNN 在训练过程中的收敛性能，如图 8-16 所示。从图中可以看出，在激活函数阈值 T=7 时，NR-CNN 的训练误差曲线优于 IS-Net。

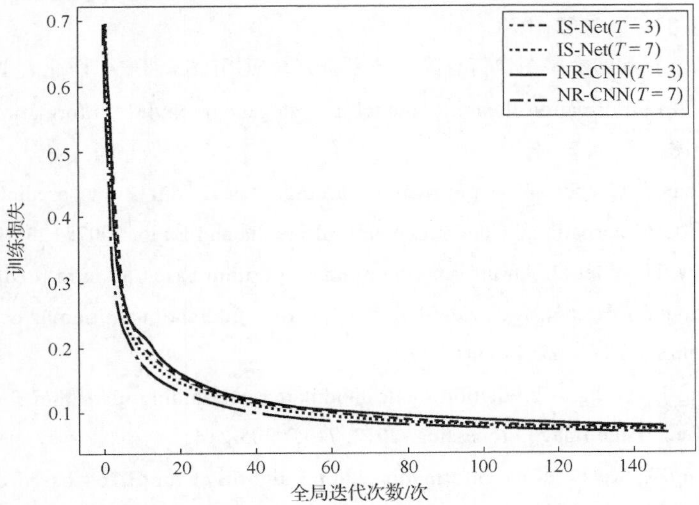

图 8-16　IS-Net 与 NR-CNN 在不同阈值下训练误差的比较

8.7　本 章 小 结

基于数据驱动学习模式的深度学习方法已在计算机视觉、语义分析、语音识别以及自然语言处理等众多机器学习相关应用领域取得了成功的应用，并颠覆了这些领域基于“人工特征”的传统范式。受此启发，本章提出了一种基于深度学习的运动矢量和帧内预测模式调制信息隐藏检测方法。由于运动矢量和帧内预测模式调制信息隐藏本质上都是修改了视频解码帧图像的像素值，因此本章从图像域的角度出发，借鉴了 IS-Net 的设计思路提出 NR-CNN，将特征提取和分类模块整合到一个可训练的网络模型框架下，以数据驱动的形式自动学习特征并实现分类，从而有效解决了现有方法所存在的问题。本章在 IS-Net 的基础上进行了三方面的改进：一是在残差计算部分增加全局滤波器以获取更多的隐写残差信号特征图；二是利用带有可学习参数的截断线性单元作为激活函数提高隐写残差信号的信噪比；三是提出了隐写残差单元结构，该结构能够提升网络对隐写残差信号的学习能力。实验结果表明，NR-CNN 具有比 IS-Net 更好的隐写检测性能。

参 考 文 献

[1] 黄永峰，李松斌. 网络隐蔽通信及其检测技术[M]. 北京：清华大学出版社，2016：3-4.

[2] 王亚娜. 图像扩频隐写安全性研究[D]. 天津：天津大学, 2014.

[3] Petitcolas F A P, Anderson R J, Kuhn M G. Information hiding-A survey[J]. Proceedings of the IEEE, 1999, 87(7): 1062-1078.

[4] 司银女. 基于置乱的数字图像信息隐藏技术研究与应用[D]. 西安：西北大学, 2007.

[5] Cachin C. An information-theoretic model for steganography[J]. Information Hiding, 1998, 1525:306-318.

[6] Hu Y, Zhang C, Su Y. Information hiding based on intra prediction modes for H.264/AVC[C]//International Conference on Multimedia and Expo, 2007: 1231-1234.

[7] Yang G, Li J, He Y, et al. An information hiding algorithm based on intra-prediction modes and matrix coding for H.264/AVC video stream[J]. AEU-International Journal of Electronics and Communications, 2011, 65(4): 331-337.

[8] Xu D, Wang R, Wang J. Prediction mode modulated data-hiding algorithm for H.264/AVC[J]. Journal of Real-Time Image Processing, 2012, 7(4): 205-214.

[9] Zhu H, Wang R, Xu D, et al. Information hiding algorithm for H.264 based on the prediction difference of intra_4×4[C]//International Congress on Image and Signal Processing, 2010: 487-490.

[10] Mehmood N, Mushtaq M. Blind watermarking scheme for H.264/AVC based on intra 4×4 prediction modes[J]. Future Information TechnoLogy, Application and Servicer Lecture Notes in Electrical Engineering, 2012, 179: 1-7.

[11] Yamadera S, Wada N, Hangai S, et al. A study on light information hiding method compatible with conventional H.264/AVC decoder[C]//European Workshop Visual Information Processing, 2010: 210-213.

[12] Wang J, Wang R, Li W, et al. A Large-capacity information hiding method for HEVC video[C]//International Conference on Computer Science and Service System, 2014:934-937.

[13] Wang J, R Wang R, Li W, et al. An information hiding algorithm for HEVC based on intra prediction mode and block code[J]. Sensors & Transducers, 2014, 117(8): 230-237.

[14] Zhu H, Wang R, Xu D. Information hiding algorithm for H.264 based on the motion estimation of quarter-pixel[C]//International Conference on Future Computer and Communication, 2010: 423-427.

[15] Swaraja K, Latha Y M, Reddy V S K, et al. Video watermarking based on motion vectors of H.264[C]//IEEE India Conference, 2012:1-4.

[16] Qiu G, Marziliano P, Ho A T S, et al. A hybrid watermarking scheme for H.264/AVC video[C]//International Conference on Pattern Recognition, 2004: 865-869.

[17] Jordan F, Kutter M, Ebrahimi T. Proposal of a watermarking technique for hiding/retrieving data in compressed and decompressed video[R]. Geneva: International, Organization for Standardization, 1997.

[18] Xu C, Ping X, Zhang T. Steganography in compressed video stream[C]//International Conference on Innovative Computing, Information and Control, 2006: 269-272.

[19] Aly H A. Data hiding in motion vectors of compressed video based on their associated prediction error[J]. IEEE Transactions on Information Forensics & Security, 2011, 6(1): 14-18.

[20] Kuo T, Lo Y, Lin C. Fragile video watermarking technique by motion field embedding with rate-distortion minimization[C]//Intelligent Information Hiding and Multimedia Signal Processing, 2008: 853-856.

[21] Cao Y, Zhao X, Feng D, et al. Video steganography with perturbed motion estimation[C]//International Workshop on Information Hiding, 2011: 193-207.

[22] Cao Y, Zhang H, Zhao X, et al. Video steganography based on optimized motion estimation perturbation[C]//ACM Workshop on Information Hiding and Multimedia Security, 2015:25-31.

[23] Yao Y, Zhang W, Yu N, et al. Defining embedding distortion for motion vector-based video steganography[J]. Multimedia Tools and Applications, 2015, 74(24): 11163-11186.

[24] Zhang H, Cao Y, Zhao X. Motion vector-based video steganography with preserved local optimality[J]. Multimedia Tools and Applications , 2016, 75 (21): 13503-13519.

[25] Yun C. Video, information hiding algorithm based on two-dimensional mapping relationship[J]. Computer Engineering, 2010, 36(22): 225-227.

[26] Xu D, Wang R, Wang J. Blind digital watermarking of low bit-rate advanced H.264/AVC compressed video[C]//International Workshop on Digital Watermarking, 2009, 5703:96-109.

[27] Mansouri A, Aznaveh A M, Torkamaniazar F, et al. A low complexity video watermarking in H.264 compressed domain[J]. IEEE Transactions on Information Forensics and Security, 2010, 5(4): 649-657.

[28] Li Y, Chen H, Zhao Y. A new method of data hiding based on H.264 encoded video sequences[C]//International Conference on Signal Processing, 2010:1833-1836.

[29] Yu X, Mo W, Fan K, et al. Watermark algorithm of low bit-rate video robust to H.264 compression[J]. Computer Engineering, 2008, 34(3):171-173.

[30] Tew Y, Wong K. Information hiding in HEVC standard using adaptive coding block size decision[C]//International Conference on Image Processing, 2014:5502-5506.

[31] Chang P, Chung K, Chen J, et al, A DCT/DST-based error propagation-free data hiding algorithm for HEVC intra-coded frames[J]. Journal of Visual Communication and Image Representation, 2014, 25(2):239-253.

[32] Zhang X, Au O, Pang C, et al, Additional sign bit hiding of transform coefficients in HEVC[C]// International Conference on Multimedia and Expo, 2013:1-4.

[33] Xu D, Wang R, Wang J. Low complexity video watermarking algorithm by exploiting CAVLC in H.264/AVC[C]//IEEE International Conference on Wireless Communications, Networking and Information Security, 2010:411-415.

[34] Lin X, Li Q, Wang W, et al. Information hiding based on CAVLC in H. 264/AVC standard[C]// International Conference on Multimedia Information Networking and Security, 2012: 900-904.

[35] Ke N, Weidong Z. A video steganography scheme based on H. 264 bitstreams replaced[C]// Proceedings of the 2013 IEEE 4th International Conference on Software Engineering and Service Science, 2013: 447-450.

[36] Liao K, Ye D, Lian S, et al. Lightweight information hiding in H. 264/AVC video stream[C]// Proceedings of the 2009 International Conference on Multimedia Information Networking and Security, 2009, 1: 578-582.

[37] Liao K, Lian S, Guo Z, et al. Efficient information hiding in H.264/AVC video coding[J]. Telecommunication Systems, 2012, 49(2): 261-269.

[38] Sun Y, Zhan R, Wu G, et al. A real-time video information hiding method based on CAVLC encoding[C]//International Conference on P2p, Parallel, Grid, Cloud and Internet Computing, 2016: 639-644.

[39] Sun Y, Zhan R, Yang Y, et al. An information hiding method based on context-based adaptive variable length coding[J]. International Journal of Innovative Computing and Applications, 2017, 8(1): 50.

[40] Zou D, Bloom J A. H.264 stream replacement watermarking with CABAC encoding[C]//IEEE International Conference on Multimedia and Expo, 2010, 26: 117-121.

[41] Wang W S, Lin Y C. A tunable data hiding scheme for CABAC in H. 264/AVC video streams[C]//International Symposium on Next-Generation Electronics, 2015: 1-4.

[42] Xu D, Wang R. Watermarking in H. 264/AVC compressed domain using Exp-Golomb code words mapping[J]. Optical Engineering, 2011, 50(9): 097402.

[43] Jiang B, Yang G, Chen W. A CABAC based HEVC video steganography algorithm without bitrate increase[J]. Journal of Computational Information Systems, 2015, 11(6): 2121-2130.

[44] Li S, Deng H, Tian H, et al. Steganalysis of prediction mode modulated data-hiding algorithms in H.264/AVC video stream[J]. Annals of Telecommunications-Annales Des télécommunications, 2014, 69(7/8):461-473.

[45] Zhao Y, Zhang H, Cao Y, et al. Video steganalysis based on intra prediction mode calibration[C]//International Workshop on Digital Watermarking, 2015: 119-133.

[46] 孔维国, 王宏霞, 王科人, 等. 基于转移概率矩阵的 H.264/AVC 视频帧内预测模式信息隐藏检测算法[J]. 四川大学学报(自然科学版), 2014, 51(6): 1183-1191.

[47] 盛琪, 王让定, 王斌,等. 基于预测模式相关性的 HEVC 隐写检测算法[J]. 光电子:激光, 2017(7): 76-82.

[48] Zhang C, Su Y. Video steganalysis based on aliasing detection[J]. Electronics Letters, 2008, 44(13): 801-803.

[49] Su Y, Zhang C, Zhang C. A video steganalytic algorithm against motion-vector-based steganography[J]. Signal Processing, 2011, 91(8): 1901-1909.

[50] Cao Y, Zhao X, Feng D. Video steganalysis exploiting motion vector reversion-based features[J]. IEEE Signal Processing Letters, 2012, 19(1): 35-38.

[51] Deng Y, Wu Y, Duan H, et al. Digital video steganalysis based on motion vector statistical characteristics[J]. Optik-International Journal for Light and Electron Optics, 2013, 124(14): 1705-1710.

[52] Wang K, Zhao H, Wang H. Video steganalysis against motion vector-based steganography by adding or subtracting one motion vector value[J]. IEEE Transactions on Information Forensics and Security, 2014, 9(5): 741-751.

[53] Zhang H, Cao Y, Zhao X. A steganalytic approach to detect motion vector modification using near-perfect estimation for local optimality[J]. IEEE Transactions on Information Forensics and Security, 2017, 12(2): 465-478.

[54] 王丽娜, 王旻杰, 翟黎明,等. 基于相关性异常的 H.264/AVC 视频运动矢量隐写分析算法[J]. 电子学报, 2014, 42(8): 1457-1464.

[55] Ye J, Ni J, Yi Y. Deep learning hierarchical representations for image steganalysis[J]. IEEE Transactions on Information Forensics & Security, 2017, 12(11): 2545-2557.

[56] Fridrich J, Kodovsky J. Rich models for steganalysis of digital images[J]. IEEE Transactions on Information Forensics and Security, 2012, 7(3): 868-882.

[57] He K, Zhang X, Ren S, et al. Deep residual learning for image recognition[C]//Proceedings of the IEEE Conference on Computer Vision and Pattern Recognition, 2016: 770-778.

第 9 章　基于多尺度特征融合和注意力机制的病虫害检测

9.1　引　　言

乱砍滥伐、森林火灾和森林病虫害是破坏森林生态平衡的三大常见灾害，其中，森林病虫害因其隐蔽性和易大面积扩散的性质而难以预防和整治。因此，森林病虫害的自动化检测与灾害等级分析对于促进森林生态系统稳定发展具有十分重要的意义。近年来，基于可见光图像的植物病虫害自动诊断在林业生产中起着不可或缺的作用，已经成为了林业信息领域的研究热点。

传统基于计算机视觉与机器学习的方法在植物病虫害识别与检测方面的技术已经相对比较成熟，如支持向量机（support vector machine，SVM）[1-3]、人工神经网络（artificial neural network，ANN）[4,5]。然而，这类方法需要复杂的图像处理和特征提取步骤，这会严重影响病虫害检测的效率。更为重要的是，由于此类方法往往需要研究人员基于特定场景的数据设计特征，因此此类方法不具备良好的鲁棒性和泛化性。

近年来，卷积神经网络（convolutional neural network，CNN）在图像分类领域炙手可热。深度卷积神经网络自动提取并学习图像中的关键信息，这种获取全局语义信息的能力来自于其重复堆叠的卷积和池化结构。受这种方法的启发，基于卷积神经网络的植物病虫害图像识别已经取得了不错的进展[6-13]。然而，这类方法仅能够判断输入图像中是否存在植物病虫害，而无法捕捉到更为重要的细节信息，如病斑位置和病斑面积等。因此，部分学者利用基于深度学习的目标检测方法试图在识别出病虫害的同时检测出病虫害在图中的位置。但是，这类方法也很难从当前的输出信息中进行较为精确的灾害等级分析。

为了克服上述问题，为病虫害自动检测提供更为有效和便捷的手段，本章提出了一种基于语义分割技术的病虫害检测和灾害等级分析模型。具体来说，本章的创新点与贡献如下。

区别于现有的病虫害识别与检测方法，本章首次提出采用语义分割技术进行病虫害检测。通过语义分割技术，能够实现植物病虫害图像像素级别的分类。也就是说，输入图像的每一个像素点都将被模型分类为目标前景和背景。这不仅实现了植物病虫害的识别，也得到了病斑位置和病斑面积等更为细节的信息，从而为后续的灾害等级分析提供了足够的信息量。

9.2 相关研究现状

9.2.1 病虫害识别与检测

得益于计算机视觉和机器学习技术的发展，近年来，基于计算机视觉和机器学习的病虫害自动识别技术作为一种令人满意的方法得到了广泛的使用，从而也诞生了许多性能优异的算法。如 Pawar 等[4]提出了一种基于 ANN 的黄瓜叶片病斑识别方法，该方法主要包含图像获取、图像预处理、特征提取和特征分类等步骤。在特征提取步骤，他们一共提取了 9 个纹理特征作为分类的依据。其中，一阶统计矩主要是像素均值、方差、峰度和偏度。二阶统计矩主要是对比度、相关性、熵、同质性和能量。同样的，Rastogi 等[5]提取了 11 种特征用于 ANN 的训练，然而，他们仅使用了 20 张图片进行特征提取，这会导致模型的泛化性较差。Islam 等[1]探索了 SVM 在病虫害检测方面的应用，他们首先分析了土豆叶片病虫害在颜色空间的统计直方图分布，并设定颜色阈值，达到初步粗略分割的目的，并在此基础之上进行特征提取，他们提取了与颜色和纹理相关的共 10 种特征用于 SVM 训练。Pantazi 等[2]结合 LBP 算子的特征提取能力与 SVM 的特征分类能力，提出了一种基于图像特征分析和多个一类 SVM 分类器实现不同作物叶片病害的自动检测方法。Sun 等[3]将简单线性迭代(simple linear iterative cluster，SLIC)和 SVM 结合，提出了一种复杂背景下茶叶叶片病虫害显著性图谱提取方法。他们首先利用 SLIC 算法获得超像素块，并利用 Harris 算法和凸包法分别提取显著点和模糊区域轮廓。然后，在显著区域和背景区域提取了四维纹理特征。最后，利用 SVM 分类器对超像素块进行特征分类。可以看出，基于传统机器学习的方法往往需要进行复杂的特征工程，这会严重影响病虫害诊断的效率，且该类方法并不具备良好的鲁棒性和泛化性。

深度卷积神经网络作为一种新颖的图像处理算法在计算机视觉领域取得了突破性进展。受启发于 CNN 在图像分类[14]和目标检测[15]方面的突破，部分学者开始将 CNN 应用于病虫害检测，并取得了许多实际成果。如 Lu 等[6]提出了一种针对水稻病虫害识别的病害检测网络，并采用 500 幅真实的图像对网络进行训练。Ma 等[7]提出了一种针对黄瓜叶片病虫害识别的深度卷积神经网络，他们分别对黄瓜叶片的炭疽病、霜霉病、白粉病及叶斑病进行了识别，并取得了较好的识别效果。Zhang 等[8]通过在卷积神经网络中引入全局池化空洞卷积，进一步提升了黄瓜叶片病虫害的识别效果。Khandelwal 等[9]探索了迁移学习和残差单元对于植物病虫害识别性能的影响，他们比较了 ResNet50 和 Inception-v3 的性能，最终发现预训练的 ResNet50 取得了最好的效果。然而，他们缺乏充足的实验论证。Kaya 等[10]则通过在 4 个不同的数据集进行迁移学习，充分验证了迁移学习能够对基于深度学习的植物病虫害识别起到良性的作用。Liang 等[11]采用 ResNet50 作为基础模型，并引入 ShuffleNet-v2 中的通道混洗操作构建了一种通用的植物病虫害识别网络。Khamparia 等[12]基于卷积神经网络提出了一种季节性作物病虫害预测与分类方法。在文献[13]中，Singh 等以 AlexNet 作为基础网络对芒果叶片病虫害进行了识别。

尽管上述基于卷积神经网络的方法已经取得了非常不错的识别效果，然而这类方法缺乏对更为重要的信息进行表达的能力，如病斑位置和病斑大小等。Jiang 等[16]针对以上问题，提出了一种基于深度学习的苹果叶片病虫害实时检测方法。他们采用目前先进的 SSD 目标检测框架，实现了在识别病虫害的同时进行目标定位。然而，他们的方法仅仅是针对苹果叶片的病虫害检测，而不是一个通用的框架，并且此方法获取到的位置信息比较粗糙，也无法得到精确的病斑大小信息。

9.2.2　语义分割技术

近年来，得益于深度学习的发展，基于卷积神经网络的语义分割技术取得了许多突破性进展和理论研究成果。Long 等[17]于 2015 年提出了首个用于语义分割的全卷积神经网络(fully convolutional neural network，FCN)，从此开启了语义分割真正意义上的大航海时代。FCN 在 VGG 的基础之上使用卷积层替换了全连接层和分类层，并采用双线性插值算法恢复图像分辨率，从而实现了像素级别的分类。但 FCN 的特征提取网络较为简单，且采用简单的线性插值恢复分辨率，这便导致了分割结果粗糙、分割边界不连续等问题。针对这两个问题，研究者们提出了一系列改进策略，如 Chen 等[18]提出采用条件随机场(conditional random field，CRF)对 CNN 的分割结果进行优化。Zheng 等[19]将 CRF 的迭代推理过程建模成 RNN 的形式，实现了 DCNN 与 CRF 端到端的训练。SegNet[20]构建了一个完全对称的网络，通过跳跃连接机制融合深层和浅层特征以解决分割结果模糊的问题等。其中，较为突出的工作便是编解码结构、空间金字塔池化以及自主力机制的引入。

(1) 编解码结构。文献[21]提出了一种近似对称的网络结构 U-Net，该网络通过编码器进行图像下采样，逐步获取不同层次的特征信息。解码器在上采样的过程中逐步融合高层语义信息和底层空间细节信息。编解码结构的本质便是利用卷积神经网络中的卷积、池化等操作来逐层次的对图像的空间位置信息和语义信息进行编码，然后利用反卷积操作和向上池化等来逐步对信息进行解码。基于编解码结构的网络[20,22-26]通过融合深层特征和浅层特征能够提升依赖于局部特征的上下文语义信息的学习，有助于网络的表达能力，从而达到精细化分割边界、优化分割结果的目的。

(2) 空间金字塔池化。空间金字塔池化(spatial pyramid pooling，SPP)能够捕获不同尺度上的信息，这能显著提升网络对于特征的表达能力。PSPNet[27]对下采样端输出的特征图进行了多尺度采样，并强调了全局特征先验知识对场景理解的重要性。DeepLab-v2[28]，DeepLab-v3[29]和 DeepLab-v3+[30]通过并行的设置不同空洞率的卷积层，提出了一种空洞空间金字塔池化(atrous SPP，ASPP)模块。该模块能够在不增加额外参数的前提下捕获多尺度的信息。Yang 等[31]将 DenseNet[32]的密集连接思想引入到 ASPP 中，提出了一种密集堆积的 ASPP 结构。

(3) 自注意力机制。注意力机制模块能够捕捉语义信息的长期依赖关系，使得模型能够将注意力放在对目标任务有用的特征上而忽略无关信息。Zhang 等[33]探索了全局语义信息对语义分割结果的影响，并提出了与全局语义信息相关的注意力机制，称作上下文编码模块(context encoding module)。类别注意力模块[34]可用于计算被自适应地合并不同的类中心。Wang 等[35]提出了一种非局部操作用于捕获长距离依赖。Zhang 等[36]探索了注意力机制在小样本学习的设置下如何有效地融合多个支持示例的信息。在文献[37]中，注意力机制被描述为期望最大化的方式。DANet[38]为了自适应地将局部特征与全局依赖聚集起来，提出了两种注意力机制，分别是通道注意力机制和位置注意力机制。

9.3 基于多尺度特征融合及注意力机制的病虫害检测模型

本章提出了一种精准的二分类语义分割方法，其网络结构如图 9-1 所示。该模型主要由两部分组成：编码器和解码器。现有语义分割模型中的解码器通常采用 VGGNet[39]、ResNet[40]或 Xception[41]等。深度编解码结构(deep encoder-decoder architecture)通过不断融合高度耦合的高层信息以及低层丰富的空间细节信息，能够有效解决分割边界模糊的问题。编码器通过重复堆叠的卷积层、池化层和激活函数等结构从输入图像中提取不同层次的特征，从边缘、纹理和角等局部特征到高度耦合的语义信息，其过程可以解释为

$$Y = D(X) = \text{Downsample}(E(X)) \tag{9-1}$$

其中，X 表示输入的图像数据，$E(\cdot)$ 是编码函数，D 表示下采样，经编码后得到高度耦合的近似全局语义特征 Y。解码器通过重复堆叠的上采样和激活函数等操作将编码后的特征图进行解码，使其恢复到输入前的分辨率。最后，采用 Softmax 函数将恢复至原分辨率的特征图进行归一化操作，从而得到语义分割结果，具体可以表示为

$$O = U(Y) = \text{Upsample}(D(Y)) \tag{9-2}$$

其中，O 是最后的语义分割结果，$D(\cdot)$ 表示解码函数，$U(\cdot)$ 表示上采样过程。

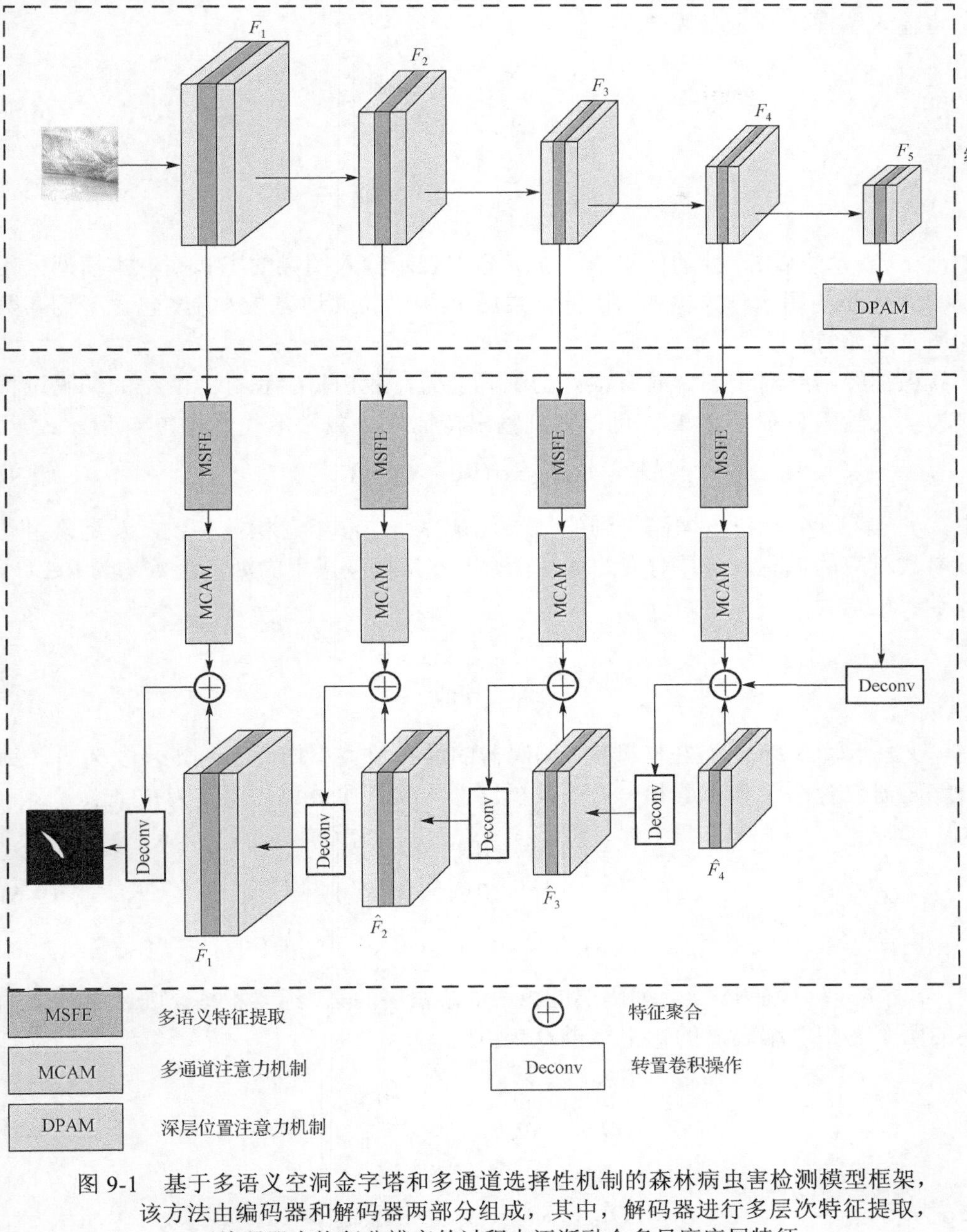

图 9-1　基于多语义空洞金字塔和多通道选择性机制的森林病虫害检测模型框架，该方法由编码器和解码器两部分组成，其中，解码器进行多层次特征提取，编码器在恢复分辨率的过程中逐渐融合多尺度底层特征

9.3.1　编码器

本章所设计模型的编码器对输入的自然图像矩阵进行逐层编码，为了叙述方便，

本章将输入图像矩阵定义为 $\boldsymbol{X}$:

$$\boldsymbol{X}=\begin{bmatrix} x_{1,1} & x_{1,2} & \cdots & x_{1,m} \\ x_{2,1} & x_{2,2} & \cdots & x_{2,m} \\ \vdots & \vdots & \ddots & \\ x_{n,1} & x_{n,2} & \cdots & x_{n,m} \end{bmatrix} \tag{9-3}$$

其中，$x_{i,j}$ 表示位置 i,j 处的像素值，m,n 分别表示输入图像的宽和高。本模型采用 256×256 大小的图像作为输入，因此，式(3.1)中的 m,n 均为 256。$\boldsymbol{X}$ 包含了输入数据的所有原始特征。

卷积神经网络对于图像具有很好的编码能力，我们将卷积神经网络的编码过程定义为 f，输入特征矩阵 $\boldsymbol{X}$，可以得到输出特征 F，数学形式如式(9-4)所示：

$$F_i=f(\boldsymbol{X})=\sigma(\boldsymbol{W}_i*\boldsymbol{X}+b_i) \tag{9-4}$$

其中，F_i 是第 i 组卷积核编码得到的结果，$\boldsymbol{W}_i$ 表示第 i 组卷积核参数，b_i 是该组卷积核参数对应的偏置，σ 是对应的激活函数。本章模型采用的激活函数均为 ReLU，其数学表达式为

$$\sigma(x)=\begin{cases} x, & 如果x>0 \\ 0, & 其他 \end{cases} \tag{9-5}$$

其中，x 表示输入特征。在本章中，编码器的卷积核大小均为 3×3，步长为 1。第一层编码器包含两个卷积层和一个下采样层，卷积核参数矩阵定义为 $\boldsymbol{W}_{i,j,l}$：

$$\boldsymbol{W}_{i,j,l}=\begin{bmatrix} W_{1,1}^{i,j,l} & W_{1,2}^{i,j,l} & W_{1,3}^{i,j,l} \\ W_{2,1}^{i,j,l} & W_{2,2}^{i,j,l} & W_{2,3}^{i,j,l} \\ W_{3,1}^{i,j,l} & W_{3,2}^{i,j,l} & W_{3,3}^{i,j,l} \end{bmatrix} \tag{9-6}$$

其中，i，j，l 分别为第 i 个编码层的第 j 个卷积层的第 l 组卷积核，则经第一个编码层的两个卷积层编码后的输出结果 $\boldsymbol{O}$ 为

$$\boldsymbol{O}=\begin{bmatrix} O_{1,1} & O_{1,2} & \cdots & O_{1,256} \\ O_{2,1} & O_{2,2} & \cdots & O_{2,256} \\ \vdots & \vdots & \ddots & \vdots \\ O_{256,1} & O_{256,2} & \cdots & O_{256,256} \end{bmatrix} \tag{9-7}$$

由于各卷积层的步幅均为 1，经两个卷积层编码后输出特征的维度不变。为了降低后续的计算复杂度，以及对特征进行深度编码，我们采用最大值池化函数对编码后的特征进行降维，最大值池化的输出结果 $\boldsymbol{O}_{\max}$ 为

$$\boldsymbol{O}_{\max} = \max \alpha_{i,j}, \quad j = 1, \cdots, K \tag{9-8}$$

其中，$\alpha_{i,j}$ 表示该邻域内的特征值，如 3×3 邻域，则第一个编码层的最终输出结果 $\boldsymbol{O}^1$ 如下：

$$\boldsymbol{O}^1 = \begin{bmatrix} O_{1,1}^1 & O_{1,2}^1 & \cdots & O_{1,128}^1 \\ O_{2,1}^1 & O_{2,2}^1 & \cdots & O_{2,128}^1 \\ \vdots & \vdots & \ddots & \vdots \\ O_{128,1}^1 & O_{128,2}^1 & \cdots & O_{128,128}^1 \end{bmatrix} \tag{9-9}$$

第一层编码器的卷积层均采用 64 组滤波器对图像的特征进行编码，得到 64 个特征图。

同理，编码器各层对上一层输出的特征进行不同程度的编码，经过 5 层编码器对不同层次的特征进行编码后，得到 512 个 8×8 大小的特征图，每个输出特征图可以表示为 $\boldsymbol{O}^{f,i}$：

$$\boldsymbol{O}^{f,i} = \begin{bmatrix} O_{1,1}^{f,i} & O_{1,2}^{f,i} & \cdots & O_{1,8}^{f,i} \\ O_{2,1}^{f,i} & O_{2,2}^{f,i} & \cdots & O_{2,8}^{f,i} \\ \vdots & \vdots & \ddots & \vdots \\ O_{8,1}^{f,i} & O_{8,2}^{f,i} & \cdots & O_{8,8}^{f,i} \end{bmatrix} \tag{9-10}$$

其中，i 表示第 i 个特征图。

为了得到效果最优的编码器，本章采用病虫害分割数据集对 VGG16、ResNet34、ResNet101 和 Xception 编码器的性能进行了对比，实验结果如图 9-2 所示。图 9-2(a)所示为各模型的损失曲线，从中可以看出，ResNet 系列的 ResNet34 和 ResNet101 的损失曲线振荡较为剧烈，表现较差。虽然 Xception 的损失曲线训练前期和后期都比较平缓，且在前期的表现要优于 VGG16，但在训练后期，VGG16 的损失曲线收敛情况明显要优于 Xception 结构。图 9-2(b)所示为不同编码器结构的准确率曲线，VGG16 的最高准确率出现在第 23 次全轮迭代，为 74.46%，并且在四个编码器中，VGG16 的准确率最高。虽然 ResNet101 和 Xception 的准确率曲线较为平缓，但最高准确率均未超越 VGG16 得到的结果。而 ResNet34 的准确率曲线波动较大，且最高准确率也低于 VGG16。

经实验对比，本章最终采用效果最优的预训练 VGG16 作为本模型的编码器[39]。VGG16 原本是用于自然图像的分类，为了将其应用于语义分割任务，我们去掉了 VGG16 模型中的全连接层和 Softmax 分类层，最终得到了本章所采用的编码器。

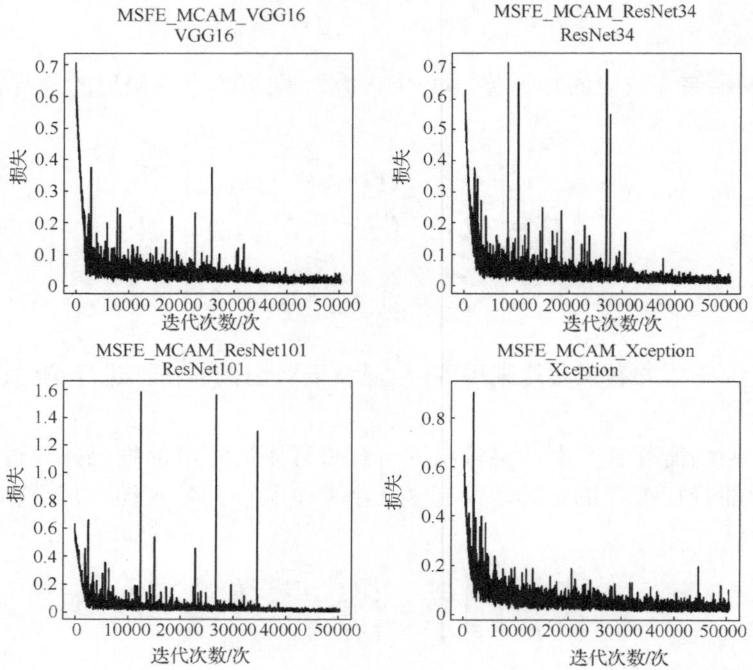

(a) 损失曲线

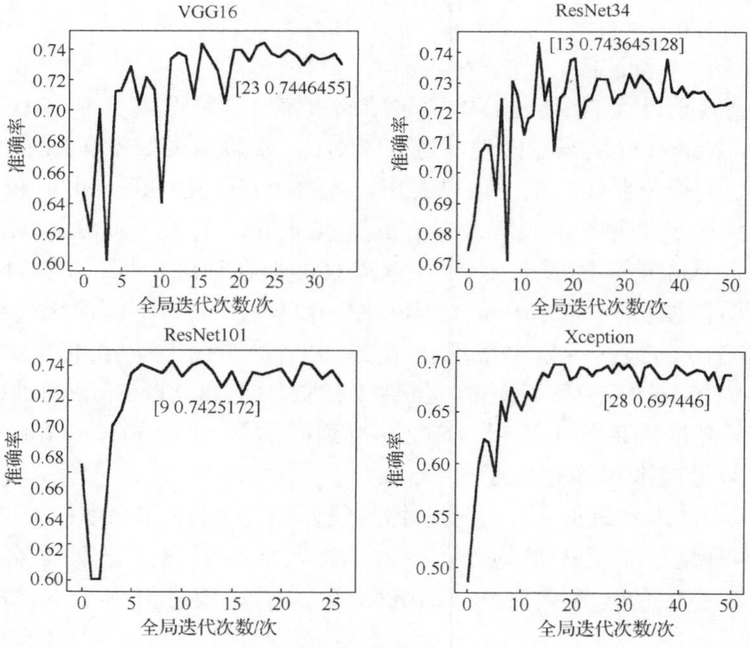

(b) 准确率曲线

图 9-2　不同编码器结构的损失曲线与准确率曲线

9.3.2　解码器

在语义分割中，我们可以简单地将编码器得到的高层特征直接使用双线性插值进行上采样到原分辨率。但高层特征往往只包含抽象的语义特征，而缺少空间细节信息，直接上采样会导致分割边界模糊。因此，本章在解码过程当中不断融合来自中低层次的特征。本章所用解码器结构如图 9-1 所示，其主要包含上采样单元和跳跃连接。该解码模块共包含 5 次反卷积，分别对应编码器模块的 5 次卷积和下采样操作。具体地讲，首先将第 5 层输出的特征 F_5 进行一次卷积核大小为 3×3，步长为 2 的反卷积。使得其分辨率与第 4 层输出的特征 F_4 分辨率相同。然后将 F_4 进行处理后与上采样得到的特征图进行拼接得到特征 $\hat{F}_4$。同理，对 $\hat{F}_4$ 与 F_3 进行相同的处理得到特征 $\hat{F}_3$，进而得到特征 $\hat{F}_2$，$\hat{F}_1$。对 $\hat{F}_1$ 进行 Softmax 函数处理，便得到了最后的分割结果。解码的本质是编码的逆过程，其数学表达式如式(9-11)所示：

$$\boldsymbol{O}^R=\sigma(T(\boldsymbol{O}^{f,i}))=\sigma\left(T\left(\begin{bmatrix}O_{1,1}^{f,i} & O_{1,2}^{f,i} & \cdots & O_{1,8}^{f,i}\\ O_{2,1}^{f,i} & O_{2,2}^{f,i} & \cdots & O_{2,8}^{f,i}\\ \vdots & \vdots & \ddots & \vdots\\ O_{8,1}^{f,i} & O_{8,2}^{f,i} & \cdots & O_{8,8}^{f,i}\end{bmatrix}\right)\right) \tag{9-11}$$

其中，$\boldsymbol{O}^R$ 表示解码结果，$T(\cdot)$ 是转置卷积，σ 表示激活函数。

为了解决简单的编码器结构网络分割结果不够平滑的问题，尤其针对二分类语义分割问题，本章分别提出了多尺度特征融合模块和多通道选择性机制。此外，注意力机制(attention mechanism)的引入使得网络具备了人类将视觉注意力放在某些焦点上的能力，也就是说，网络的注意力不再分散在整幅图像上[22-27]。

1．多尺度特征聚合

在图像语义分割中，尽管我们通过逐层次恢复图像分辨率的策略可以优化分割结果，但编码端连续的池化操作会导致空间信息的损失，并且传统的下采样方式感受野大小固定，会导致浅层特征携带的信息比较匮乏，不利于空间细节信息的恢复。空间金字塔池化能够提取不同尺度上的上下文信息，从而提升病虫害分割结果[16-21]。本章针对中低层次特征较为单一的问题，分别引入不同尺度大小的卷积核以及不同空洞率的卷积，组成空间金字塔结构。融合多个尺度上的中低层次特征，提高语义分割结果。

本章所提特征融合模块如图 9-3 所示，它是一个多尺度特征提取与融合模块，通过不同尺度的卷积实现不同尺度特征的提取。该模块总共包含 4 个不同的支路：①卷积核为 1×1，步长为 1；②卷积核大小为 3×3，步长为 1；③卷积核大小为 3×3，步长为 1，空洞率为 2；④卷积核大小为 3×3，步长为 1，空洞率为 4。这 4 个支路能够接收到不同大小的感受野，即不同尺度的局部信息，这有利于空间细节的恢复。得到不同尺度上的特征以后，通过特征拼接的方式实现多尺度特征融合，其数学表达式如下所示：

$$\hat{x}_{\text{mutil-scale}} = [H_{1\times1}(x), H_{3\times3}(x), H_{3\times3,2}(x), H_{3\times3,4}(x)] \tag{9-12}$$

其中，$\hat{x}_{\text{mutil-scale}}$ 表示融合后的特征，$[\cdots]$ 表示拼接操作，$H_{1\times1}(\cdot)$，$H_{3\times3}(\cdot)$，$H_{3\times3,2}(\cdot)$，$H_{3\times3,4}(\cdot)$ 分别对应该模块 4 个支路的不同操作。

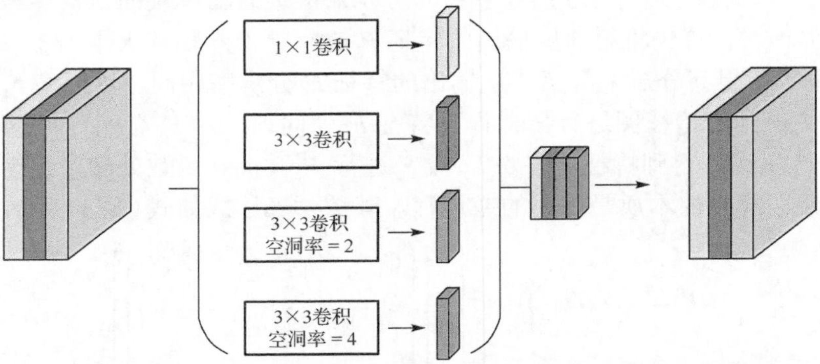

图 9-3　多尺度特征融合模块，该模块包含 4 个不同尺度的特征提取支路

2．多通道选择性机制

注意力机制的作用类似于人类视觉系统中的过滤作用，将焦点放在某些重要的位置，从而忽略复杂背景中的噪声干扰。对于二分类语义分割任务而言，通道选择性机制更能使网络具备“非黑即白”的思维能力。也就是说，通道选择性机制能够有效提升网络对于重要特征的表达能力，从而抑制无用的特征。SENet[42] 中的 SE 模块便是一种有效的通道注意力机制。它通过特征的全局上下文信息显性地对特征通道之间的关系进行建模，将特征通道的重要性转化为可学习的参数，从而鼓励了特征通道响应。SE 模块如图 9-4 所示，该模块主要包含压缩操作、激活操作和点乘操作。

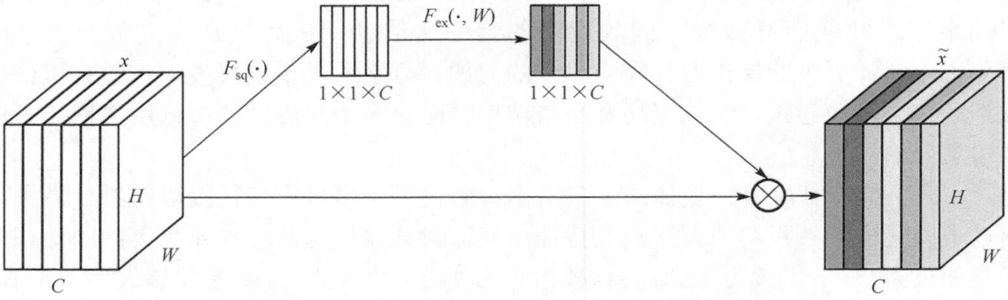

图 9-4　SE 模块

如图 9-4 所示，首先将输入特征进行通道压缩，得到 C 个实数。这 C 个实数代表了全局的上下文信息，它们表征着通道响应的全局分布。压缩操作的数学形式如式(9-13)所示：

$$z_c = F_{sq}(x) = \frac{1}{H \times W}\sum_{i=1}^{H}\sum_{j=1}^{W}x(i,j) \tag{9-13}$$

其中，z_c 表示经压缩后得到的特征通道响应，$F_{sq}(\cdot)$ 表示压缩操作，$H \times W$ 是输入特征图的大小，$x(i,j)$ 是特征值。得到特征通道响应值以后会对其进行激活操作，如式(9-14)所示：

$$w_c = F_{ex}(z_c) = \sigma(\boldsymbol{W}_2\delta(\boldsymbol{W}_1 z_c)) \tag{9-14}$$

其中，w_c 表示各通道的重要性程度，$F_{ex}(\cdot)$ 表示激活操作，σ 和 δ 分别是 Sigmoid 激活函数和 ReLU 激活函数，$\boldsymbol{W}_1$ 和 $\boldsymbol{W}_2$ 分别是特征映射权值矩阵。最后将习得的通道响应 w_c 与输入特征对应相乘，即可以利用全局上下文信息对通道进行筛选。Scale 操作如式(9-15)所示：

$$\hat{x} = w_c \cdot x \tag{9-15}$$

其中，$\hat{x}$ 表示经注意力机制后的特征输出，x 表示输入。

为了进一步提升模型的分割能力，本章将多尺度特征融合与多通道选择性机制结合，该模块如图 9-5 所示。首先进行多尺度特征提取，然后在每一个特征提取支路上设置通道注意力机制，从而实现在提取多尺度特征的同时进行特征的筛选。这样的设置能够最大限度地提升空间细节信息的恢复能力。其中，通道注意力(channel attention，CA)模块的灵感就是来源于上述提到的 SE 模块。

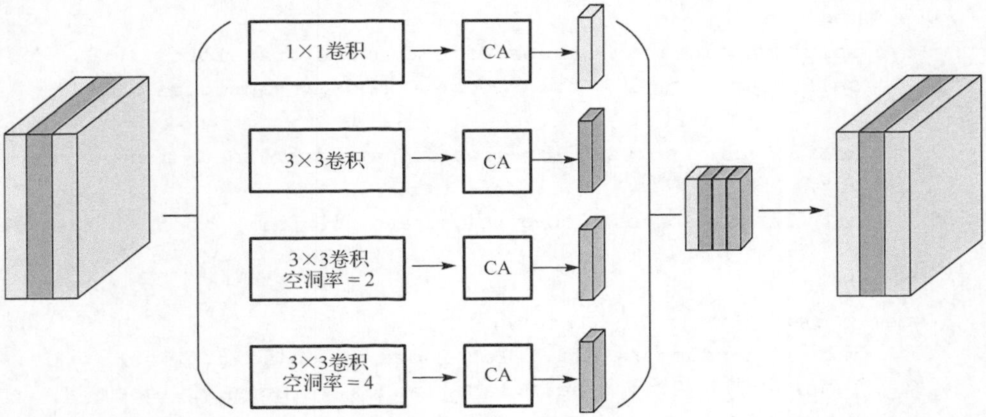

图 9-5　多尺度特征提取与多通道注意力机制模块：在每一条支路后添加注意力机制，从而有效地提升空间细节信息的恢复能力

9.4 模 型 实 现

本节的主要目标是带领读者在 PyTorch 框架下完成基于多尺度特征提取和重用及特征重标定网络模型的核心代码实现。本章基于多尺度特征聚合和注意力机制的病虫害分割网络代码主要由数据的预处理与加载、模型的构建以及模型的训练与测试三个部分构成。

9.4.1 数据加载

torch 和 torchvision 是 PyTotrch 框架下两个独立的包，其中封装的大量的类来完成训练数据的导入、预处理和打包等。首先导入必要的包：

```
import torch
from torch.utils.data import Dataset
from PIL import Image
import torchvision.transforms as transforms
```

导入数据加载与处理的必要包后，便可以进行数据的读取与预处理。本章数据读取继承 torch.utils.data.Dataset 类来构建本章模型所需的数据读取 ImageDataset 类。其中，形参 transform_img 和 transform_label 分别表示对原图和 mask 进行的转换方式，mode="train"表示对训练集下的数据进行处理。随后，采用__getitem__将该文件下的数据逐条读取并封装打包。

```
class ImageDataset(Dataset):
    def __init__(self, root, transforms_img=None, transforms_label=None,
        mode="train"):
        self.transform_i = transforms.Compose(transforms_img)
        self.transform_l = transforms.Compose(transforms_label)

        self.files = sorted(glob.glob(os.path.join(root, mode, "image")
        + "/*.*"))
        self.label = sorted(glob.glob(os.path.join(root, mode, "binary_01")
        + "/*.*"))

    def __getitem__(self, index):
        img = Image.open(self.files[index % len(self.files)])
        label = Image.open(self.label[index % len(self.label)])

        img_B = self.transform_l(label)
        img_B = np.array(img_B)
        img_B = torch.FloatTensor(label_to_one_hot(img_B,2)).permute(2,0, 1)
```

```
        img_A = self.transform_i(img)
        return {"A": img_A, "B": img_B}

    def __len__(self):
        return len(self.label)
```

前面说到，我们需要对读取数据进行剪裁、格式转换和归一化等操作。该操作可以通过继承 torchvision.transforms 类来完成，本章模型所采取的处理方式如下所示：

```
transforms_img = [
    transforms.Resize((256, 256), Image.BICUBIC),
    transforms.ToTensor(),
    transforms.Normalize((0.5, 0.5, 0.5), (0.5, 0.5, 0.5)),]

transforms_label = [
    transforms.Resize((256, 256), Image.BICUBIC),]
```

其中，transforms_img 表示对原图进行的操作，包括剪裁成 256×256 大小，转换成 PyTorch 所需的张量形式以及归一化操作。transforms_label 表示对 mask 进行的操作。

9.4.2 模型定义

9.4.1 节已经详细向读者介绍了如何构建数据读取与预处理模块。本节将主要介绍如何构建本章所用到的深度学习模型。本章算法的模型定义部分主要用到 torch.nn 类，该类中包含了二维卷积函数 nn.Conv2d、激活函数 nn.ReLU（Sigmoid 等）、正则化函数 nn.BatchNorm2d 和最大值池化函数 nn.MaxPool2d 等。本章算法由四个部分构成：编码模块、解码模块、多尺度特征聚合模块和多通道注意力机制模块。

首先，编码模块的骨架采用的是 VGG16，VGG16 作为常用的分类网络，具有极强的特征提取能力。形参 pretrained=True 表示加载预训练参数，requires_grad=True 表示需要对模型的参数进行梯度更新，remove_fc=True 表示移除网络的全连接层。由于 VGGNet 具有多种结构，因此通过 ranges 和 cfg 两个字典作为索引来控制编码器选用的网络结构。

```
class VGGNet(VGG):
    def __init__(self, pretrained=True, model='vgg16', requires_grad=True,
                 remove_fc=True):
        super().__init__(make_layers(cfg[model]))
        self.ranges = ranges[model]
        if pretrained:
            exec("self.load_state_dict(models.%s(pretrained=True).
```

```
                state_dict())" % model)
        if not requires_grad:
            for param in super().parameters():
                param.requires_grad = False
        if remove_fc:  # delete redundant fully-connected layer params,
            can save memory
            del self.classifier

    def forward(self, x):
        output = {}
        for idx in range(len(self.ranges)):
            for layer in range(self.ranges[idx][0], self.ranges[idx][1]):
                x = self.features[layer](x)
            output["x%d"%(idx+1)] = x
        return output

ranges = {
            'vgg11': ((0, 3), (3, 6),  (6, 11),  (11, 16), (16, 21)),
            'vgg13': ((0, 5), (5, 10), (10, 15), (15, 20), (20, 25)),
            'vgg16': ((0, 5), (5, 10), (10, 17), (17, 24), (24, 31)),
            'vgg19': ((0, 5), (5, 10), (10, 19), (19, 28), (28, 37))}
cfg = {
            'vgg11': [64, 'M', 128, 'M', 256, 256, 'M', 512, 512, 'M',
                     512, 512, 'M'],
            'vgg13': [64, 64, 'M', 128, 128, 'M', 256, 256, 'M', 512,
                     512, 'M', 512, 512, 'M'],
            'vgg16': [64, 64, 'M', 128, 128, 'M', 256, 256, 256, 'M',
                     512, 512, 512, 'M', 512,512, 512, 'M'],
            'vgg19': [64, 64, 'M', 128, 128, 'M', 256, 256, 256, 256,
                     'M', 512,512, 512, 512,'M', 512, 512, 512, 512, 'M'],}

    def make_layers(cfg, batch_norm=False):
    layers = []
    in_channels = 3
    for v in cfg:
        if v == 'M':
            layers += [nn.MaxPool2d(kernel_size=2, stride=2)]
        else:
            conv2d = nn.Conv2d(in_channels, v, kernel_size=3, padding=1)
            if batch_norm:
                layers += [conv2d, nn.BatchNorm2d(v), nn.ReLU(inplace=True)]
            else:
```

```
            layers += [conv2d, nn.ReLU(inplace=True)]
        in_channels = v
    return nn.Sequential(*layers)
```

以上，编码器构建完成。接下来，需要根据预先设计的网络结构来搭建算法的多尺度特征提取以及多通道注意力机制模块。本章模型的多尺度特征聚合模块和多通道注意力机制模块具有级联关系，可以在一个函数中实现。本部分代码需要借助 torch.nn.Conv2d、torch.nn.BatchNorm2d 以及 torch.nn.ReLU 等函数。具体实现如下。

```
class channelAttention(nn.Module):
    def __init__(self, inchannels):
        super(channelAttention, self).__init__()

        self.outchannels = inchannels // 4

        self.branch1 = nn.Sequential(
            nn.Conv2d(inchannels,self.outchannels, kernel_size=1, stride=1),
            nn.BatchNorm2d(self.outchannels),
            nn.ReLU(inplace=True))

        self.branch2 = nn.Sequential(
            nn.Conv2d(inchannels, self.outchannels, kernel_size=3, stride=1,
            padding=1),
            nn.BatchNorm2d(self.outchannels),
            nn.ReLU(inplace=True))

        self.branch3 = nn.Sequential(
            nn.Conv2d(inchannels, self.outchannels, kernel_size=3, stride=1,
                      padding=2, dilation=2),
            nn.BatchNorm2d(self.outchannels),
            nn.ReLU(inplace=True))

        self.branch4 = nn.Sequential(
            nn.Conv2d(inchannels, self.outchannels, kernel_size=3, stride=1,
                      padding=4, dilation=4),
            nn.BatchNorm2d(self.outchannels),
            nn.ReLU(inplace=True))

        self.avgpool = nn.AdaptiveAvgPool2d((1, 1))
        self.fc1 = nn.Conv2d(self.outchannels, self.outchannels // 4,
                     kernel_size=1)
        self.sigmoid = nn.Sigmoid()
        self.fc2 = nn.Conv2d(self.outchannels // 4, self.outchannels,
```

```
                   kernel_size=1)
        self.ReLU = nn.ReLU(inplace=True)

    def forward(self, x):
        x1 = self.branch1(x)
        out1 = self.avgpool(x1)
        w1 = self.ReLU(self.fc2(self.sigmoid(self.fc1(out1))))

        x2 = self.branch2(x)
        out2 = self.avgpool(x2)
        w2 = self.ReLU(self.fc2(self.sigmoid(self.fc1(out2))))

        x3 = self.branch3(x)
        out3 = self.avgpool(x3)
        w3 = self.ReLU(self.fc2(self.sigmoid(self.fc1(out3))))

        x4 = self.branch4(x)
        out4 = self.avgpool(x4)
        w4 = self.ReLU(self.fc2(self.sigmoid(self.fc1(out4))))

        x1 = w1 * x1
        x2 = w2 * x2
        x3 = w3 * x3
        x4 = w4 * x4
        out = torch.cat((x1, x2, x3, x4), 1)
        return out
```

最后，在以上代码的基础上，我们来构建本章算法的解码部分，其中用到的关键函数是转置卷积函数 torch.nn.ConvTranspose2d，代码如下。

```
class FCNs(nn.Module):
    def __init__(self, pretrained_net, n_class):
        super().__init__()
        self.n_class = n_class
        self.pretrained_net = pretrained_net
        self.ReLU = nn.ReLU(inplace=True)
        self.deconv1 = nn.ConvTranspose2d(512, 512, kernel_size=3, stride=2,
        padding=1, dilation=1, output_padding=1)
        self.bn1 = nn.BatchNorm2d(512)
        self.deconv2 = nn.ConvTranspose2d(512, 256, kernel_size=3,
        stride=2, padding=1, dilation=1, output_padding=1)
        self.bn2 = nn.BatchNorm2d(256)
        self.deconv3 = nn.ConvTranspose2d(256, 128, kernel_size=3, stride=2,
```

```
        padding=1, dilation=1, output_padding=1)
        self.bn3 = nn.BatchNorm2d(128)
        self.deconv4=nn.ConvTranspose2d(128, 64, kernel_size=3, stride=2,
        padding=1, dilation=1, output_padding=1)
        self.bn4 = nn.BatchNorm2d(64)
        self.deconv5=nn.ConvTranspose2d(64, 32, kernel_size=3, stride=2,
        padding=1, dilation=1, output_padding=1)
        self.bn5 = nn.BatchNorm2d(32)
        self.CA1 = channelAttention(512)
        self.CA2 = channelAttention(256)
        self.CA3 = channelAttention(128)
        self.CA4 = channelAttention(64)
        self.CA5 = channelAttention(32)
        self.classifier = nn.Conv2d(32, n_class, kernel_size=1)

    def forward(self, x):
        output = self.pretrained_net(x)
        x5 = output['x5']  # size=(N, 512, x.H/32, x.W/32)
        x4 = output['x4']  # size=(N, 512, x.H/16, x.W/16)
        x3 = output['x3']  # size=(N, 256, x.H/8,  x.W/8)
        x2 = output['x2']  # size=(N, 128, x.H/4,  x.W/4)
        x1 = output['x1']  # size=(N, 64, x.H/2,  x.W/2)

        x5 = x5.mul(self.glore(x5))
        score = self.bn1(self.ReLU(self.deconv1(x5)))
        x4 = self.CA1(x4)
        score = score + x4
        score = self.bn2(self.ReLU(self.deconv2(score)))
        x3 = self.CA2(x3)
        score = score + x3
        score = self.bn3(self.ReLU(self.deconv3(score)))
        x2 = self.CA3(x2)
        score = score + x2
        score = self.bn4(self.ReLU(self.deconv4(score)))
        score = score + x1
        score = self.bn5(self.ReLU(self.deconv5(score)))
        score = self.CA5(score)
        score = self.classifier(score)
        return score
```

9.4.3 模型训练

首先，导入必要的包：

```
from __future__ import print_function
import time
import torch
import torch.nn as nn
import torch.optim as optim
from torch.optim import lr_scheduler
from torch.autograd import Variable
from torch.utils.data import DataLoader
from fcn import VGGNet, FCNs
import torchvision.transforms as transforms
from torchvision.utils import save_image
import torch.nn.functional as F
from torchvision import datasets
from torch.autograd import Variable
from dataset_mine import *
```

在模型进行训练之前，我们需要对已经定义好的模型进行实例化，其代码如下：

```
vgg_model = VGGNet(requires_grad=True, remove_fc=True)
fcn_model = FCNs(pretrained_net=vgg_model, n_class=n_class)
```

模型实例化完毕以后，我们仍需要定义使用何种损失函数、优化器以及学习率调整方式等。当然，学习率调整并非硬性需要。鉴于本章模型需要对学习率进行调整，因此，该部分代码如下：

```
criterion = nn.CrossEntropyLoss(weight=torch.Tensor([0.4, 1]).cuda()).
cuda()
optimizer = optim.RMSprop(fcn_model.parameters(), lr=lr, momentum=momentum,
weight_decay=w_decay)
scheduler = lr_scheduler.StepLR(optimizer, step_size=step_size, gamma=
gamma))
```

其中，损失函数采用交叉熵，优化器采用 RMSprop，学习率按每 step_size 次数后下降为原来的 gamma 倍，这些参数可根据自己的需求进行调整。

上述工作准备完毕以后，便可以进行模型的训练了。基本训练过程如下：读取一组数据，经网络前向传播得到一组结果。然后，计算损失，根据损失进行梯度计算。最后，反向传播更新网络参数。

```
def train():
    lr_iter = 0
    best_ious = 0
    for epoch in range(epochs):
        scheduler.step()
        ts = time.time()
        for iter, batch in enumerate(dataloader):
            optimizer.zero_grad()
            if use_gpu:
                inputs = Variable(batch['A'].cuda())
                labels = Variable(batch['B'].cuda())
            else:
                inputs, labels = Variable(batch['A']), Variable(batch['B']
            outputs = fcn_model(inputs)
            labels = labels[:,1,:,:]
            loss = criterion(outputs, labels.long())
            loss.backward()
            optimizer.step()
```

至此，本节已经完成了从数据加载与打包、模型定义到模型训练部分核心代码的实现与分析。

9.5　性能分析与讨论

在本节中，我们首先介绍了使用的数据集和实验细节。然后，给出了本章所用的评判基准。最后，我们对本章方法提出了多尺度特征融合模块和多通道选择性机制对病虫害检测的有效性进行了烧蚀实验，以及本章方法与其他不同语义分割算法的比较。

9.5.1　数据准备

本章所用植物叶片疾病分割(plant leaf disease segmentation，PLDS)数据集采集于真实的野外环境，该数据集包含多种不同植物的病虫害图片。经筛选、清洗后，共计得到病虫害图片数为 17500。值得说明的是，为了使数据集更接近正常监控状态时获取到的图像，区别于其他文献中的近距离图像采集方式，我们在采集过程中，大部分图片均是采用中长距离的方式进行采集。然后，我们采用开源工具 labelme 进行图片的像素标注，制作得到模型训练与测试所需的标签，部分标注后得到的掩模以及对应的原图如图 9-6 所示。

图 9-6　PLDS 数据集部分图像示例；第一行为原图，第二行为对应的标签

为了验证本章模型的性能，将该数据集分成 3 份，其中，13500 张图片用于训练，1000 张用于验证，3000 张用于测试。表 9-1 列出了训练集、验证集以及测试集的具体数量以及所占比例。

表 9-1　植物叶片病虫害数据集

	训练集	验证集	测试集	总量
数量	13500	1000	3000	17500
占比	0.77	0.06	0.17	1.00

9.5.2　模型训练

本章所有实验均在搭载了 GPU 的 Ubantu 服务器上进行，Ubantu 采用 16.04 版本，GPU 的型号为 NVIDIA V100。NVIDIA V100 GPU 具有 32G 的片上内存，其单精度计算能力为 14TFLOPS，双精度计算能力达到了 7TFLOPS，基于 CNN 模型的计算能力更是具有 114TFLOPS。

本章所用深度学习框架为 PyTorch，其中，Python 和 PyTorch 的版本分别为 3.7.1 和 1.1.0。PyTorch 是一款支持 GPU 进行深度学习加速，并且具有自动求导高级功能的开源深度学习框架。模型训练采用 RMSprop 优化器，各参数设置为初始学习率为 0.0001，动量为 0.09，衰减为 10^{-5}。为了避免在训练后期陷入局部最优的情况，每 20 轮全局迭代将学习率调整为原来的 0.5 倍。模型训练周期为 100 轮全局迭代，并采用交叉熵作为损失函数，其数学表达式为

$$\text{Loss} = -[y\log\hat{y} + (1-y)\log(1-\hat{y})] \tag{9-16}$$

其中，y 表示真实标签，$\hat{y}$ 表示语义分割结果。

9.5.3 评价指标

本章采用语义分割常用评价指标以及准确率作为本章方法与现有先进方法的评价标准。语义分割常用评价指标包括像素精度(PA)和平均交并比(mIOU)。

像素精度用于衡量语义分割模型对整个图像的每一个像素分类的准确性，其数学表达式为

$$\mathrm{PA}=\frac{\sum_{i=0}^{k} p_i}{\sum_{j=0}^{n} p_j} \tag{9-17}$$

其中，$\sum_{i=0}^{k} p_i$ 是分类正确的像素点总数，$\sum_{j=0}^{n} p_j$ 表示输入图像像素点总数。

mIOU 是语义分割的标准度量，首先计算每个类别的预测值与真实值的交集和并集，然后计算其交集与并集的比例，最后计算所有类别的平均。其数学表达式为

$$\mathrm{mIOU}=\frac{1}{k}\sum_{i=0}^{k}\frac{p_i^{\mathrm{inter}}}{p_i^{\mathrm{union}}} \tag{9-18}$$

其中，k 表示所有的类别数(背景除外)，p_i^{inter} 表示第 i 个类别的预测值与标签的交集，p_i^{union} 表示第 i 个类别的预测值与标签的并集。

准确率用于衡量被正确分类的图片数与图片总数的比例，其数学表达式为

$$\mathrm{Acc}=\frac{\sum_{i=1}^{m} n_i}{\sum_{j=1}^{M} n_j} \tag{9-19}$$

其中，$\sum_{i=1}^{m} n_i$ 表示被正确分类的图片数，$\sum_{j=1}^{M} n_j$ 表示图片总数。

9.5.4 烧蚀实验结果与分析

本章所提模型专注于特征在恢复分辨率过程当中对空间细节信息的恢复，即分割模型的解码端。因此，在进行烧蚀实验的过程中，所用编码器不发生变化。为了验证本章模型的有效性，本章将进行 4 组烧蚀实验：①在特征解码过程中，同时去掉多语义特征提取(multi-scale features aggregation mechanism，MSFE)和多通道注意力机制(multi-channel attentional mechanism，MCAM)模块；②仅去掉 MCAM 模块；③仅去掉 MSFE 模块；④两者均不去除。实验结果如表 9-2 所示，为了更客观地对模型进行分析，我们定义了一个图像级别的评价指标，即当前预测结果的 mIOU 大

于某一个值，则认为当前输入预测正确。如“≥0.5”表示 mIOU≥0.5 时，预测正确，反之，则预测错误。

表 9-2　烧蚀实验结果（√表示具有对应的模块）

MSFE	MCAM	像素精度/%	mIOU/%	准确度/%			
				≥0.5	≥0.4	≥0.3	≥0.2
		92.80	66.1	84.3	92.5	96.0	97.2
√		93.25	68.0	87.7	93.4	95.8	97.4
	√	93.25	68.2	87.7	93.9	96.8	98.0
√	√	93.34	68.4	88.3	94.2	96.5	97.6

在语义分割中，VGG16 编码器每一层提取到的特征尺度过于单一，但是对于具有空间细节信息的中低层次特征而言，需要丰富的多尺度信息，模型才能够更好地对目标边界进行精细化的分割。为此，本章对比了具有多尺度特征提取与融合模块的模型与仅具有简单跳跃连接的模型的性能。从实验结果可以看出，没有 MSFE 模块的分割模型的 mIOU 为 66.1%，而进行多尺度特征提取以后，模型的 mIOU 提升了 1.9%。从准确率指标来看，具有 MSFE 模块的模型在“≥0.5”时，准确率从 84.3% 提升到了 87.7%。其他阈值情况时，同样是具有 MSFE 模块的模型性能更好。此外，我们还可以从特征可视化的角度进行分析，以编码器第一层输出结果 F_1 为例，其中，图 9-7(a) 为不经过 MSFE 模块的特征可视化结果，即 F_1 特征的可视化结果。图 9-7(b) 展示的是经过 MSFE 模块处理以后的 F_1 特征的可视化结果。可以看出，经 MSFE 处理以后，背景中的干扰信息减少，对目标任务有用的特征较之前明显增加，这有助于提升语义分割模型对于空间细节信息的恢复。

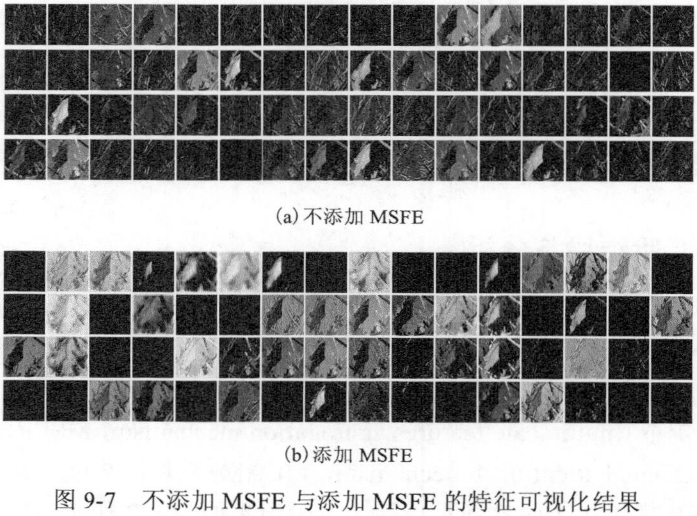

(a) 不添加 MSFE

(b) 添加 MSFE

图 9-7　不添加 MSFE 与添加 MSFE 的特征可视化结果

注意力机制能够将模型的注意力约束在目标任务上，使模型在一定程度上忽略背景的干扰，从而提升模型的分割能力。为了验证本章所提多通道注意力机制对病虫害检测二分类任务的有效性，本章进行了该烧蚀实验。从实验结果可以得知，在添加了多通道注意力机制以后，模型的分割能力从 66.1%提升到了 68.2%。不同阈值情况下准确率也得到了提升，如“≥0.5”情况下，与简单的跳跃连接相比，模型的准确率提升了 3.4%。当然，我们同样可以从特征可视化的角度进行分析，图 9-8(a)所示为特征 F_1 的可视化结果，正如上面所述，不经过处理的 F_1 具有较多的背景干扰信息，不利于语义分割空间细节信息的恢复。图 9-8(b)所示为经过 MCAM 处理后的特征可视化结果，可以看出，大部分干扰信息都被滤除，剩余的特征更有利于将病斑区域从背景中分割出来。

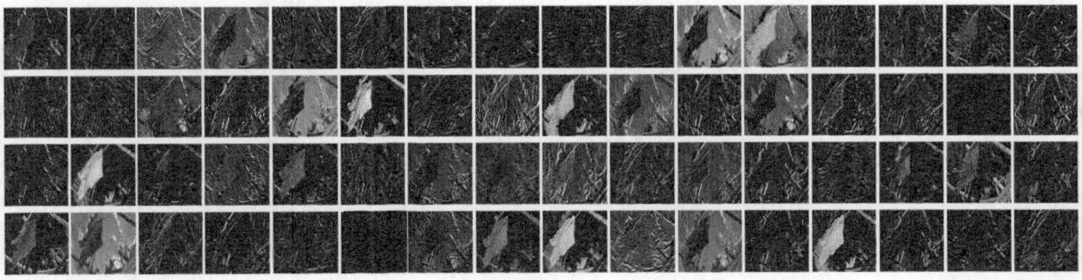

(a) 不添加 MCAM

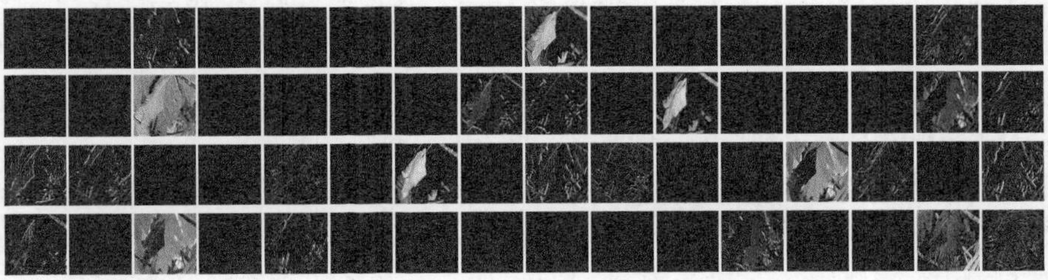

(b) 添加 MCAM

图 9-8　不添加 MCAM 与添加 MCAM 模块的特征可视化结果

同样地，我们对同时具有这两个模块的模型与其他情况进行了对比。从表 9-2 可以看出，同时添加了这两个模块以后，模型的 mIOU 从 66.1%提升到了 68.4%，且相比单独添加 MSFE 和 MCAM 的情况，mIOU 分别提升了 0.4%和 0.2%。虽然仅添加注意力机制的模型在“≥0.3”和“≥0.2”情况下，识别效果比两个模块都添加的模型取得了更好的效果，但整体性能上仍然是后者表现更好。编码器第一层输出结果 F_1 经 MSFE 和 MCAM 模块后的特征可视化结果如图 9-9 所示。其在 VGG16 提取特征的基础上，获取到了更多尺度上与目标任务相关的信息，并且滤掉了大部分背景信息的干扰。经过上述分析可以知道，本章所提多尺度特征提取与多通道选择性机制对病虫害语义分割具有积极作用。

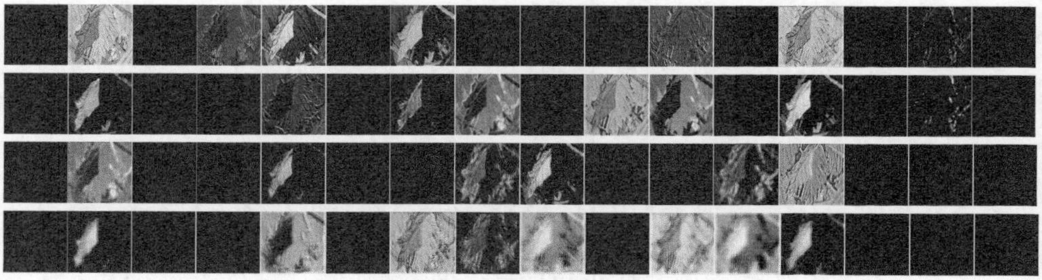

图 9-9　同时添加 MSFE 和 MCAM 的特征可视化结果

9.5.5　与现有语义分割算法的比较

本节主要讨论本章方法与现有语义分割方法的病虫害检测性能比较。为了验证本章所提模型的性能，分别选择了 FCN[17]、DenseASPP[31]、PSPNet[28]、DeepLab-v1[18]、DeepLab-v2[27]和 DeepLab-v3+[30]作为本章的比较对象。

实验结果如表 9-3 所示，与其他方法相比，本方法在像素精度和 mIOU 两项指标上都取得了最好的结果，其中像素精度达到了 93.34%，比其他 6 种方法中最好的高了 2.3%。DeepLab-v3+是目前语义分割领域内性能最优秀的模型之一，但是其在植物叶片病虫害语义分割上并未取得良好效果，其像素精度和 mIOU 仅分别达到了 91.7%和 59.7%。 同时，我们也对比了 DeepLab-v1 和 DeepLab-v2，无论是像素精度、mIOU 还是准确率，都是本章方法取得了更好的效果。其中，本章方法的 mIOU 比 DeepLab-v1 和 DeepLab-v2 分别高了 3.8%和 5.4%。

FCN 与本章方法具有相同的编码器，但本章方法在各项指标上都较之要好。其中，本章方法的像素精度比 FCN 高了 0.54%，并将 mIOU 从 66.1%提升到了 68.4%，这得益于 MSFE 和 MCAM 模块对模型分割能力的提升。另外，从准确率指标来看，从 mIOU ⩾ 0.5 到 mIOU ⩾ 0.2，本章方法都取得了更好的性能。尤其是 mIOU ⩾ 0.5 情况时，本章方法的准确率比 FCN 高了 4.0%。

表 9-3　不同语义分割模型的分割结果

方法	PA/%	mIOU/%	准确率/%			
			⩾0.5	⩾0.4	⩾0.3	⩾0.2
FCN	92.80	66.1	84.3	92.5	96.0	97.2
DenseASPP	91.56	59.9	75.5	83.8	89.9	93.1
PSPNet	92.80	66.2	85.3	91.3	95.8	97.4
DeepLab-v1	92.14	64.6	81.3	90.0	94.1	96.5
DeepLab-v2	92.00	63.0	79.6	88.0	93.3	95.9
DeepLab-v3+	91.70	59.7	75.2	83.7	89.7	93.2
本章方法	93.34	68.4	88.3	94.2	96.5	97.6

9.6 本章小结

本章提出了一种基于语义分割技术的病虫害分割模型，据相关研究得知，本章方法首次将语义分割技术引入至病虫害检测领域。本章所用语义分割模型采用深度编解码结构，这种结构能够自动地对特征进行编码，并通过逐层解码的方式恢复图像分辨以实现像素点分类。在编解码过程中，基于深度学习的全卷积网络能够自动地学习图像特征，并将其转化为可以用于分类的概率值。为了增强语义分割模型在解码过程中能够更好地恢复图像的空间细节信息以及提升病虫害检测二分类任务的性能。本模型针对性地提出在融合中低层次特征的过程当中，通过对中低层次特征进行多尺度特征融合和多通道选择性机制，进一步提升了模型的分割能力。为了验证该方法的性能，我们从野外真实环境当中采集了 17500 张病虫害图片，采用其中的 13500 张、1000 张和 3000 张分别对模型进行训练、验证和测试。实验结果表明，我们的模型取得了最先进的效果。在测试集上，模型的 mIOU 达到了 68.4%，比表现最好的 FCN 高了 2.3%。并且，本方法是首个采用语义分割技术进行病虫害检测的方法，相比于基于图像分类[15]、目标检测[16]的方法，能够提供更加全面的信息。这对于病虫害检测与自动化管理具有十分重要的现实意义。

参考文献

[1] Islam M, Dinh A, Wahid K, et al. Detection of potato diseases using image segmentation and multiclass support vector machine[C]//Proceedings of the 2017 IEEE 30th Canadian Conference on Electrical and Computer engineering, 2017: 1-4.

[2] Pantazi X E, Moshou D, Tamouridou A A. Automated leaf disease detection in different crop species through image features analysis and one class classifiers[J]. Computers and Electronics in Agriculture, 2019, 156: 96-104.

[3] Sun Y, Jiang Z, Zhang L, et al. SLIC_SVM based leaf diseases saliency map extraction of tea plant[J]. Computers and Electronics in Agriculture, 2019, 157: 102-109.

[4] Pawar P, Turkar V, Patil P, et al. Cucumber disease detection using artificial neural network[C]//Proceedings of the 2016 International Conference on Inventive Computation Technologies, 2016, 3: 1-5.

[5] Rastogi A, Arora R, Sharma S. Leaf disease detection and grading using computer vision technology & fuzzy logic[C]//Proceedings of the 2015 2nd International Conference on Signal Processing and Integrated Network, 2015: 500-505.

[6] Lu Y, Yi S, Zeng N, et al. Identification of rice diseases using deep convolutional neural

networks[J]. Neurocomputing, 2017, 267: 378-384.

[7] Ma J, Du K, Zheng F, et al. A recognition method for cucumber diseases using leaf symptom images based on deep convolutional neural network[J]. Computers and Electronics in Agriculture, 2018, 154: 18-24.

[8] Zhang S, Zhang S, Zhang C, et al. Cucumber leaf disease identification with global pooling dilated convolutional neural network[J]. Computers and Electronics in Agriculture, 2019, 162: 422-430.

[9] Khandelwal I, Raman S. Analysis of Transfer and Residual Learning for Detecting Plant Diseases Using Images of Leaves[M]//Computational Intelligence: Theories, Applications and Future Directions-Volume II. Singapore: Springer, 2019: 295-306.

[10] Kaya A, Keceli A S, Catal C, et al. Analysis of transfer learning for deep neural network based plant classification models[J]. Computers and Electronics in Agriculture, 2019, 158: 20-29.

[11] Liang Q, Xiang S, Hu Y, et al. PD2SE-Net: Computer-assisted plant disease diagnosis and severity estimation network[J]. Computers and Electronics in Agriculture, 2019, 157: 518-529.

[12] Khamparia A, Saini G, Gupta D, et al. Seasonal crops disease prediction and classification using deep convolutional encoder network[J]. Circuits, Systems, and Signal Processing, 2020, 39(2): 818-836.

[13] Singh U P, Chouhan S S, Jain S, et al. Multilayer convolution neural network for the classification of mango leaves infected by anthracnose disease[J]. IEEE Access, 2019, 7: 43721-43729.

[14] Bianco S, Cadene R, Celona L, et al. Benchmark analysis of representative deep neural network architectures[J]. IEEE Access, 2018, 6: 64270-64277.

[15] Zhao Z Q , Zheng P , Xu S T , et al. Object detection with deep learning: A review[J]. IEEE Transactions on Neural Networks and Learning Systems, 2019, 30(11): 3212-3232.

[16] Jiang P, Chen Y, Liu B, et al. Real-time detection of apple leaf diseases using deep learning approach based on improved convolutional neural networks[J]. IEEE Access, 2019, 7: 59069-59080.

[17] Long J, Shelhamer E, Darrell T. Fully convolutional networks for semantic segmentation[C]// Proceedings of the IEEE Conference on Computer Vision and Pattern Recognition, 2015: 3431-3440.

[18] Chen L C, Papandreou G, Kokkinos I, et al. Semantic image segmentation with deep convolutional nets and fully connected CRFS[J]. arXiv Preprint: 1412.7062, 2014.

[19] Zheng S, Jayasumana S, Romera-Paredes B, et al. Conditional random fields as recurrent neural networks[C]//Proceedings of the IEEE International Conference on Computer Vision and Pattern Recognition, 2015: 1529-1537.

[20] Badrinarayanan V, Kendall A, Cipolla R. SegNet: A deep convolutional encoder-decoder architecture for image segmentation[J]. IEEE Transactions on Pattern Analysis and Machine Intelligence, 2017, 39(12): 2481-2495.

[21] Ronneberger O, Fischer P, Brox T. U-Net: Convolutional networks for biomedical image segmentation[C]//International Conference on Medical Image Computing and Computer-Assisted Intervention, 2015: 234-241.

[22] Jégou S, Drozdzal M, Vazquez D, et al. The one hundred layers tiramisu: Fully convolutional densenets for semantic segmentation[C]//Proceedings of the IEEE Conference on Computer Vision and Pattern Recognition, 2017: 1175-1183.

[23] Lin G, Milan A, Shen C, et al. RefineNet: Multi-path refinement networks for high-resolution semantic segmentation[C]//Proceedings of the IEEE Conference on Computer Vision and Pattern Recognition, 2017: 5168-5177.

[24] Bilinski P, Prisacariu V. Dense decoder shortcut connections for single-pass semantic segmentation[C]//Proceedings of the IEEE Conference on Computer Vision and Pattern Recognition, 2018: 6596-6605.

[25] Fu J, Liu J, Wang Y, et al. Stacked deconvolutional network for semantic segmentation[J]. arXiv Preprint: 1708.04943, 2017.

[26] Yu C, Wang J, Peng C, et al. Learning a discriminative feature network for semantic segmentation[C]//Proceedings of the IEEE Conference on Computer Vision and Pattern Recognition, 2018: 1857-1866.

[27] Zhao H, Shi J, Qi X, et al. Pyramid scene parsing network[C]//Proceedings of the IEEE Conference on Computer Vision and Pattern Recognition, 2017: 6230-6239.

[28] Chen L C, Papandreou G, Kokkinos I, et al. DeepLab: Semantic image segmentation with deep convolutional nets, atrous convolution, and fully connected CRFS[J]. IEEE Transactions on Pattern Analysis and Machine Intelligence, 2017, 40(4): 834-848.

[29] Chen L C, Papandreou G, Schroff F, et al. Rethinking atrous convolution for semantic image segmentation[J]. arXiv Preprint: 1706.05587, 2017.

[30] Chen L C, Zhu Y, Papandreou G, et al. Encoder-decoder with atrous separable convolution for semantic image segmentation[C]//Proceedings of the European Conference on Computer Vision (ECCV), 2018: 833-851.

[31] Yang M, Yu K, Zhang C, et al. DenseASPP for semantic segmentation in street scenes[C]//Proceedings of the IEEE Conference on Computer Vision and Pattern Recognition, 2018: 3684-3692.

[32] Huang G, Liu Z, der Maaten L V, et al. Densely connected convolutional networks[C]//Proceedings of the IEEE Conference on Computer Vision and Pattern Recognition, 2017:

2261-2269.

[33] Zhang H, Dana K, Shi J, et al. Context encoding for semantic segmentation[C]//Proceedings of the IEEE Conference on Computer Vision and Pattern Recognition, 2018: 7151-7160.

[34] Zhang F, Chen Y, Li Z, et al. ACFNet: Attentional class feature network for semantic segmentation[C]//Proceedings of the IEEE International Conference on Computer Vision, 2019: 6798-6807.

[35] Wang X, Girshick R, Gupta A, et al. Non-local neural networks[C]//Proceedings of the IEEE Conference on Computer Vision and Pattern Recognition, 2018: 7794-7803.

[36] Zhang C, Lin G, Liu F, et al. CANet: Class-agnostic segmentation networks with iterative refinement and attentive few-shot learning[C]//Proceedings of the IEEE Conference on Computer Vision and Pattern Recognition, 2019: 5217-5226.

[37] Li X, Zhong Z, Wu J, et al. Expectation-maximization attention networks for semantic segmentation[C]//Proceedings of the IEEE International Conference on Computer Vision, 2019: 9167-9176.

[38] Fu J, Liu J, Tian H, et al. Dual attention network for scene segmentation[C]//Proceedings of the IEEE Conference on Computer Vision and Pattern Recognition, 2019: 3146-3154.

[39] Simonyan K, Zisserman A. Very deep convolutional networks for large-scale image recognition[C]//International Conference on Learning Representations, 2015.

[40] He K, Zhang X, Ren S, et al. Deep residual learning for image recognition[C]//Proceedings of the IEEE Conference on Computer Vision and Pattern Recognition, 2016: 770-778.

[41] Chollet F. Xception: Deep learning with depthwise separable convolutions[C]//Proceedings of the IEEE Conference on Computer Vision and Pattern Recognition, 2017: 1800-1807.

[42] Hu J, Shen L, Sun G. Squeeze-and-excitation networks[C]//Proceedings of the IEEE Conference on Computer Vision and Pattern Recognition, 2018: 7132-7141.

第10章　基于深度学习的GAN生成虚假图像检测方法

10.1　引　　言

随着社交互联网的快速发展，网络信息传播变得非常容易，这也为虚假信息扩散提供了更便捷的途径。常见的信息类型包括文字、语音、视频和图像等，本章重点关注图像信息。目前，使用各类图像处理软件甚至手机应用[1]都可以轻松实现对图像属性的修改。文献[2]做过一项研究，其目的是统计人类辨别不同种类虚假图像的能力。实验人员准备了包含自然环境、建筑、交通工具、人物、动物等各种类别图像的数据集，数据集一包含了真实图像和虚假图像，数据集二只包含虚假图像。实验分为两组，实验一只需要参与者辨别是否是虚假图像，实验二则需要参与者指出已知虚假图像中被修改的区域。实验结果显示，实验一中只有 62%～66%的照片被参与者正确分类，实验二取得的结果更差。

正是虚假图像容易生成且难以被人类所识别，才导致虚假图像能够轻松通过筛查环节并在社交媒体上迅速传播。近年来，曾发生过利用 AI 换脸技术[3]生成虚假图像混淆视听，引发公众人物、政治人物丑闻[4-5]的事件，甚至间接导致国家政权的更替[6]。目前，迫切需要一种有效的方法进行虚假图像检测。

图像主要分为非数字图像和数字图像两类。非数字图像的代表是老式胶片图像。对于这种图像的篡改手段很少，一般都是人为修剪、拼接，在视觉上极其不自然，人眼容易识别。数字图像是现代生活中应用最广泛的图像类别，也是本章关注的重点。数字图像可以由摄影设备产生，如数码相机和手机等。篡改数字图像的手段很多[7]，主要包括图像拼接合成、变种、润饰、增强、绘制和生成对抗网络（generative adversarial networks，GAN）[8]六种方法，下面将进行详细介绍。

图像拼接合成：属于相对低级的伪造手段，通常是将一幅图像或者多幅图像中的一部分剪裁下来后拼接到另外一幅图像上，所产生的虚假图像在视觉上不自然。识别这种拼接合成的图像可以从两方面入手，寻找拼接的部分在分辨率上的差异或者寻找拼接部分边缘在视觉上的差异。

变种：属于较高级的伪造手段，通过计算机对一幅图像或者多幅图像进行特征分析，找出对应的特征点，利用数字图像处理技术将一幅图像转换为另外一幅图像。这种伪造手段生成的虚假图像从表面上看，和真实图像的差异性很大。人眼观察不出真实图像和虚假图像之间的联系，甚至认为是两幅完全无关联的图像。但实际上两幅图像有很多相同的特征点。识别这种变种的图像需要借助机器学习技术。

润饰：属于低级伪造手段，通过对图像进行调整以达到美化的目的。它的代表就是美颜技术，在日常生活中应用广泛，但也相对容易被人眼识别。

增强：属于低级伪造手段，通过对图像的亮度、对比度、饱和度等进行调整生成虚假图像，这种伪造手段不会对图像的内容实质性改变，所以生成的虚假图像只是为了视觉上更好看，在未知原始图像的情况下人眼很难识别。

绘制：属于高级伪造手段，画师利用现代计算机绘图软件进行绘画，绘画效果十分逼真，人眼很难分辨真伪。

GAN 生成：属于高级伪造手段，特点是利用 GAN 进行虚假图像生成，是目前最具威胁的伪造手段。利用该手段生成的虚假图像内容看起来很自然，人眼几乎无法识别。GAN 的想法源于博弈论中的“零和博弈”[9]，是一种通过生成器和判别器互相博弈的方法来学习数据分布的生成式网络[10]。GAN 网络中表现较为突出的是 CycleGAN[11]和 PIX2PIX[12]。PIX2PIX 所需训练集必须是成对的，在实际生活中很难寻找，威胁性相对较小；CycleGAN 所需训练集是非成对的，在实际应用中限制更少，威胁性较大，是本章的主要研究对象。图 10-1 为利用 CycleGAN 生成的虚假图像，人眼已经难以分辨其真伪。

图 10-1 利用 CycleGAN 生成的虚假图像

10.2　相关研究现状

本节总结了几种目前可用于 GAN 生成虚假图像检测的方法。需要说明的是，

GAN 本身就带有生成器和鉴别器，其中，鉴别器的功能就是将生成的图片与真实图片进行比较，这和虚假图像的检测过程是一致的，因此可以将其作为一种参考方法。

富模型隐写分析特征[13]由 Fridrich 等于 2012 年提出，并被成功地用于图像隐写分析领域。在文献[2]中，Marra 等将其作为 GAN 生成虚假图像检测的特征提取器，并采用 SVM 分类器[14]进行分类。实验结果表明，改进后的方法在 GAN 生成虚假图像检测方面取得了较好的效果。2017 年，Cozzolino 等[15]设计了一个卷积神经网络来提取与文献[2]相同的特征。该网络主要用于伪造图像检测，它最大的优点是将手工隐匿性特征转换成基于 CNN 的网络。另外，该网络主要适用于微小图像的检测。基于相似的理念，文献[16]开发了一种新形式的卷积层，专门用于抑制图像内容并自适应学习篡改检测特征。在这种情况下，我们实行多数表决方法。Stats-2L[17]由 Rahmouni 等在 2017 年提出。它最大的优点是将自然图像与计算机生成的图像进行了区分，使用具有全局池化层的不同 CNN 网络结构来计算四个统计量，分别为最大值、最小值、均值和方差。

DenseNet[18]由 Huang 等于 2017 年提出。受 ResNet[19]的启发，DenseNet 提出了一种更加密集的前馈式跳跃连接。对于 DenseNet 的每一层，前面所有层的特征图都为当前层的输入，而它自己的特征映射被用作所有后续层的输入。通过在输入和输出之间创建快捷通道的方式，可以鼓励特征的传播和复用，并且可以大大减轻梯度消失的问题。此外，网络大大减少了参数数量，从而确保了更快的训练速度。

InceptionNet-v3[20]的核心概念是使用多分辨率表示作为输入。在该网络结构中，Szegedy 等提出了所谓的 Inception 模块，它使用 1×1、3×3 和 5×5 滤波器并行地对输入进行卷积，并在输出处连接得到的特征映射。InceptionNet-v3 把 GoogLeNet 里一些 7×7 的卷积变成了 1×7 和 7×1 的两层串联，把 3×3 的卷积变成了 1×3 和 3×1，通过这样的修改加速了计算，还增加了网络的非线性，减小过拟合的概率。

XceptionNet[21]网络采用了完全可分离的滤波器，将 InceptionNet 的一些思想发挥到了极致。在每一层中，输入特征图的三维滤波被实现为一维深度卷积和二维逐点卷积。这种强大的结构约束所导致的理论性能损失在很大程度上可以通过这样一个事实得到补偿：需要学习的参数数量大大减少，从而将资源释放出来，更有效地用于其他目的。

10.3　基于宽度拓展的虚假图像检测卷积神经网络模型

对于卷积神经网络模型而言，扩大网络规模是一种能够有效提升模型性能的策略，这方面较为典型的工作便是 GoogLeNet[20]和 ResNet[19]。GoogLeNet 以并行的方式堆叠了具有不同感受野的多尺度卷积核，这种结构能够在同一个卷积层提取到更加丰富的特征，从而提升网络的表达能力。通常而言，简单地增加网络的深度会带来梯度消失的问题，因此，早期的卷积神经网络一般不具备无限加深网络的能力，导致网络特征提取能力有限。ResNet 通过增加一条旁路设置，使网络能够学习残差特征，该结构使得网络在某一层达到最优后，后续网络试图改变特征输出的行为都将受到抑制，从而改善了因深度导致的梯度消失的问题。受此启发并结合本章需要解决的实际问题，本章在进行网络设计时，在网络的浅层使用宽度拓展以提取丰富的空间细节信息；在网络的深层，通过残差学习来提升网络的特征表达能力，进而更好地解决虚假图像检测问题。

本章所构建的虚假图像检测卷积神经网络(fake image detection convolutional neural networks，FID-CNN)模型如图 10-2 所示。整个模型可以划分为三个模块：图像输入模块、特征提取模块和分类器模块。

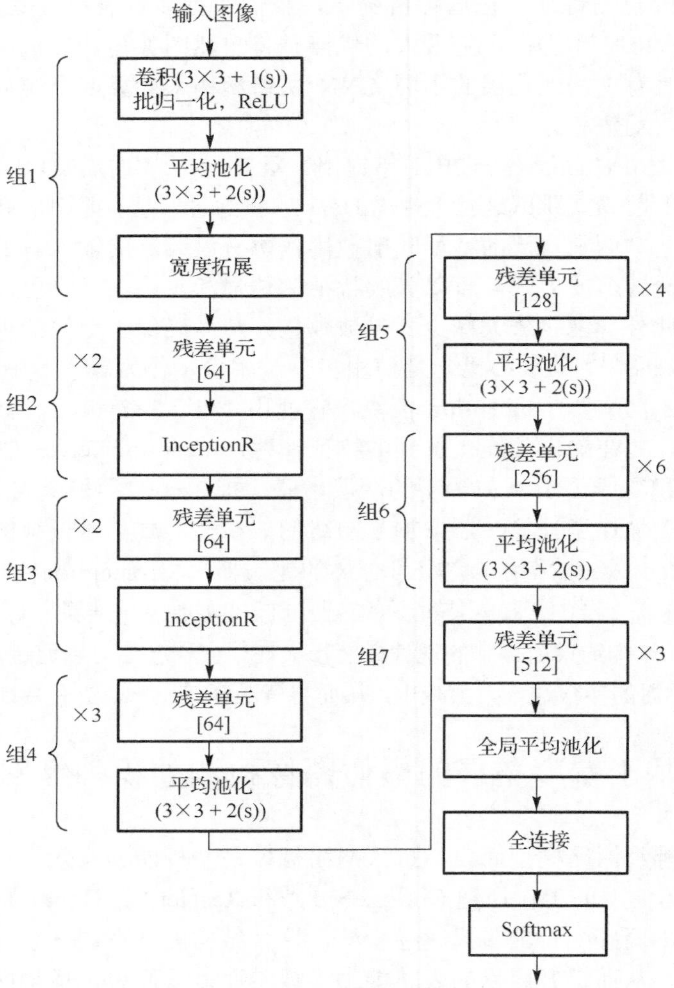

图 10-2　FID-CNN 网络结构图

输入模块：FID-CNN 模型采用灰度图像作为网络的输入，若原始数据为 RGB 三通道图像，则需经过灰度化处理，然后输入至网络。输入图像大小为 256×256，图像输入后会经过归一化、格式转换等操作，然后送入特征提取模块。

特征提取模块：FID-CNN 的特征提取模块主要由一个头层、宽度拓展模块和深层残差特征提取模块组成。如图 10-2 所示，组 1 包含头层和宽度拓展模块。头层首先对输入数据进行核大小为 3×3、步长为 1 的卷积，并采用批量标准化[22]和 ReLU[23]对特征进行批归一化和非线性映射。然后是平均池化操作将特征图进行降维并强调局部平均特征。接下来，FID-CNN 将这些特征输入至宽度拓展模块以获得不同尺度和不同响应的丰富的空间细节特征。组 2～组 7 通过级联的残差单元逐级提取具有更大感受野的高层语义信息，从而生成 1024 个具有近似全局感受野的特征图，各特征图的大小均为 14×14。

分类器模块：该模块的作用是将组 7 输出的特征图转化为目标输出。首先通过一个自适应全局平均池化模块将组 7 输出的 14×14 大小的特征图转化为 1024 个特征向量，然后经全连接层将这 1024 个特征向量映射为 2 个得分值，最后经 Softmax 函数归一化为分类概率。

10.3.1　网络宽度拓展

正如前面所讲的，本章设计的 FID-CNN 虚假图像检测网络最大的亮点之一是网络宽度拓展，用多激活函数模块代替单激活函数。下面介绍多激活函数模块：ReLU、Tanh 和 Sigmoid。

不同激活函数的统计建模特性不同，Tanh 函数的数学表达式为

$$\mathrm{Tanh}(x)=\frac{\mathrm{e}^{x}-\mathrm{e}^{-x}}{\mathrm{e}^{x}+\mathrm{e}^{-x}} \tag{10-1}$$

由于 Tanh 函数具有饱和区域，因此可以限制数据的分布范围，阻止了后边的网络层对那些较大值进行建模。一般认为较大值都比较稀疏，统计特性不那么重要。在文献[24]中，将 Tanh 与 ReLU 激活函数混合使用，在网络模型的组 1 和组 2 层中使用 Tanh 作为激活函数，后面的层使用 ReLU 作为激活函数，这样做的结果优于单独使用 ReLU 作为激活函数。ReLU 激活函数数学表达式为

$$\mathrm{ReLU}\ (x)=\begin{cases}x, & x>0\\ 0, & \text{其他}\end{cases} \tag{10-2}$$

为了学习到虚假图像数据不同的多尺度细节特征，我们在 FID-CNN 网络模型的组 1 层中采用多激活函数模块，其结构如图 10-3 所示，该模块包含 InceptionR、InceptionT、InceptionS，分别使用 ReLU、Tanh、Sigmoid 函数作为“Inception 结构”

的激活函数。然后将各个模块输出的特征图进行拼接作为组 2 层的输入。Sigmoid 函数的数学表达式为

$$\mathrm{Sigmoid}(x) = \frac{1}{1+\mathrm{e}^{-x}} \tag{10-3}$$

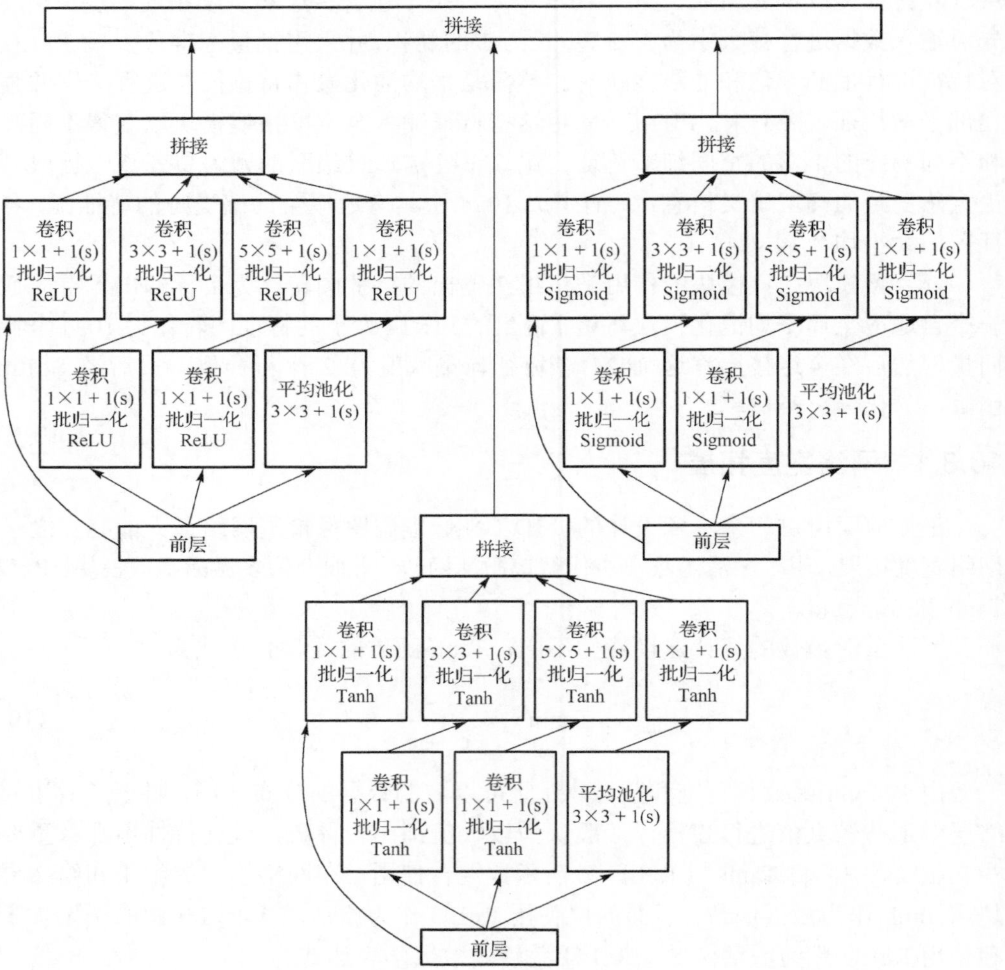

图 10-3　多激活函数模块结构图

我们期望通过网络宽度拓展使得多激活函数模块的每一个激活单元可以对虚假图像数据具有不同的响应。同时，从图 10-2 中也可以看出在后面的组层中，我们没有再使用多激活函数模块，一方面为了避免增加卷积层的参数，另一方面，由于 Tanh 和 Sigmoid 都具有饱和区域，在深层网络训练中，容易出现梯度消失问题[25]导致梯度的反向传播难以进行，所以多激活函数模块只用在浅层。而 ReLU 激活函数能够

在一定程度上避免梯度消失的风险，因此，后续网络层均采用 ReLU 作为激活函数。

10.3.2　深层残差特征学习

近几年来，人们发现网络的深度往往对模型的性能有着质的影响，网络越深，模型的表达能力就会越好。这是由于随着网络的加深可以提取到图像更加本质的特征。纵观近年来卷积神经网络的发展，ResNet 深度残差网络通过残差学习构造的深层网络取得了很好的性能。受此启发，我们使用具有旁路设置(shortcut connections)的瓶颈块(Bottleneck)结构来进行残差学习，旨在通过增加网络的深度来增强特征的表达能力，同时利用平均池化进行降维。本章的瓶颈块结构如图 10-4 所示。

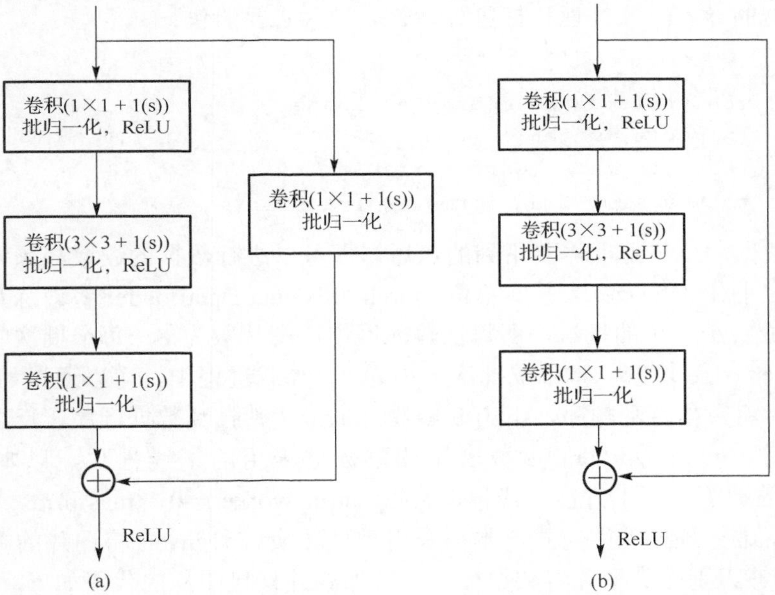

图 10-4　FID-CNN 的残差单元结构

值得说明的是，FID-CNN 的瓶颈块结构与 ResNet 有两点不同之处，具体如下。

(1) 本章对比了扩展次数为 2 和 4 时的网络性能。我们发现，单纯地增加特征图数量不仅不会给模型带来性能上的提升，反而会增加模型负担。因此，在 FID-CNN 中，我们选取扩展次数为 2。

(2) 使用步长为 2 的平均池化代替步长为 2 的 3×3 卷积进行降维的原因是，虚假图像检测和计算机视觉中的图像分类不同，图像分类是根据图像目标进行分类，可能只与某些局部区域有关，而虚假图像检测是与整幅图片的内容都相关。步长为 2 的卷积在强化某个局部特征的同时亦会弱化某些局部特征，而平均池化通过对相邻像素的平均求和可以更好地保留信息之间的相关性。

10.4 模 型 实 现

本节的主要目标是带领读者在 PyTorch 框架下完成基于宽度拓展及深度残差特征学习的网络模型的核心代码实现，代码主要由数据的预处理与加载、模型的构建以及模型的训练与测试三个部分构成。

10.4.1 数据加载

torch 和 torchvision 是 PyTorch 框架下两个独立的包，其中封装的大量的类来完成训练数据的导入、预处理和打包等。首先导入必要的包：

```
import torch
from torch.utils.data import DataLoader
from PIL import ImageFile
from torch.autograd import Variable
import torchvision.transforms as transforms
```

导入数据加载与处理需要用到的包后，便可以进行数据的读取与预处理。数据读取以批大小(batch size)为基本单位，torch.utils.data.DataLoader 将训练数据按批大小为 8 分成一个一个的批次，即每次输入网络的图片数为 8，每个批次中的图片数由参数 batch_size 控制，本章取批次大小为 8。加载过程中，可以通过 shuffle 参数来控制是否将数据打乱顺序，shuffle 参数为 True，则打乱数据顺序，反之则保留读入时的顺序。num_workers 参数表示读取数据采用的子线程数，以本章为例，FID-CNN 的训练过程不开启子线程，因此，num_workers=0。transforms 参数表示对加载的数据进行预处理的方式，本章采用类型转换(ToTensor)将图片的类型转换为 PyTorch 能够识别的类型并将数据标准化。加载并打包图片的代码如下。

```
def LoadTrainData():
    PATH = r"data1/train/"
    trans=transforms.Compose(transforms=[transforms.Grayscale(1),
    transforms.ToTensor()])
    trainset = torchvision.datasets.ImageFolder(PATH,transform=trans)
    trainloader = torch.utils.data.DataLoader(trainset, batch_size=
    batchsize, shuffle=True, num_workers=0)
    return trainloader
```

数据加载完毕以后，可以通过枚举的方式每次从数据包中取出一批数据。首先通过调用 trainloader = LoadTrainData()函数对数据进行打包，然后调用枚举函数 enumerate()顺序获取每一个包中的图像数据和标签。在网络训练过程中，需要用到

PyTorch 框架强大的自动求导功能。这时，需要告诉机器哪些批次数据是需要自动求导的，Variable()函数可以实现该需求。cuda()函数表示将数据加载到 GPU 上，以进行加速。该部分代码如下所示。

```
trainloader = LoadTrainData()
for i,data in enumerate(trainloader, 0):   # 通过枚举的方式获取批次数据
    image, label=data                     # 将图片数据和标签分开
    image=Variable(image).cuda()     # 设置自动求导并将数据加载至 GPU
    label=Variable(label).cuda()
```

通过上述方式，便可以完成数据集的加载、预处理和打包。

10.4.2　模型定义

前面已经向读者详细地介绍了如何加载数据集并进行预处理。本节将主要介绍如何构建本章所用到的深度学习模型。本章算法的模型定义部分主要用到 torch.nn 类，该类中包含了二维卷积函数 nn.Conv2d、激活函数 nn.ReLU(nn.Tanh，nn.Sigmoid 等)、正则化函数 nn.BatchNorm2d 和均值池化函数 nn.AvgPool2d 等。本节主要讲解 FID-CNN 网络的核心部分代码的实现，首先是宽度拓展模块。

首先，导入构建模型所必须用到的包，如下所示。

```
import torch
import torch.nn as nn
import torch.nn.init as init
import torch.nn.functional as F
```

为了强调代码的简洁性，本节定义了三个基本的结构：conv_relu、conv_tanh 和 conv_sigmoid，分别代表 ReLU 激活函数支路、Tanh 激活函数支路和 Sigmoid 激活函数支路，代码如下。

```
#定义 conv-bn-relu 函数
def conv_relu(in_channel, out_channel, kernel, stride=1, padding=0):
     conv = nn.Sequential(
         nn.Conv2d(in_channel, out_channel, kernel, stride, padding),
         nn.BatchNorm2d(out_channel, eps=1e-3),
         nn.ReLU(True))
    return conv
#定义 conv-bn-tanh 函数
def conv_tanh(in_channel, out_channel, kernel, stride=1, padding=0):
     conv = nn.Sequential(
         nn.Conv2d(in_channel, out_channel, kernel, stride, padding),
```

```
            nn.BatchNorm2d(out_channel, eps=1e-3),
            nn.Tanh() )
        return conv
    #定义 conv-bn-sigmoid 函数
    def conv_sigmoid(in_channel, out_channel, kernel, stride=1, padding=0):
        conv = nn.Sequential(
            nn.Conv2d(in_channel, out_channel, kernel, stride, padding),
            nn.BatchNorm2d(out_channel, eps=1e-3),
            nn.Sigmoid())
        return conv
```

其中，这三个基本函数的输入参数包括：输入通道数(in_channel)、输出通道数(out_channel)、卷积核大小(kernel)、步长(stride)和边界填充数(padding)。nn.Sequential类是一个有序容器，按照传入的顺序构建卷积神经网络。如上述代码所示，首先传入nn.Conv2d，然后传入nn.BatchNorm2d，最后传入nn.ReLU/nn.Tanh/nn.Sigmoid。这部分的代码表示先卷积，然后归一化，最后是激活函数。基本单元构建完毕后，便可以着手构建整个宽度拓展模块，FID-CNN中用到了三种不同的宽度拓展结构，分别为Inception1、Inception2和Inception3，代码如下。

```
#定义 inception1 结构，relu 激活函数
class inception1(nn.Module):
    def __init__(self, in_channel, out1_1, out2_1, out2_3, out3_1, out3_5,
    out4_1):
        super(inception1, self).__init__()
        self.branch1 =  conv_relu(in_channel, out1_1, 1)
        self.branch2 = nn.Sequential(
            conv_relu(in_channel, out2_1, 1),
            conv_relu(out2_1, out2_3, 3, padding=1))
        self.branch3 = nn.Sequential(
            conv_relu(in_channel, out3_1, 1),
            conv_relu(out3_1, out3_5, 5, padding=2))
        self.branch4 = nn.Sequential(
            nn.AvgPool2d(3, stride=1, padding=1),
            conv_relu(in_channel, out4_1, 1))

    def forward(self, x):
        b1 = self.branch1(x)
        b2 = self.branch2(x)
        b3 = self.branch3(x)
        b4 = self.branch4(x)
```

```
        output = torch.cat([b1, b2, b3, b4], dim=1)
        return output

#定义 inception2 结构，tanh 激活函数
class inception2(nn.Module):
    def __init__(self, in_channel, out1_1, out2_1, out2_3, out3_1,
    out3_5, out4_1):
        super(inception2, self).__init__()
        self.branch1 = conv_tanh(in_channel, out1_1, 1)
        self.branch2 = nn.Sequential(
            conv_tanh(in_channel, out2_1, 1),
            conv_tanh(out2_1, out2_3, 3, padding=1))
        self.branch3 = nn.Sequential(
            conv_tanh(in_channel, out3_1, 1),
            conv_tanh(out3_1, out3_5, 5, padding=2))
        self.branch4 = nn.Sequential(
            nn.AvgPool2d(3, stride=1, padding=1),
            conv_tanh(in_channel, out4_1, 1))

    def forward(self, x):
        b1 = self.branch1(x)
        b2 = self.branch2(x)
        b3 = self.branch3(x)
        b4 = self.branch4(x)
        output = torch.cat([b1, b2, b3, b4], dim=1)
        return output

#定义 inception3 结构，sigmoid 激活函数
class inception3(nn.Module):
    def __init__(self, in_channel, out1_1, out2_1, out2_3, out3_1,
    out3_5, out4_1):
        super(inception3, self).__init__()
        self.branch1 = conv_sigmoid(in_channel, out1_1, 1)
        self.branch2 = nn.Sequential(
            conv_sigmoid(in_channel, out2_1, 1),
            conv_sigmoid(out2_1, out2_3, 3, padding=1))
        self.branch3 = nn.Sequential(
            conv_sigmoid(in_channel, out3_1, 1),
            conv_sigmoid(out3_1, out3_5, 5, padding=2))
        self.branch4 = nn.Sequential(
            nn.AvgPool2d(3, stride=1, padding=1),
```

```
            conv_sigmoid(in_channel, out4_1, 1))

    def forward(self, x):
        b1 = self.branch1(x)
        b2 = self.branch2(x)
        b3 = self.branch3(x)
        b4 = self.branch4(x)
        output = torch.cat([b1, b2, b3, b4], dim=1)
        return output
```

Inception 模块包含四个并行的分支，分别对应代码中的 branch1、branch2、branch3 和 branch4。最后，通过 torch.cat()函数按通道维将四个分支的输出进行拼接。至此，本节便完成了第一个核心模块的代码编写。接下来，本节将介绍 FID-CNN 网络的另一个核心模块的代码实现，即深度残差模块。与宽度拓展模块类似，本节定义了深度残差模块的基本单元 Bottleneck，代码如下。

```
class Bottleneck(nn.Module):
    expansion = 2
    def __init__(self, inplanes, planes, stride=1, downsample=None):
        super(Bottleneck, self).__init__()
        self.conv1 = nn.Conv2d(inplanes, planes, kernel_size=1, bias=False)
        self.bn1 = nn.BatchNorm2d(planes)
        self.conv2 = nn.Conv2d(planes, planes, kernel_size=3, stride=stride,
        padding=1, bias=False)
        self.bn2 = nn.BatchNorm2d(planes)
        self.conv3 = nn.Conv2d(planes, planes * self.expansion, kernel_
        size=1, bias=False)
        self.bn3 = nn.BatchNorm2d(planes * self.expansion)
        self.relu = nn.ReLU(inplace=True)
        self.downsample = downsample    #downsample 就是 1x1 的卷积
        self.stride = stride
    def forward(self, x):
        residual = x
        out = self.conv1(x)
        out = self.bn1(out)
        out = self.relu(out)
        out = self.conv2(out)
        out = self.bn2(out)
        out = self.relu(out)
        out = self.conv3(out)
        out = self.bn3(out)
        if self.downsample is not None:
```

```
            residual = self.downsample(x)
        out += residual
        out = self.relu(out)
        return out
```

该模块的基本单元需要输入的参数包括：输入通道数(inplanes)、输出通道数(planes)、步长(stride)和是否进行下采样的信号(downsample)。两大核心模块的基本单元构建完毕后，便可以基于这些基本单元构建完整的网络结构，代码如下。

```
class Mynet(nn.Module):
    def __init__(self, block,layers, num_classes=2):
        self.inplanes = 576
        super(Mynet, self).__init__()
        #第一步的 conv-BN-RELU-polling
        self.conv1 = nn.Conv2d(1, 64, kernel_size=3, stride=1, padding=1,
             bias=False)
        self.bn1 = nn.BatchNorm2d(64)
        self.relu = nn.ReLU(inplace=True)
        self.avgpool = nn.AvgPool2d(kernel_size=3, stride=2, padding=1)
        self.incpetion1=inception1(64, 64, 32, 64, 16, 32, 32)
        self.incpetion2=inception2(64, 64, 32, 64, 16, 32, 32)
        self.incpetion3=inception3(64, 64, 32, 64, 16, 32, 32)
        self.inplanes = 576
        self.layertype1 = self._make_layer(block, 64, 1)#a
        self.layertype2 = self._make_layer(block, 64, 1)#b
        self.incpetion_c=inception1(128, 128, 128, 192, 32, 96, 64)#c
        self.inplanes = 480
        self.layertype3 = self._make_layer(block, 64, 1)#d
        self.layertype4 = self._make_layer(block, 64, 1)#e
        self.incpetion_f=inception1(128, 128, 128, 192, 32, 96, 64)#f
        self.inplanes = 480
        self.layer1 = self._make_layer(block, 64, layers[0])#x3
        self.layer2 = self._make_layer(block, 128, layers[1], stride=2)
        self.layer3 = self._make_layer(block, 256, layers[2], stride=2)
        self.layer4 = self._make_layer(block, 512, layers[3], stride=2)
        self.gloabalpool = nn.AdaptiveAvgPool2d((1, 1))
        self.fc = nn.Linear(512 * block.expansion, num_classes)

    def _make_layer(self, block, planes, blocks, stride=1):
        downsample = None
        if stride != 1 or self.inplanes != planes * block.expansion:
            downsample = nn.Sequential(
```

```
                nn.Conv2d(self.inplanes, planes * block.expansion,
                          kernel_size=1, stride=stride, bias=False),
                nn.BatchNorm2d(planes * block.expansion),
            )
        layers = [ ]
        layers.append(block(self.inplanes, planes, stride, downsample))
        self.inplanes = planes * block.expansion
        for i in range(1, blocks):
            layers.append(block(self.inplanes, planes))
        return nn.Sequential(*layers)

    def forward(self, x):
        x = self.conv1(x)
        x = self.bn1(x)
        x = self.relu(x)
        x = self.avgpool(x)
        #net1=inception1(64, 64, 32, 64, 16, 32, 32)
        out_net1=self.incpetion1(x)
        #net2=inception2(64, 64, 32, 64, 16, 32, 32)
        out_net2=self.incpetion2(x)
        #net3=inception3(64, 64, 32, 64, 16, 32, 32)
        out_net3=self.incpetion3(x)
        out = torch.cat([out_net1,out_net2, out_net3], dim=1)
        x=self.layertype1(out)
        x=self.layertype2(x)
        x=self.incpetion_c(x)
        #x=a.forward(x)
        x=self.layertype3(x)
        x=self.layertype4(x)
        x=self.incpetion_f(x)
        x = self.layer1(x)
        x = self.avgpool(x)
        x = self.layer2(x)
        x = self.avgpool(x)
        x = self.layer3(x)
        x = self.avgpool(x)
        x = self.layer4(x)
        x = self.gloabalpool(x)
        x = x.view(x.size(0), -1)
        x = self.fc(x)
        return x
```

至此，本文的 FID-CNN 网络构建完毕，接下来，便是模型的训练过程。

10.4.3 模型训练

首先，导入必要的包：

```
import torch.optim as optim
from torch.optim import lr_scheduler
```

在模型进行训练之前，我们需要对已经定义好的模型进行实例化，其代码如下。

```
def _resnet(arch, block, layers, pretrained, progress, **kwargs):
    model = Mynet(block, layers, **kwargs)
    return model
def resnet50(pretrained=False,progress=True, **kwargs):
    return _resnet('resnet50', Bottleneck, [3, 4, 6, 3], pretrained,
    progress, **kwargs)
net = resnet50(pretrained=False)
net=net.cuda()
net=net.apply(weights_init)
```

net.apply()函数用于模型参数的初始化。本代码所用初始化方式如下所示。

```
def weights_init(m):
    if isinstance(m, nn.Conv2d)
        init.kaiming_normal(m.weight, mode='fan_out')
    elif isinstance(m, nn.Linear):
        init.normal(m.weight, mean=0, std=0.01)
    elif isinstance(m, nn.BatchNorm2d):
        init.constant(m.weight, 1)
        init.constant(m.bias, 0)
```

模型实例化完毕以后，我们仍需要定义使用何种损失函数、优化器以及学习率调整方式等。当然，学习率调整并非硬性需要。鉴于本章模型需要对学习率进行调整，因此，该部分代码如下。

```
criterion=nn.CrossEntropyLoss(size_average=True).cuda()
optimizer=optim.Adamax([{'params': weight_p, 'weight_decay':2e-4},
            {'params':bias_p, 'weight_decay':0}], lr=0.001, betas=(0.9,
0.999), eps=1e-08)
scheduler = lr_scheduler.StepLR(optimizer, step_size=300, gamma=0.1)
```

其中，损失函数采用交叉熵 nn.CrossEntropyLoss，优化器采用 Adamax，初始学习率设置为 0.001。学习率按每 step_size=300 次数后下降为原来的 0.1 倍，这些参数可根据自己的需求进行调整。

上述工作准备完毕以后，便可以进行模型的训练了。基本训练过程如下：读取一组数据，经网络前向传播得到一组结果。然后，计算损失，根据损失进行梯度计算。最后，反向传播更新网络参数。代码如下。

```
for epoch in range(400):
    start = time.time()
    scheduler.step()
    running_loss = 0.0
    train_acc = 0.0
    trainloader = LoadTrainData()
    for i,data in enumerate(trainloader,0):
        image,label=data
        image=Variable(image).cuda()
        label=Variable(label).cuda()

        net.train()
        optimizer.zero_grad()
        outputs=net(image)
        loss=criterion(outputs,label)
        running_loss+=loss.item()
        pred = torch.max(outputs, 1)[1]
        train_correct = (pred == label).sum()
        train_acc += train_correct.item()

        loss.backward()
        optimizer.step()
```

至此，本节已经完成了从数据加载与打包、模型定义到模型训练部分核心代码的实现与分析。

10.5 性能分析与讨论

在本节中，首先介绍了本章的数据集和实验细节。然后，给出了本章所用的评判基准。接着，为了验证 FID-CNN 各模块对于虚假图像检测的有效性，进行了一系列烧蚀实验。最后，本节通过与现有一些性能优异的算法进行比较，证明了该方法能够有效解决虚假图像检测问题。

10.5.1 数据准备

为了证明本章所提方法能够有效地检测虚假图像，本节基于 CycleGAN 的图像生成方法将原始真实图像转化为虚假图像，从而构建了一个包含真实与虚假图像的大型数据集。按样本类别包括以下几个数据集：apple2orange（DS1）、citycapes（DS2）、facades（DS3）、horse2zebra（DS4）、map2sat（DS5）、monet2photo（DS6）和 summer2winter（DS7）。为了训练本章的方法，在数据集下载至本地后，需要对其进行整理。以 apple2orange 数据集为例，apple2orange 数据集被分别置于两个子文件夹下，分别是训练集与测试集。每个子文件夹下又分为 *A*、*B* 两个文件夹，*A* 文件夹下包含所有的 apple 图像，*B* 文件夹下放置 orange 图像。在本章中，采用 7∶3 的比例将整个数据集划分为训练集和测试集。

用于生成虚假图像的原始数据集准备完成后，便可以着手开始训练 CycleGAN 网络。由于训练模型需要使用 GPU 进行加速，读者可以根据自己 GPU 的资源情况修改代码中的参数，如批大小、图像大小等。在训练过程中，读者可以每隔 5 个周期保存一次模型，并同时保存目前为止在训练集上表现最好的模型。待训练完成后，采用性能最好的模型将原始图像转化为虚假图像。值得说明的是，通过 CycleGAN 生成的虚假图像具有极强的欺骗性，一般的手段难以检测。至此，本章已经获得了真实的原始图像和虚假的生成图像，部分数据集示例如图 10-5 所示。

图 10-5　部分真实原始图像与生成虚假图像示例；第一行是真实原始图像，第二行为对应的生成虚假图像

在上述工作基础上，将所有的真实图像和虚假生成图像仍然按照原来的类别分成训练集和测试集。仍以 apple2orange 数据集为例，将原始的 apple 和 orange 图像放到一个文件夹下，生成的 apple 和 orange 虚假图像置于另一个文件夹下。其他类别也按此方法进行分配。由于不同类别之间具有较大的区别，因此，本章针对这些类别训练了不同的模型。另外，本章所提的 FID-CNN 虚假图像检测方法的输入为单通道的灰度图像。因此，在将图像输入至网络之前，需要进行灰度化处理。

为了验证本章模型的性能，本章将该数据集分成训练集、验证集和测试集。其中，训练集图像约 35000 张，验证集 3700 多张，测试集 7400 多张。表 10-1 列出了训练集、验证集和测试集的具体统计结果。

表 10-1　虚假图像检测数据集具体统计结果

	训练集	验证集	测试集	总量
数量	35200	3700	7400	46300
占比	0.76	0.08	0.16	1.00

10.5.2　模型训练

本章所有实验均在搭载了 GPU 的 Ubantu 服务器上进行，Ubantu 采用 16.04 版本，GPU 的型号为 NVIDIA V100。NVIDIA V100 GPU 具有 32G 的片上内存，其单精度计算能力为 14TFLOPS，双精度计算能力达到了 7TFLOPS，基于 CNN 模型的计算能力更是具有 114TFLOPS。

本章所用深度学习框架为 PyTorch，其中，Python 和 PyTorch 的版本分别为 2.7.1 和 1.0.0。PyTorch 是一款支持 GPU 进行深度学习加速，并且具有自动求导高级功能的开源深度学习框架。模型训练采用 Adamax 优化器，各参数设置为初始学习率为 0.001，动量为 0.09，衰减为 2×10^{-4}。为了避免在训练后期陷入局部最优的情况，本章每 300 轮全局迭代将学习率调整为原来的 0.1 倍。模型训练周期为 400 轮全局迭代，并采用交叉熵作为损失函数，其数学表达式为

$$\text{Loss} = -[y\log\hat{y} + (1-y)\log(1-\hat{y})] \tag{10-4}$$

其中，y 表示真实结果，$\hat{y}$ 表示检测结果。

10.5.3　评价指标

在虚假图像检测领域，通常采用准确率(accuracy)作为性能评价指标[2]。因此，为了公正地对本章所提方法和现有方法进行比较，本章采用相同的评价指标进行实验分析。准确率用于衡量被正确分类的图片数与图片总数的比例，其数学表达式为

$$\text{Acc} = \frac{\sum_{i=1}^{m} n_i}{\sum_{j=1}^{M} n_j} \tag{10-5}$$

其中，$\sum_{i=1}^{m} n_i$ 表示被正确分类的图片数，$\sum_{j=1}^{M} n_j$ 表示图片总数。

10.5.4　烧蚀实验结果与分析

FID-CNN 专注于 CycleGAN 生成图像的检测，为了验证本章模型提取的模块对虚假图像检测具有较好的性能提升。本节在 horse2zebra 数据集上进行了一系列实验：①仅保留宽度扩展模块的 ReLU 激活函数支路；②仅保留宽度拓展模块的 Tanh 激活函数支路；③仅保留宽度拓展模块 Sigmoid 激活函数支路；④深层残差模块的

扩展次数设置为 4；⑤深层残差模块的扩展次数设置为 2。

实验结果如表 10-2 和表 10-3 所示，其中，表 10-2 所示实验结果为各模型结果在 horse2zebra 数据集上的实验结果。从实验结果可以看出，FID-CNN 即本章最终模型取得了高达 99.8%的检测准确率，当扩展次数为 4 时，EX4-FID-CNN 模型取得了次优结果，即本章提出的宽度拓展模块通过组合不同的激活函数能够有效提升模型的检测性能。另外，当单独使用三种激活函数时，分别取得了 91.5%、88.0%和 89.3%的检测准确率，说明 ReLU 激活函数给模型带来的性能提升要优于其他两种激活函数。其中表现最差的是单独使用 Sigmoid 激活函数得到的模型。对比 Ex-FID-CNN 与 FID-CNN 模型所取得的实验结果可以知道，FID-CNN 将检测准确率从 93.8%提升到了 99.8%，带来 6.0%的准确率提升。

表 10-2　在 horse2zebra 数据集上的烧蚀实验结果

方法	扩展次数为 2	扩展次数为 4	Sigmoid	Tanh	ReLU	准确率/%
仅 ReLU 激活函数	√				√	91.5
仅 Sigmoid 激活函数	√		√			88.0
仅 Tanh 激活函数	√			√		89.3
EX4-FID-CNN		√	√	√	√	93.8
FID-CNN	√		√	√	√	99.8

另外，本章还从特征可视化和热力图的角度对这三种激活函数对目标任务各自的贡献进行了比较。如图 10-6 所示，第一列表示的是 Sigmoid 激活函数支路的特征可视化与热力图结果；第二列表示的是 Tanh 激活函数支路的特征可视化与热力图结果；第三列表示的是 ReLU 激活函数支路的特征可视化与热力图结果。图 10-6 可以看出，ReLU 激活函数支路具有最好的特征响应结果，Sigmoid 激活函数的表现最差，符合本章的实验结果。

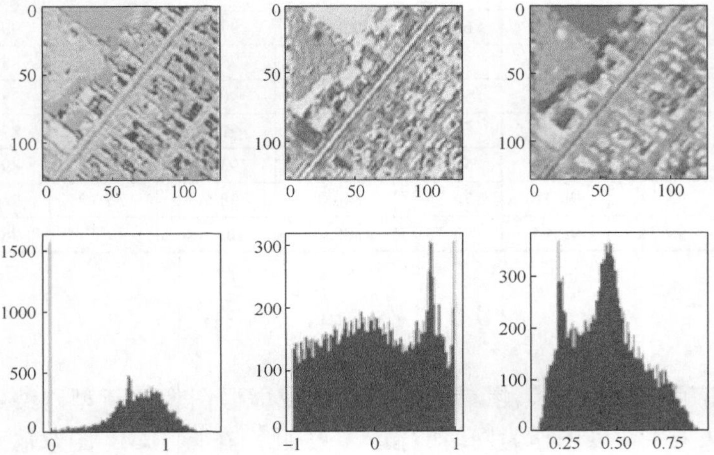

图 10-6　特征可视化与热力图结果

10.5.5　与现有方法的比较结果

本节主要讨论FID-CNN针对CycleGAN生成虚假图像检测与现有方法在10.5.1所介绍数据集上的实验结果与分析。本章共选取了 8 种对比算法，包括Steg.Features+SVM[13]、GAN 鉴别器[8]、Residual-based[15]、Bayar2016[16]、Stats-2L[17]、DenseNet[18]、InceptionNet v1[20]和 Xception[21]。

实验结果如表 10-3 所示，首先从平均准确率来综合分析各方法的整体检测性能。从实验结果可以看出，FID-CNN 取得了高达 99.35%的检测准确率，比次优的方法高了 5.94%。而表现最差的是文献[17]的方法，该方法的 CNN 结构仅包含两个卷积层，这导致了其在复杂的虚假图像检测任务上未能取得较好的效果。文献[15]的方法取得了次优的结果，但是其在 DS3 上的检测准确率仅 61.22%，比 FID-CNN 低了 37.11%。接着，从各个数据集上的准确率来看，FID-CNN 在 DS1、DS3、DS4 和 DS5 上均取得了最好的准确率。在 DS2 上，文献[15]的方法取得了 99.98%的准确率，FID-CNN 与其仅 0.04%的差距。另外，在 DS6 和 DS7 上，文献[15]的方法也取得了最好的效果，但也仅分别领先 FID-CNN 方法 0.26%和 1.06%。通过上述分析可以得知，本章所提出的 FID-CNN 能够有效解决 CycleGAN 生成虚假图像检测问题，这在多种数据集上得到了验证。因此，FID-CNN 能够为虚假图像检测提供一种有效的解决途径。

表 10-3　各方法在 7 种数据集上的检测结果

方法	准确率/%							
	DS1	DS2	DS3	DS4	DS5	DS6	DS7	平均
文献[13]	98.93	98.44	66.23	100.00	97.38	88.09	98.52	92.51
文献[8]	69.84	90.77	52.31	99.87	98.38	90.44	84.16	83.68
文献[15]	99.90	99.98	61.22	99.92	97.25	99.59	99.16	93.86
文献[16]	99.26	99.77	50.36	76.02	89.75	79.70	88.89	83.39
文献[17]	88.60	99.20	51.30	72.03	90.38	72.35	97.26	81.59
文献[18]	79.05	95.77	67.68	93.80	99.04	78.30	89.83	86.21
文献[20]	84.95	94.78	58.76	99.41	93.99	70.54	89.89	84.62
文献[21]	95.91	99.16	76.74	100.00	98.56	76.79	95.10	91.75
FID-CNN	99.75	99.94	98.33	100.00	100.00	99.33	98.10	99.35

10.6　本 章 小 结

本章提出了一种用于检测 CycleGAN 生成虚假图像的新型网络结构——FID-CNN。本方法采用灰度图作为网络的输入，因此，在将 RGB 图像输入至网络前，需要将其进行灰度化。然后通过宽度拓展模块来捕获多尺度特征，从而提升网络的表达能力。在该模块中，FID-CNN 还采用了不同的激活函数（ReLU、Tanh 和 Sigmoid）来响应不同的图像特征。另外，FID-CNN 在高层特征空间映射过程中，引入深度残差机制来避免网络在深度达到一定程度时出现的梯度消失问题。为了验证 FID-CNN 各模块的有效性，本章进行了一系列烧蚀实验。结果表明，各模块对于虚假图像检测均有积极作用。最后，本章选取了 8 种对比算法，并在 7 种不同数据集上进行了实验，结果表明，FID-CNN 取得了最好的水平。

参 考 文 献

[1] List of Deepfake Tools [DB/OL]. [2020-05-01]. https://vuild.com/deep-fake-tools.

[2] Marra F, Gragnaniello D, Cozzolino D, et al. Detection of gan-generated fake images over social networks[C]//Proceedings of the 2018 IEEE Conference on Multimedia Information Processing and Retrieval, 2018: 384-389.

[3] Joseph Foley. 10 deepfake examples that terrified and amused the internet[DB/OL]. [2020-05-01]. https://www.creativebloq.com/features/deepfake-examples.

[4] Nahua Kang. Deepfake: The good, the bad and the ugly[DB/OL]. [2020-05-01]. https://baijiahao.baidu.com/s?id= 1634109788210012018&wfr=spider&for=pc.

[5] Wong Q. Deepfake video of Facebook CEO Mark Zuckerberg posted on instagram [DB/OL]. [2020-05-01]. https://www.cnet.com/news/deepfake-video-of-facebook-ceo-mark-zuckerberg-posted-on-instagram/.

[6] The bizarre and terrifying case of the "Deepfake" video[DB/OL]. [2020-05-01]. https://baijiahao.baidu.com/s?id=1659212126534458030&wfr=spider&for=pc.

[7] 吴少宝. JPEG 图像篡改被动盲取证研究[D]. 福建：闽南师范大学, 2013.

[8] Goodfellow I, Pouget-Abadie J, Mirza M, et al. Generative adversarial Nets[C]//Advances in Neural Information Processing Systems, 2014: 2672-2680.

[9] Bowles S. Microeconomics: Behavior, Institutions, and Evolution[M]. New Jersey: Princeton University Press, 2009.

[10] Lecun Y, Bengio Y, Hinton G, et al. Deep learning[J]. Nature, 2015, 521(7553): 436-444.

[11] Liu M Y, Tuzel O. Coupled generative adversarial networks[C]//Advances in Neural Information Processing Systems, 2016: 469-477.

[12] Isola P, Zhu J Y, Zhou T, et al. Image-to-image translation with conditional adversarial networks[C]//Proceedings of the IEEE Conference on Computer Vision and Pattern Recognition, 2017: 5967-5976.

[13] Fridrich J, Kodovsky J. Rich models for steganalysis of digital images[J]. IEEE Transactions on Information Forensics and Security, 2012, 7(3): 868-882.

[14] Cortes C, Vapnik V. Support-vector networks[J]. Machine Learning, 1995, 20(3):273-297.

[15] Cozzolino D, Poggi G, Verdoliva L. Recasting residual-based local descriptors as convolutional neural networks: An application to image forgery detection[C]//Proceedings of the 5th ACM Workshop on Information Hiding and Multimedia Security, 2017: 159-164.

[16] Bayar B, Stamm M C. A deep learning approach to universal image manipulation detection using a new convolutional layer[C]//Proceedings of the 4th ACM Workshop on Information Hiding and Multimedia Security, 2016: 5-10.

[17] Rahmouni N, Nozick V, Yamagishi J, et al. Distinguishing computer graphics from natural images using convolution neural networks[C]//Proceedings of the 2017 IEEE Workshop on Information Forensics and Security, 2017: 1-6.

[18] Huang G, Liu Z, van der Maaten L, et al. Densely connected convolutional networks[C]// Proceedings of the IEEE Conference on Computer Vision and Pattern Recognition, 2017: 2261-2269.

[19] He K, Zhang X, Ren S, et al. Deep residual learning for image recognition[C]//Proceedings of the IEEE Conference on Computer Vision and Pattern Recognition, 2016: 770-778.

[20] Szegedy C, Liu W, Jia Y, et al. Going deeper with convolutions[C]//Proceedings of the IEEE Conference on Computer Vision and Pattern Recognition, 2015: 1-9.

[21] Chollet F. Xception: Deep learning with depthwise separable convolutions[C]//Proceedings of the IEEE Conference on Computer Vision and Pattern Recognition, 2017: 1800-1807.

[22] Ioffe S, Szegedy C. Batch normalization: Accelerating deep network training by reducing internal covariate shift[J]. arXiv Preprint: 1502.03167, 2015.

[23] Nair V, Hinton G E. Rectified linear units improve restricted Boltzmann machines[C]// Proceedings of the 27th International Conference on International Conference on Machine Learning, 2010: 807-814.

[24] Xu G, Wu H Z, Shi Y Q. Structural design of convolutional neural networks for steganalysis[J]. IEEE Signal Processing Letters, 2016, 23(5): 708-712.

[25] Glorot X, Bengio Y. Understanding the difficulty of training deep feedforward neural networks[C]// Proceedings of the Thirteenth International Conference on Artificial Intelligence and Statistics, 2010: 249-256.